“十二五”职业教育国家规划教材
经全国职业教育教材审定委员会审定
高等职业教育精品工程规划教材·通信专业

无线网络技术

刘　威　主　编

孔艳敏　李　莉　陈海燕　副主编

電子工業出版社
Publishing House of Electronics Industry
北京·BEIJING

内 容 简 介

本书力求以全新的角度全面、深入地向读者介绍 IEEE 802.11 无线局域网、IEEE 802.11 无线网状网技术和 IEEE 802.16 WiMAX 技术，包括网络规划、网络建设、网络维护和管理以及无线网状网的典型应用。

第 1、2、3 章对无线 IEEE 802.11 技术进行了描述，第 4 章至第 9 章对无线网状网的应用进行了描述，并详细介绍了无线网状网的设计与规划、无线网状网的测试方案和方法、无线网状网的工程实施，包括现场场勘、设备配置和安装方式等，第 10 章对无线 IEEE 802.16WiMAX 技术进行了描述。本书内容完整、新颖、实用，可作为高等院校通信与信息系统、电子与信息工程、计算机应用、计算机网络等相关专业的教材或自学用书，也可作为以上相关专业的工程技术人员和管理人员自学提高或工具用书，以及该领域技术培训之用。

图书在版编目（CIP）数据

无线网络技术 / 刘威主编. —北京：电子工业出版社，2012.1
高等职业教育精品工程规划教材. 通信专业

ISBN 978-7-121-15050-0

Ⅰ. ①无… Ⅱ. ①刘… Ⅲ. ①无线网—高等职业教育—教材 Ⅳ. ①TN92

中国版本图书馆 CIP 数据核字（2011）第 231741 号

责任编辑：郭乃明
特约编辑：范　丽
印　　刷：北京京师印务有限公司
装　　订：北京京师印务有限公司
出版发行：电子工业出版社
　　　　　北京市海淀区万寿路 173 信箱　邮编　100036
开　　本：787×1 092　1/16　印张：12.75　字数：321 千字
版　　次：2012 年 1 月第 1 版
印　　次：2017 年 1 月第 5 次印刷
定　　价：27.00 元

凡所购买电子工业出版社图书有缺损问题，请向购买书店调换。若书店售缺，请与本社发行部联系，联系及邮购电话：（010）88254888，88258888。

质量投诉请发邮件至 zlts@phei.com.cn，盗版侵权举报请发邮件至 dbqq@phei.com.cn。

本书咨询联系方式：（010）88254561，guonm@phei.com.cn。

前　言

在无线接入领域，无线通信技术蓬勃发展，新的无线网络技术不断涌现，成为近年来通信技术领域的最大亮点。各种无线接入网络技术的应用从家庭局域网到城域网，从公众网到行业专网，从单一数据网到视频监控网等，朝着移动化、宽带化和IP化的方向发展。其中一种新的无线网络技术——无线Mesh网络也逐渐发展起来，并引起了人们广泛的注意。这种技术是一种非常有发展前途的宽带无线接入技术，目前已在很多国家被广泛应用到城市数字化、政府应急通信、城市无线监控等安全与反恐领域，在我国仍处探索、试验阶段。

本书力求以全新的视野，全面、深入地向读者介绍IEEE 802.11无线局域网、IEEE 802.11无线网状网技术和IEEE 802.16 WiMAX技术，包括网络规划、网络建设、网络维护和管理以及无线网状网的典型应用。本书第1、2、3章对无线IEEE 802.11技术进行了描述，第4章至第9章对无线网状网的应用进行了描述，详细介绍了无线网状网的设计与规划、无线网状网的测试方案和方法、无线网状网的工程实施，包括现场场勘、设备配置和安装方式等，第10章对无线IEEE 802.16WiMAX技术进行了描述。

本书内容完整、新颖、实用，可作为高等及高职院校通信与信息系统、电子与信息工程、计算机应用、计算机网络等相关专业的教材或自学用书，也可作为以上相关专业的工程技术人员和管理人员自学提高或工具用书。

本书在介绍无线Mesh网络时以加拿大BelAir公司的产品为例，具有一定代表性，读者可以举一反三。

本书由北京电子科技职业学院电信技术系的刘威担任主编，孔艳敏、李莉、陈海燕担任副主编，由于作者水平有限，书中难免存在疏漏和不当之处，恳请读者批评指正。

前　言

目　录

第 1 章　无线基础知识

无线信道是无线网络合理设计、部署和管理的基础。与有线相比，无线电波带宽低，具有广播特性，在空气中传播受环境的影响非常大，具有不稳定性，这些无线信道的特性使得无线网络的设计比有线网络复杂得多。无线电波的传播与特定的场有密切的关系，并且受地形、工作频率、终端的移动速度、干扰源等因素的影响。通过学习本章无线基础知识，掌握无线电波传播特性、使用正确的数学模型和准确的参数，对于设计无线网络覆盖、网络容量、数据传输速率、避免系统干扰、安装设备及天线是十分重要的。

1.1　无线电波传播特性

在无线网络的设计、分析、安装过程中，用到的最重要的无线传播特性是：信号覆盖范围、信道最大数据传输速率和信道波动率。信号覆盖范围决定了无线基站的覆盖范围，通常由路径损耗模型试验得来。大多数路径损耗模型通过距离功率或路径损耗斜率和一个随机分量来描述它们的特性。数据传输速率受信道多径结构和多径分量衰减特性的影响。信道波动率由发送、接收之间或两者间物体的运动而产生，它通过信道多普勒效应来描述。

1.1.1　无线电波传播机制

本书中所描述的无线网络使用了超过 800MHz 的无线信号，其波长相对于建筑物的尺寸非常小，因此可以将无线电波简单看成射线，用射线的方法来描述无线电波传播特性。在无线电波传输中，发射机和接收机之间的传播路径可能有建筑物、各种植被、汽车、行人等障碍物，引起能量的吸收和穿透以及电波的反射、散射和衍射等，这样到达接收机的电波可能是直射波、反射波、折射波、衍射波、散射波以及它们的合成波。

无线电波传播主要有三种形式：反射、衍射和散射。

1. 反射

在电磁波传播过程中，如果遇到了障碍物，并且此障碍物的大小与信号波长相比很大，那么电磁波就会发生反射，地球表面、建筑物、水面、车辆都会引起电波的反射。反射信号沿着不同的路径到达接收端后引起信号的衰落。但是建筑物的反射也可以成为优势，它可以增加频率的复用，减少频率干扰，利用建筑物反射信号覆盖邻近的建筑物，如图 1-1 所示。

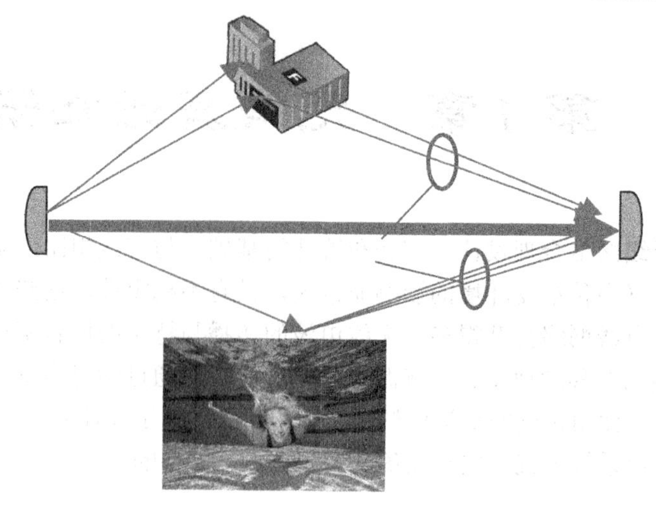

图 1-1　反射示意图

2．衍射

无线电波入射到建筑物、墙壁或其他大型物体的边缘时，可以把边缘看成二次波源。电波在衍射的边缘处以柱面波传播。由于电波衍射，那么即使在收发天线之间没有视线路径存在，电波遇到障碍物时也会发生自然的围绕障碍物的弯曲，如图 1-2 所示，接收天线仍然可以接收到电波信号。在无线信道中，尤其是频率较高的无线信号，衍射波的信号取决于障碍物的几何形状、衍射点电波的振幅以及相位移积极化状态。尽管衍射波信号比较弱，但仍可以被性能好的接收机检测到。在无线工程中，由于建筑物的阻挡，不能视距传输时，可以利用衍射波的特性进行无线站点设计。衍射波的信号比主波束减少 25 ~30 dB。

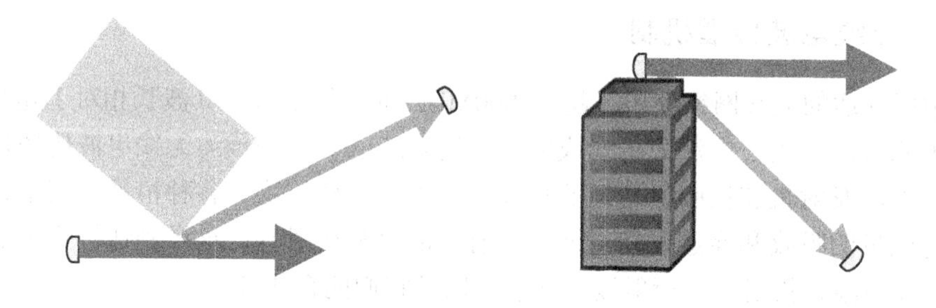

图 1-2　衍射示意图

3．散射

在电磁波传播的介质中，如果充满了大小与波长相比很小的障碍物，那么电磁波就会发生散射。无线信道中不光滑的物体表面、树叶等都可以发生散射。散射情况下，近散射源时，无线信道中实际测得的信号功率比反射和衍射模型所计算的理论值高，这是因为当入射到表面粗糙的介质时，电磁波会向四面八方传播，形成球面波。

就微观而言，散射实际上是反射，只不过反射面很小，并且各个散射面的方向随机分布。宏观而言，如果介质表面光滑，并且其尺寸比波长大很多，就会发生反射现象。如果表面很粗糙，就会发生散射。

4．吸收

微波信号会被雨、树叶吸收，减小信号的功率。树叶吸收一定的能量，潮湿的树叶会吸收更多的能量，所以，冬季站址勘察时所测得信号强度与夏季是不同的。因此，应尽量避免树木的阻挡，并留出一定的信号强度储备以弥补大雨和树叶引起的信号衰落。

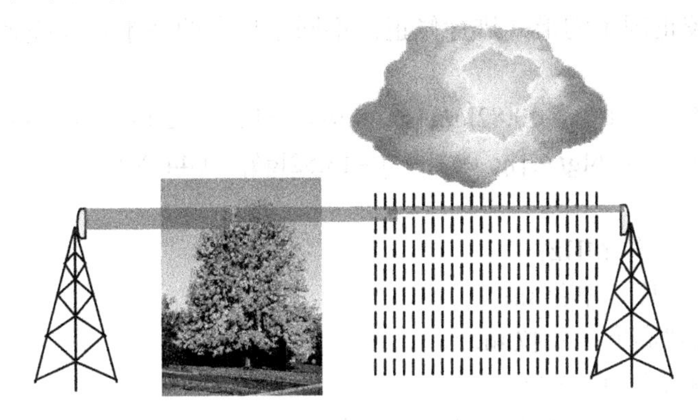

图 1-3　吸收示意图

电磁波的反射、衍射、散射和吸收对于电磁波能量的传播起着重要作用，同时也是产生无线信道衰落的根本原因。

1.1.2　电波传播的路径损耗预测

在设计无线覆盖系统时，计算信号覆盖范围是首要任务，而信号覆盖范围计算的核心是路径损耗模型。由于无线环境的复杂性和多变性，要计算接收信号的场强是相当困难的，因此通常做法是在大量场强测试的基础上，经过对数据的分析与统计处理，找出各种地形下的传播损耗与距离、频率以及天线高度的关系，给出传播特性的各种图表和计算公式，建立传播模型从而预测接收信号的场强。没有一个模型可以适合所有的传播环境，因此要求设计人员要根据具体的情况选择合适的模型。

不管是用哪一种模式来预测无线覆盖范围，都只是基于理论和测试结果统计的近似计算，城区街道中各种密集的、不规则的建筑物反射、绕射及阻挡，都会给数学模型预测带来很大困难。因此，模型可以指导网络基站选点及布点的初步设计，但仍需通过现场勘查和具体测试完成无线网络设计。

1．理想自由空间损耗

无线电波在自由空间的传播是电波传播研究中最基本、最简单的一种。自由空间是满足下述条件的一种理想空间：（1）均匀无损耗的无限大空间；（2）各向同性；（3）电导率为零。

在自由空间发射功率和接收功率之间的关系如下：

$$\frac{\mathrm{P}(r)}{\mathrm{P}(t)} = \mathrm{G}(r)\mathrm{G}(t)(\lambda / 4\pi d)^2$$

在自由空间传播条件下，传输损耗 L_s 的表达式为：

$$L_s = 32.45 + 20\lg f + 20\lg d$$

自由空间基本传输损耗 L_s 仅与频率 f 和距离 d 有关。当 f 和 d 扩大一倍时，L_s 均增加 6dB。

2．用于宏蜂窝区的路径损耗模型

宏蜂窝区的跨越范围为几公里至几十公里，常用的无线网络频率为 900MHz、1800MHz、1900MHz。采用的路径损耗模型是 Okumura-Hata 模型。

该模式以准平坦地形大城市区的中值场强或路径损耗作为参考，对其他传播环境和地形条件等因素分别以校正因子的形式进行修正。不同地形上的基本传输损耗按下列公式分别预测。

L（市区）$=69.55+26.16\lg f-13.82\lg h_1+(44.9-6.55\lg h_1)\lg d-a(h_2)-s(a)$

L（郊区）$=64.15+26.16\lg f-2[\lg(f/28)]^2-13.82\lg h_1+(44.9-6.55\lg h_1)\lg d-a(h_2)$

其中：

f——工作频率，单位 MHz；

h_1——基站天线高度，单位 m；

h_2——移动台天线高度，单位 m；

d——到基站的距离，单位 km；

$a(h_2)$——移动台天线高度增益因子，单位 dB；

$$a(h_2)=\begin{cases}(1.1\times\lg f-0.7)h_2-1.56\lg f+0.8 & （中，小城市）\\ 3.2[\lg(11.75h_2)]^2-4.97 & （大城市）\end{cases}$$

$s(a)$——市区建筑物密度修正因子，单位 dB；

$$s(a)=\begin{cases}30-25\lg a & (5\%<a\leqslant 50\%)\\ 20+0.19\lg a-15.6(\lg a) & (1\%<a\leqslant 5\%)\\ 20 & (a\leqslant 1\%)\end{cases}$$

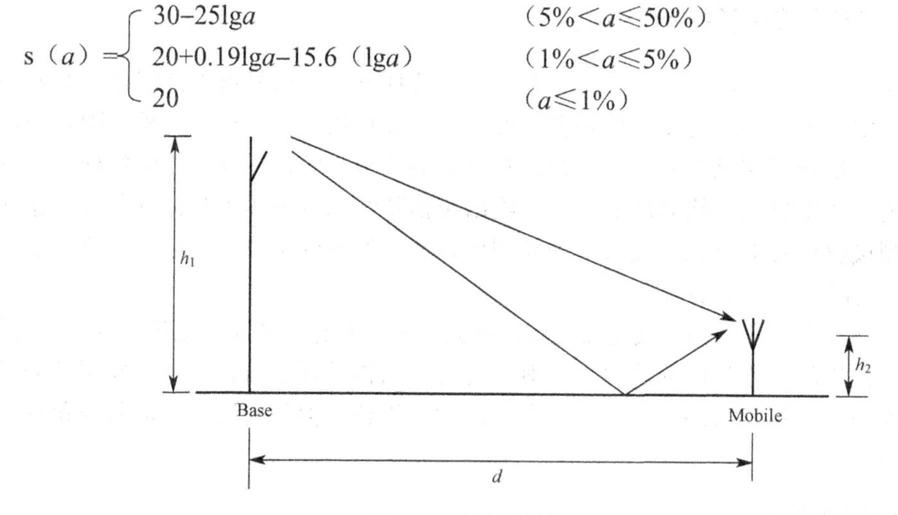

图 1-4　电波传播模型示意图

3．用于微蜂窝区的路径损耗模型

微小区跨越的范围为几百米到一公里，它使用的基站天线通常安装到街灯柱上。在有障碍物的路径中，在建筑物的边角和屋顶处发生的信号衍射变得很重要。微小区的信号传播受到建筑物、地面反射以及车辆的影响，使得传播特性非常复杂。

Cost-231-Walfish-Ikegami 电波传播衰减计算模型是从对众多城市的电波实测中得出的一种小区域覆盖范围内的电波损耗模式。

分视距和非视距两种情况：

（1）视距情况，基本传输损耗采用下式计算：

$$L=42.6+26\lg d+20\lg f$$

（2）非视距情况，基本传输损耗由三项组成：

$$L=L_o+L_{msd}+L_{rts}$$

$$L_o=32.4+20\lg d+20\lg f$$

其中，L_o 代表自由空间损耗；L_{msd} 是多重屏蔽的绕射损耗；L_{rts} 是屋顶至街道的绕射及散射损耗。

4．用于室内“微微”蜂窝区的路径损耗模型

“微微”小区的覆盖范围是一栋楼或一部分建筑物。“微微”小区的跨度在 30～100 米之间。

假定建筑物楼层引起的信号衰落是恒定的，这时路径损耗模型为：

$$L=L_o+Nf+10\lg d$$

其中 L_o 代表第 1 米的路径损耗；N 是信号通过的楼层数；f 表示每层引起的信号衰落；d 是发射器和接收器之间的距离。

多年来，人们对电波由建筑物外进入室内的穿透损耗进行了大量的测试和研究。穿透损耗的大小与建筑物的材料、窗户、通信频率有关。

◆ 金属玻璃：12～15 dB 的损失

◆ 普通玻璃：6 dB 的损失

◆ 砖混墙：3～5 dB 的损失

◆ 水泥浇筑墙：金属网的水泥浇筑墙会产生很强的反射

1.2　多径效应和多普勒效应

前面各种模型的信号强度特性是大尺度的平均值，实际上，接收信号由于移动终端的运动而快速波动，这种波动导致沿不同路径到达的多个信号分量发生变化，这种信号幅度的快速波动是一种小尺度的衰落。

本节主要讨论两种引起信号幅度快速波动的效应：一种是多普勒效应，是由于移动终端朝着或背着基站运动而产生的；另一种是多径衰落，由于信号沿不同路径到达相加而产生。

1.2.1　多径衰落模型

无线信号在传播过程中，接收端受到障碍物和其他移动体的影响，以致到达接收端的信号是来自不同传播路径的信号之和，不同相位的信号进行相加造成信号幅度波动，从而产生多径衰落。

为了获得这些波动模型，可以按照时间生成接收信号的柱状图。用于多径衰落的最常见的分布是瑞利分布（Rayleigh），它的概率密度函数为：

$$f(r)=\frac{r}{\sigma^2}\exp(-\frac{r^2}{2\sigma^2}) \quad r\geqslant 0$$

小尺度衰落会产生非常高的误比特率，不能简单地增加发射功率减小多径衰落，一般通过带频谱交错的差错控制码、分集技术和定向天线技术减小多径效应。

1.2.2 多普勒效应

多普勒效应是由于接收端移动而产生的，由此而产生接收信号强度波动的频谱称为多普勒频谱。在图 1-5（a）中，发送器和接收器保持固定，附近也没有其他移动体，这时接收信号是恒定包络的，而且频谱仅是一个脉冲。在图 1-5（b）中，发送器任意移动，导致接收信号产生波动，这时的频谱宽度扩展到 6Hz，这个频谱就是多普勒频谱。

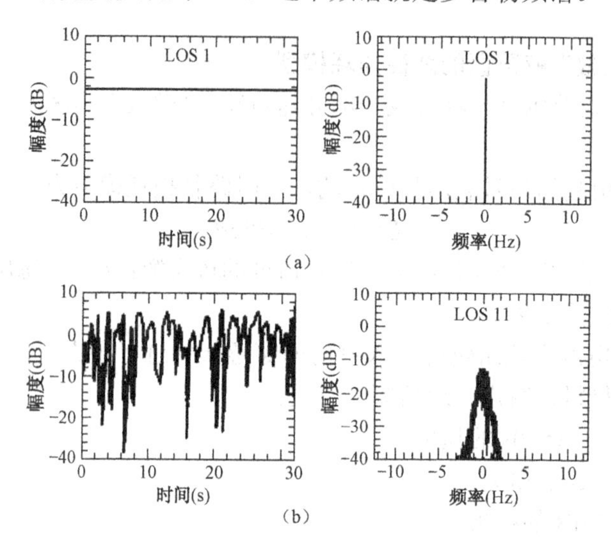

图 1-5 多普勒的测量值

常用的多普勒模型为：

$$D(\lambda)=\frac{1}{2\pi f}\left[1-(\lambda/f)^2\right]^{-1/2}\quad -f\leqslant\lambda\leqslant f$$

其中 f 是最大多普勒频率，它与终端的移动速度有关。通过设计合适的编码技术、频谱交错技术和调频技术，可以减少多普勒效应造成的信号快速衰落。

思 考 题

1. 信号在自由空间的发射功率为 1W，载波频率为 2.4GHz，如果接收器和发送器的距离为 1.6 公里，发射和接收天线的增益为 1.6，则接收功率是多少？路径损耗为多少？传播时延为多少？

2. 使用什么技术可以克服瑞利衰落？

3. 什么是多普勒效应？如何测量？

第 2 章　IEEE 802.11 无线局域网

无线局域网（WLAN）是利用无线通信技术在一定的局部范围内建立的网络，是计算机网络与无线通信技术相结合的产物，它以无线多址信道作为传输媒介，提供传统有线局域网 LAN（Local Area Network）的功能，能够使用户真正实现随时、随地、随意的宽带网络接入。

如果从 MAC 层进行划分，无线局域网的标准化进程分为两大阵营：一个是 802.11 阵营，主张采用无连接的 WLAN，是从面向数据的计算机通信发展而来的，另一个阵营是 HIPERLAN-2，是基于连接的 WLAN，从面向语音通信的蜂窝电话发展而来。如今 802.11 标准几乎占据整个市场，本章内容主要讲述 802.11 标准阵营。

2.1　IEEE 802.11 无线局域网基础知识

2.1.1　IEEE 802.11 的发展历程

IEEE 802.11（为叙述方便，本书技术标准名称均省略“IEEE”）是最早的无线局域网标准，1987 年由 802.4 小组开始对无线局域网进行研究，1991 年 5 月，802.11 工作组正式成立，开发无线局域网 MAC 层协议和物理介质标准。1997 年 11 月 26 日，802.11 标准正式发布，作为第一代无线局域网标准，该标准定义了物理层和介质访问控制（MAC）层的规范，允许无线设备制造商建立互操作网络设备，该标准的诞生促进了不同厂家产品间的互连互通，推动了无线网络技术的发展。

最初的 802.11 主要支持 1Mbps 和 2Mbps 数据速率，支持 DSSS、FHSS 和 DIFR 等物理层。随着无线局域网技术的不断更新和完善，IEEE 又制定了大量的协议扩展标准，用 802.11 后接相应的字母表示，如图 2-1 所示，字母的顺序已经从 a 排到了 n。

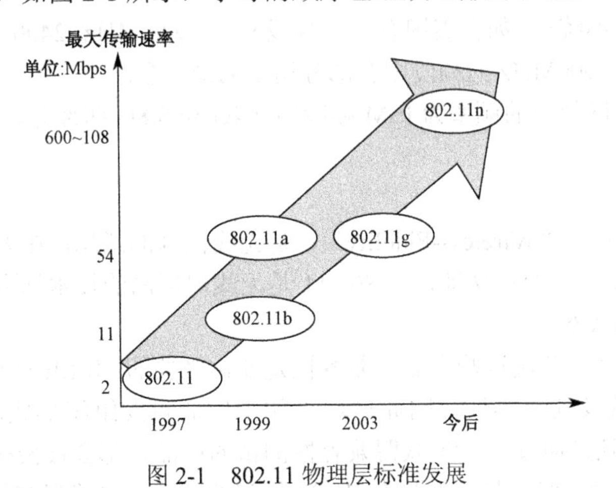

图 2-1　802.11 物理层标准发展

802.11 标准涵盖许多子集，其中主要子集列表如下：

- 802.11a：在 5GHz 通信频带内使用正交频分复用（OFDM）技术实现最高 54Mbps 的物理层传输速率；
- 802.11b：在 2.4GHz 通信频带内实现最高 11Mbps 的传输速率；
- 802.11d：定义域管理（Regulatory Domains）；
- 802.11e：定义服务质量（QoS，即 Quality of Service），目前已经成为正式标准；
- 802.11F：接入点间的互联协议（IAPP，即 Inter-Access Point Protocol）；
- 802.11g：争取在 2.4GHz 通信频带内取得更高的速率，即利用 802.11b 的通信频带实现 802.11a 的速率；
- 802.11h：5GHz 通信频带内零的功耗管理；
- 802.11i：网络安全性；
- 802.11n：下一代无线局域网技术，提供 100Mbps 以上的净荷速率。

按照物理层和 MAC 层将这些 802.11 标准进行了分类，如图 2-2 所示。

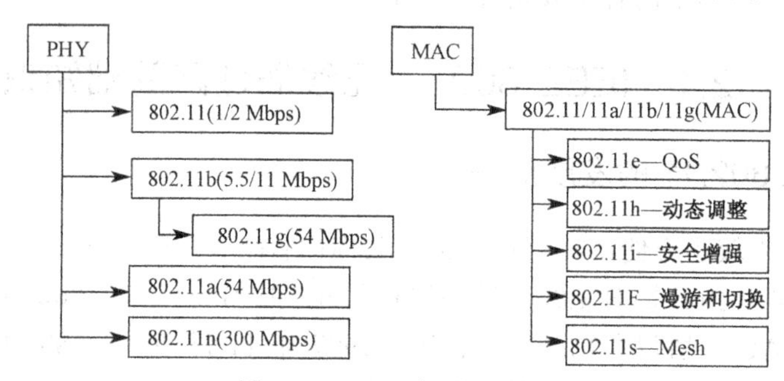

图 2-2　802.11 标准的划分

2.1.2　ISM 频段

ISM（Industrial Scientific and Medical）频段是一个免许可证的可用于发展消费电子产品的频段，由美国联邦通信委员会（FCC）分配，设备功率不能超过 1W。ISM 频段分为工业（902～928MHz），科学研究（2.42～2.4835GHz）和医疗（5.725～5.850GHz），如图 2-3 所示。ISM 频段在各国的规定并不统一。如在美国有三个频段 902～928 MHz，2400～2483.5 MHz，5725～5850 MHz，而在欧洲 900MHz 的频段则有部分用于 GSM 通信。

802.11 无线局域网使用的频率为 ISM 频段中 2.4G 和 5.8G 两部分。

2.1.3　Wi-Fi

Wi-Fi 的英文全称为“Wireless-Fidelity”，是无线保真的意思，在无线局域网中是指“无线兼容性认证”，它是一种商业认证，而 802.11 是无线局域网的技术标准，两者不能等同，但两者保持同步更新的状态。

无线产品种类繁多，解决这些产品的兼容性是非常必要的。IEEE 只负责产品的技术标准，并不负责产品的测试及其兼容性，因此这项工作由厂商自发组织形成的非营利性机构，即 Wi-Fi 联盟来担任。凡是通过 Wi-Fi 联盟兼容性测试的产品，都会被授权打上标记，如图 2-4 所示，因此我们选购产品时，最好选择有 Wi-Fi 标记的产品，以确保产品之间的兼容性。

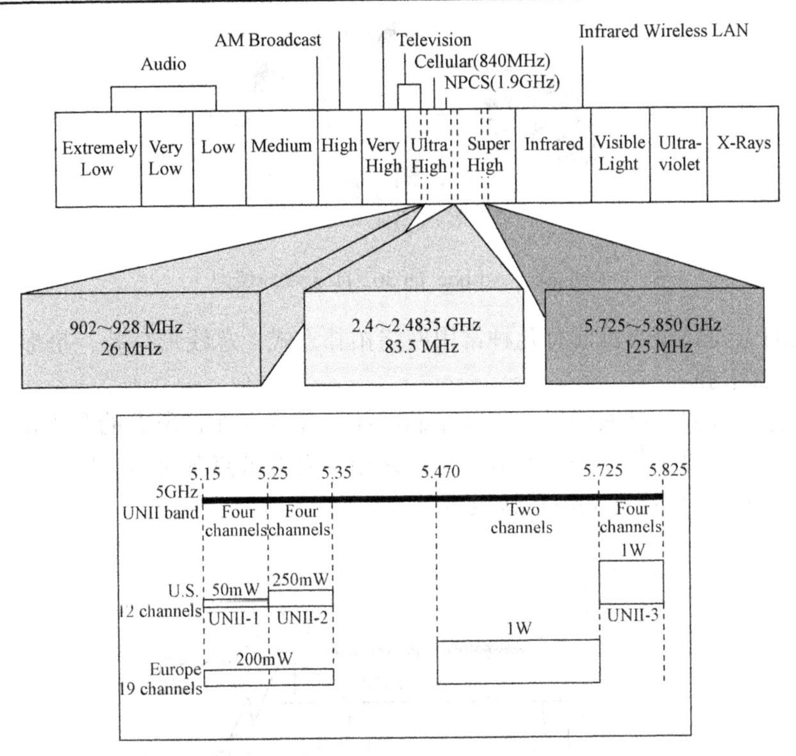

U-NII-1：室内应用

U-NII-2：室内或短距离室外应用，如校园网

U-NII-3：长距离室外应用，点对链路

图 2-3　802.11 频率的划分

图 2-4　Wi-Fi 图标

2.1.4　802.11 无线局域网结构

网络拓扑是指网络中设备的几何排列形状，拓扑结构反映了网络中设备的物理连接特性。802.11 无线局域网包含两种拓扑结构，图 2-5 是基础结构的 802.11 无线局域网，图 2-6 是 Ad-hoc 结构的 802.11 无线局域网。前一种无线网络中，无线终端通过访问接入点设备 AP 与骨干网相连。在 Ad-hoc 无线网络中，无线终端是在对等的基础上进行通信的。

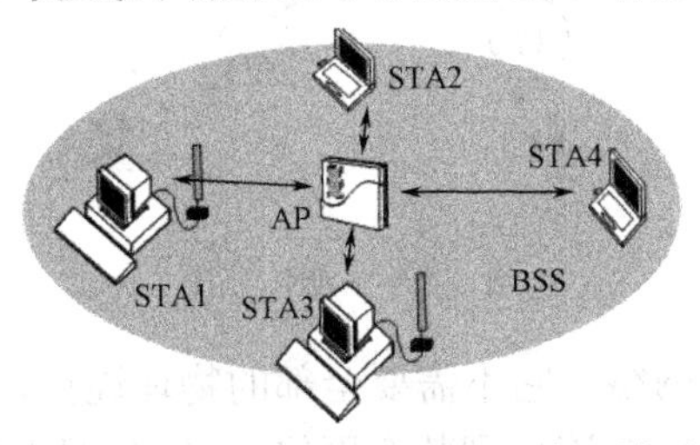

图 2-5　基础结构的 802.11 无线局域网

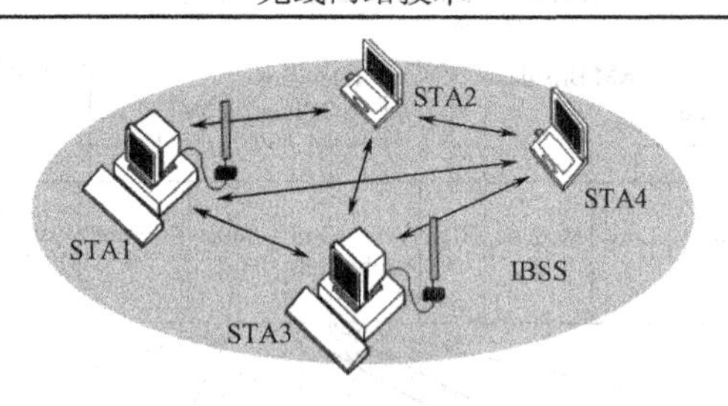

图 2-6 Ad-hoc 的 802.11 无线局域网

基础结构的无线局域网目前有几种常用网络拓扑方式：总线形拓扑、星形拓扑、网状网拓扑以及点对点拓扑。

总线形拓扑：最初，以太网以一种共享总线拓扑模式存在，所有的节点都连接到一个共同的线缆上，但首尾两个节点则是开放的，网络中所有的节点都可以侦听到总线上的传输，如图 2-7 所示。总线形网络是共享传输设备。

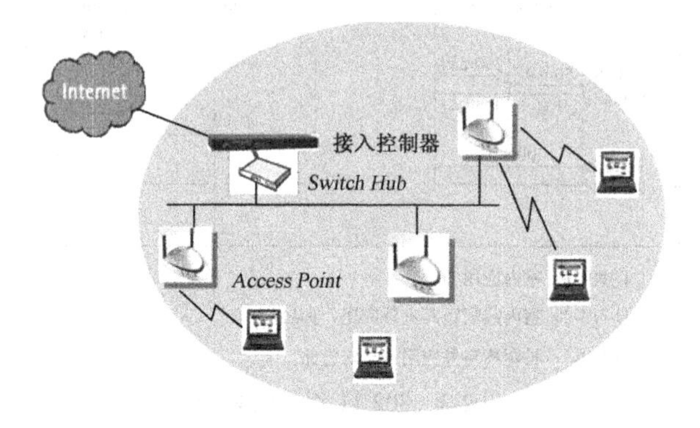

图 2-7 总线形拓扑图

星形拓扑：目前大多数的局域网采用的是一种星形的拓扑方式，即：将所有的节点连接到一个交换机上，交换机又可以相互连接组成一个大的网络，如图 2-8 所示。星形结构比较简单，每个用户都与交换机连接，用户之间完全独立。这种结构容易接入新的业务，但由于连接设备不能共享，故成本较高。

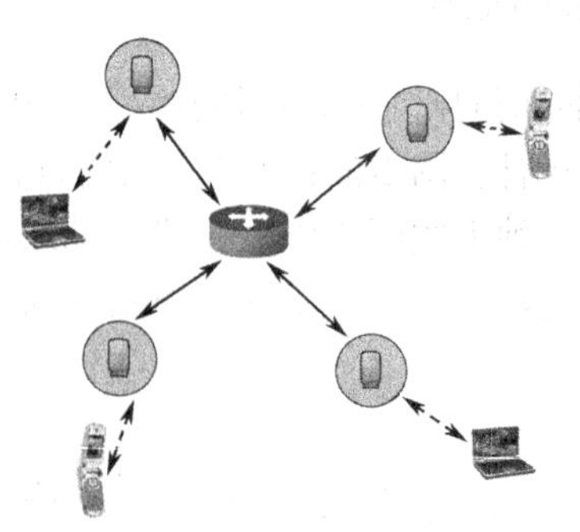

图 2-8 星形拓扑图

网状网拓扑：也称 Mesh 网络，它不需要全部的物理连接，只要将一个节点连接到 Mesh 网中的任何一个节点，它即可完全连接到整个网络，Mesh 网中每个节点都可以转发其他节点的数据包，如图 2-9 所示。Mesh 网络路由协议具有自动确定最佳途径的功能，如果某条链路不可用，Mesh 网将动态重新配置路由器。

Mesh 网可以是有线也可以是无线。对于无线 Mesh 网，简称 WMN 网络，也称无线网状网。

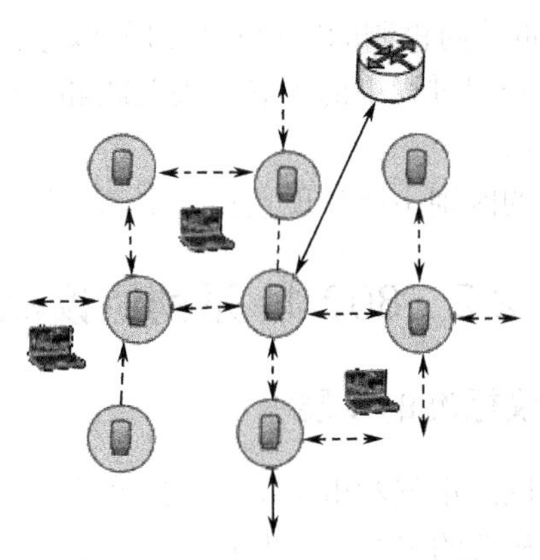

图 2-9　网状网拓扑图

点对点拓扑：把无线 AP 设置成网桥方式将两个局域网连接起来。这种方式是为局域网存储转发数据而设计的，对于末端节点用户是透明的，如图 2-10 所示。

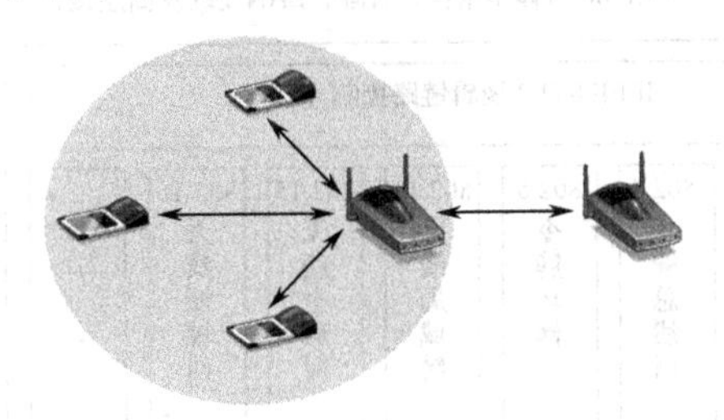

图 2-10　点对点拓扑

2.1.5　802.11 分层协议体系

802.11 定义了无线局域网设备的物理层和链路层协议规范，图 2-11 展示了 802.11 标准的协议分层架构。

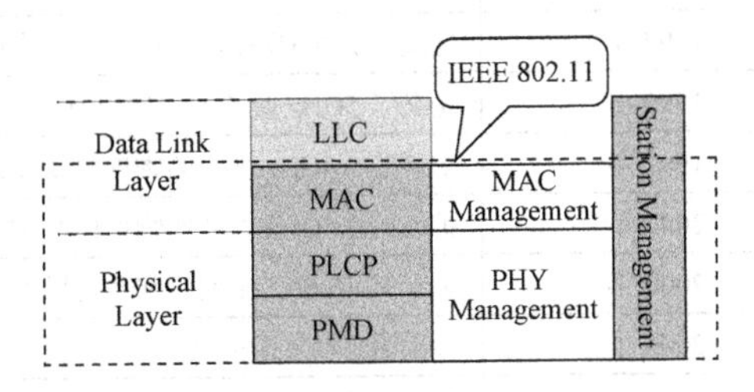

图 2-11　802.11 分层体系

物理层定义了设备之间实际连接的电气性能。物理层向下直接与传输介质连接，向上服务于数据链路层。该层包括使用频率、调制技术、频率扩展技术等。

物理层分为 3 个子层：PLCP（物理层汇聚协议）、PMD（物理介质相关协议）、物理层管理子层。PLCP 主要进行载波侦听的分析和针对不同的物理层形成相应格式的分组。PMD 层用于识别信号所使用的调制和编码技术。物理管理子层为不同的物理层进行信道选择和调谐。

数据链路层分为 MAC 子层（介质访问控制层）、MAC 管理子层和 LLC 层（理论逻辑链路控制层）。MAC 层主要负责访问机制的实现和分组的拆分和重组。MAC 管理子层主要负责漫游管理、电源管理，还有登记过程中的关联、去关联和重新关联等过程的管理。LLC 层负责将数据准确地发送到物理层。

无线局域网与有线局域网的区别主要体现在物理层和数据链路层上。

2.2 802.11 系列协议概述

2.2.1 802.11 系列协议标准的发展

802.11 系列协议标准是由国际电气和电子工程师联合会（IEEE）制定的，它以 802.11 标准为基础，包括与无线局域网相关的多个已经发布和正在制定的标准。图 2-12 展示了无线局域网在 IEEE 网络协议体系中位置。表 2-1 给出了每一种标准协议的名称、发布时间和简单的说明。

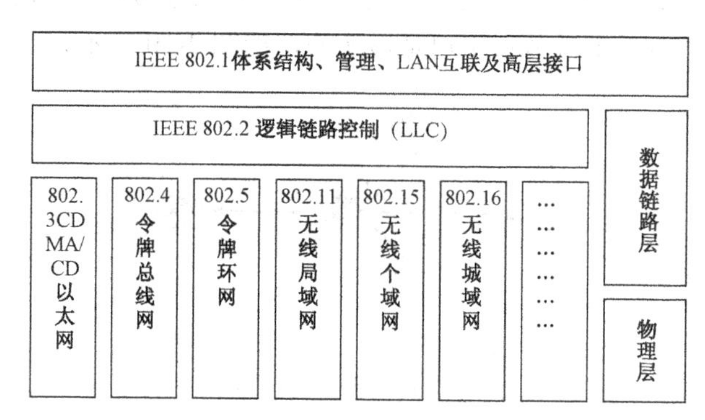

图 2-12　无线局域网在 IEEE 网络协议体系中位置

表 2-1　802.11 系列协议标准

协 议 名 称	发 布 时 间	说　明
IEEE 802.11	1997 年	定义了 2.4GHz 微波和红外线的物理层及 MAC 子层标准
IEEE 802.11a	1999 年	定义了 5GHz 微波的物理层及 MAC 子层标准
IEEE 802.11b	1997 年	扩展的 2.4GHz 微波的物理层及 MAC 子层标准（DSSS）
IEEE 802.11b+	2002 年	扩展的 2.4GHz 微波的物理层及 MAC 子层标准（PBCC）
IEEE 802.11c	2000 年	关于 IEEE 802.11 网络和普通以太网之间的互通协议
IEEE 802.11d	2000 年	关于国际间漫游的规范
IEEE 802.11e	2004 年	基于无线局域网的质量控制协议
IEEE 802.11F	2003 年	漫游过程中的无线基站内部通信协议
IEEE 802.11g	2003 年	扩展的 2.4GHz 微波的物理层及 MAC 子层标准（OFDM）
IEEE 802.11h	2003 年	扩展的 5GHz 微波的物理层及 MAC 子层标准（欧洲）
IEEE 802.11i	2004 年	增强的无线局域网安全机制

续表

协议名称	发布时间	说　明
IEEE 802.11j	2004 年	扩展的 5GHz 微波的物理层及 MAC 子层标准（日本）
IEEE 802.11k	2005 年	基于无线局域网的微波测量规范
IEEE 802.11l	暂无	暂无
IEEE 802.11m	2006 年	基于无线局域网的设备维护规范
IEEE 802.11n	2007 年	高吞吐量的无线局域网规范（100Mbps）

在上表中需要说明的是，标准的名称都采用小写的字母进行标注，唯有 802.11F 采用的是大写字母；发布时间为 2004 年及以后的协议都是还没确定的，因为每一个协议的批准过程都是非常复杂的，很可能出现延迟的情况。本书将在后面选取部分协议标准进行详细的描述。

如图 2-13 所示，在 802.11 系列协议标准中，各种协议的分布中没有包含 802.11 标准。因为 802.11 作为基础协议包含了物理层和 MAC 子层的内容，后续的速度扩展（比如：802.11a、802.11b、802.11g 和 802.11n）都延续了它所定义的 MAC 协议。后面有对目前主要应用的一些协议进行简单的描述，包括 802.11、802.11a、802.b、802.11e、802.11g 和最新的 802.11n。

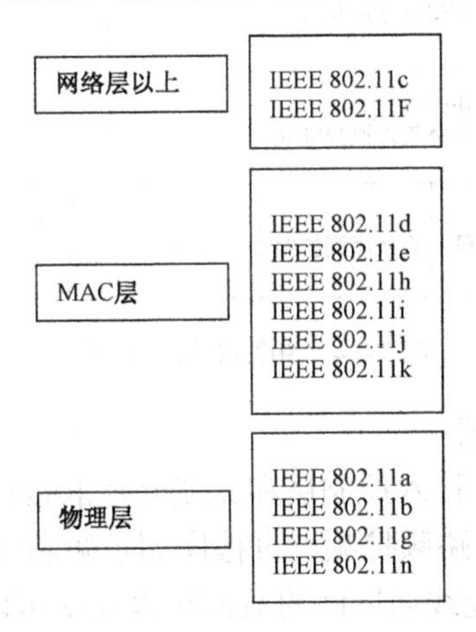

图 2-13　802.11 系列协议中协议分布

2.2.2　802.11 a,b,g,n 协议的定义和标准

1. 802.11 标准

802.11 是第一代无线局域网标准之一，也是 IEEE 发布的第一个无线局域网标准，是其他 802.11 系列标准的基础标准。该标准定义了物理层和介质访问控制 MAC 协议的规范，允许无线局域网及无线设备制造商在一定范围内建立互操作网络设备。我们常常把 802.11 作为无线局域网的代名词。802.11 标准有两个版本：1997 年版和后来补充修订的 1999 年版。

802.11 无线网络标准规定了 3 种物理层传输介质工作方式。其中 2 种物理层传输介质工作方式在 2.4～2.4835GHz 微波频段（根据各国当地法规或规定不同，频段的具体定义也有所不同），采用扩频传输技术进行数据传输，包括跳频序列扩频传输技术（FHSS）和直接序列扩频传输技术（DSSS）。另一种方式以光波段作为其物理层，也就是利用红外线光波传输数据流。需要注意的是，虽然红外线同样适用于 802.11 标准，但它是光学技术，并不使用 2.4GHz 频段。

在 802.11 的规定中，这些物理层传输介质中，FHSS 及红外线技术的无线网络可提供 1Mbps 传输速率（2Mbps 为可选速率），而 DSSS 则可提供 1Mbps 及 2Mbps 工作速率。多数 FHSS 厂家仅能提供 1Mbps 的产品，而符合 802.11 无线网络标准并使用 DSSS 厂家的产品则全部可以提供 2Mbps 的速率，因此 DSSS 在无线局域网产品中得到了广泛的应用。虽然采用跳频序列扩频技术（FHSS）与采用 DSSS 的设备都工作在相同的频段中，但是由于它们运行的机制完全不同，所以这两种设备没有互操作性。

802.11 规定的标准主要侧重于物理层（PHY Layer）和媒体接入控制层（MAC Layer），如图 2-14 所示。物理层关注的是如何根据无线传输介质的特点设计合适的方案，为上层提供高速可靠的数据传输信道，考虑的是点对点的无线信道传输；媒体接入控制层关注的则是在多个站点共享信道的情况下，如何将全部的信道资源分配给各个站点，保证传输不碰撞或少碰撞，在保证相对公平的前提下尽量提高系统吞吐量或保证某些业务的 QoS。

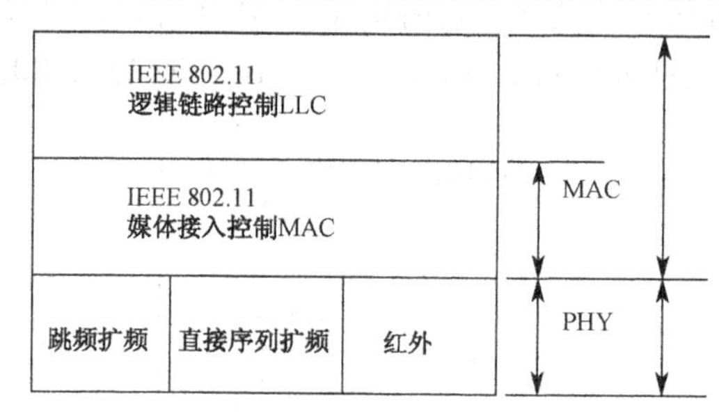

图 2-14　802.11 协议栈分层

1）802.11 标准的物理层定义

802.11 标准的物理层是媒体接入控制层和无线介质的接口，最初定义的 802.11 标准的物理层还定义了使用的传输技术：跳频扩频、直接序列扩频和红外技术，支持 1Mbps 和 2Mbps 的数据速率。发展到 802.11a，无线局域网的数据传输速率可以达到 54Mbps，而 802.11b 通过对直接序列扩频技术的扩展在 1Mbps 和 2Mbps 的基础上还能够支持 11Mbps 和 5.5Mbps。数据传输速率存在多个档次，需要其可调性。802.11b 还给定了速率转换机制，比较周围的信号与干扰噪声比与预设的门限，选择能够保证一定误码率条件下的最高速率。

① 扩频技术：扩频技术是兼顾带宽和可靠性的技术，其目标是使用比系统所需要带宽更宽的频段来减少噪声和干扰的影响，扩频技术扩展了传输所用的带宽，保持总功率不变，降低了峰值功率，802.11 所用的扩频技术有两种。

跳频扩频技术：使用很多窄频段，并使传输所用频率在这些频段中“跳动”。例如，将 2.4GHz 处的频段分成 70 份，每份 1MHz，根据预先设定好的调频方案，系统每隔 20～400ms 从原来所用的频段跳到新的频段。802.11 标准所定义的使用跳频扩频技术的系统工作在 2.4GHz 处，支持 1Mbps 和 2Mbps 的速率。

直接序列扩频技术：其原理就是通过特定的码字把信号的带宽展宽并复用，以此获得较好的对抗干扰和噪声的性能。也就是说在发送端通过码字把原始信号调制，在接收端通过相同的码字还原原来的信号。

② 红外技术：红外技术使用的是红外线二进制数据传输，支持 1Mbps（基本接入速率）和 2Mbps（加强接入速率）的数据传输速率，两种传输速率使用不同的调制方案，对于基本接入速率，红外物理层用 16 脉冲位置调制；对于加强接入速率，使用 4 脉冲位置调制。脉冲位置调制就是根据脉冲在一段周期内的位置不同代表不同的二进制符号。

802.11 标准所定义的物理层技术是实现传输的根本，决定了可能达到的最高数据传输速率。

2．802.11b 标准

从性能上看，802.11b 的带宽为 11Mbps，实际传输速率在 5Mbps 左右，与普通的 10Base-T 规格有线局域网持平。无论是家庭无线组网还是中小企业的内部局域网，802.11b 都能基本满足使用要求。由于基于的是开放的 2.4GHz 频段，因此 802.11b 的使用无需申请，既可作为对有线网络的补充，又可自行独立组网，灵活性很强。

从工作方式上看，802.11b 的运作模式分为两种：点对点模式和基本模式。其中点对点模式是指无线网卡和无线网卡之间的通信方式，即一台装配了无线网卡的计算机可以与另一台装配了无线网卡的计算机实施通信，对于小型无线网络来说，这是一种非常方便的互联方案；而基本模式则是指无线网络的扩充或无线和有线网络并存时的通信方式，这也是 802.11b 最常用的连接方式。此时，装载无线网卡的计算机需要通过“接入点”（无线 AP）才能与另一台计算机连接，由接入点来负责频段管理及漫游等指挥工作。在带宽允许的情况下，一个接入点最多可支持 1024 个无线节点的接入。当无线节点增加时，网络存取速度会随之变慢，此时添加接入点的数量可以有效地控制和管理频段。从目前大多数的应用案例来看，接入点是作为架起无线网与有线网之间的桥梁而存在的。这一点，在随后的 AP 评测中，笔者还将详细阐述。

- 802.11b 频率规范：802.11b 支持频段如表 2-2 所示。

表 2-2　802.11b 支持的频段

未授权频段	IEEE 标准	频率	总带宽
工业，科学 以及医学（ISM）	802.11b	902～928 MHz 2.4～2.4835 GHz	234.5 MHz

802.11b 可使用 14 个频点，各频点之间互相交叉。

- 802.11b 帧结构：802.11b 中，PLCP 将 MAC 层转换成对应的格式，通过 PMD 子层传输，PLCP 子层由三部分组成：Preamble（试探序列）、Header（帧头）、Data（数据）。

802.11b 的 PLCP 帧结构如图 2-16 所示：

PMD 子层将上层数据中的 1 和 0 转换成无线信号进行传输，可以支持 11，5.5，2 以及 1Mbps，可使用两种调制方式：DBPSK（支持 1Mbps 的传输速率）；DQPSK（支持 2，5.5，11Mbsp 的传输速率）。

作为目前最普及、应用最广泛的无线标准，802.11b 的优势不言而喻。技术的成熟使得基于该标准网络产品的成本得到了很好的控制，无论家庭还是企业用户，无需太多的资金投入即可组建一套完整的无线局域网。但 802.11b 的缺点也是显而易见的，11Mbps 的带宽并不能很好地满足大容量数据传输的需要，只能作为有线网络的一种补充。

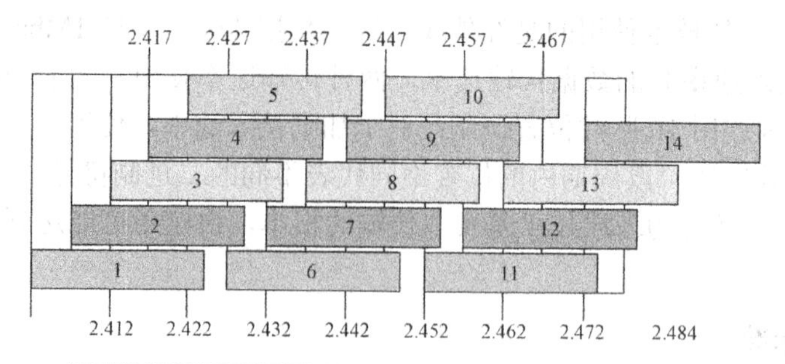

信道号	ISM频率（GHz）
1	2.412
2	2.417
3	2.422
4	2.427
5	2.432
6	2.437
7	2.442
8	2.417
9	2.452
10	2.457
11	2.462
12	2.467
13	2.472
14	2.484

图 2-15　802.11b 信道划分

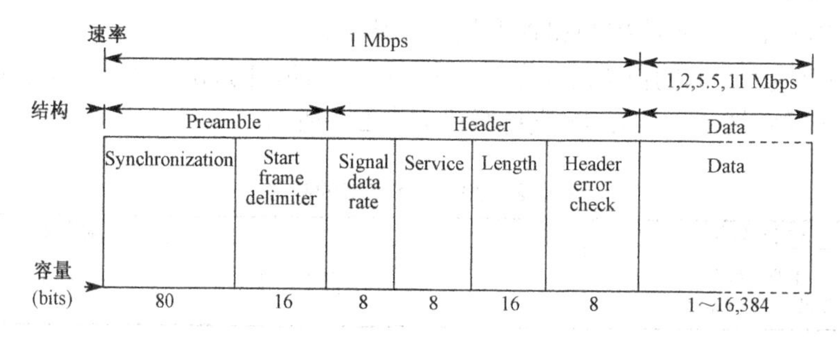

图 2-16　802.11b PLCP 帧结构

表 2-3　802.11b 调制规范

传输速率	调制	DSSS编码技术
1	差分相移键控（DBPSK）	Barker 码
2	差分四相相移键控（DQPSK）	Barker 码
5.5	差分四相相移键控（DQPSK）	补码键控调制（CCK）
11	差分四相相移键控（DQPSK）	补码键控调制（CCK）

3．802.11a 标准

就技术角度而言，802.11a 与 802.11b 虽在编号上仅有一字之差，但二者间的关系并不像其他硬件产品换代时的升级那么简单，这种差别主要体现在工作频段上。由于 802.11a 工作在不同于 802.11b 的 5GHz 频段，避开了当前微波、蓝牙以及大量工业设备广泛采用的 2.4GHz 频段，因此其产品在无线数据传输过程中所受到的干扰大为降低，抗干扰性较 802.11b 更为出色。

802.11a 使用频段如表 2-4 所示。

表 2-4　802.11a 频率

未授权频段	IEEE 标准	频率	总带宽
未授权的国家信息基础建设（U-NII）	802.11a	5.15~5.25 MHz 5.25~5.35 GHz 5.725~5.825 GHz	300 MHz

1）802.11a 信道分配如图 2-17 所示。

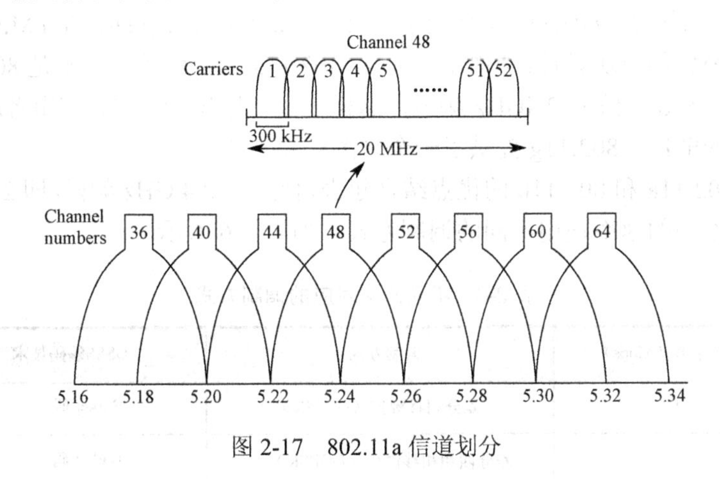

图 2-17　802.11a 信道划分

2）802.11a 物理层

802.11b 中，PLCP 基于 OFDM，PLCP 子层由三部分组成：Preamble（试探序列）、Header（帧头）、Data（数据）。

802.11a 的 PLCP 帧结构如图 2-18 所示。

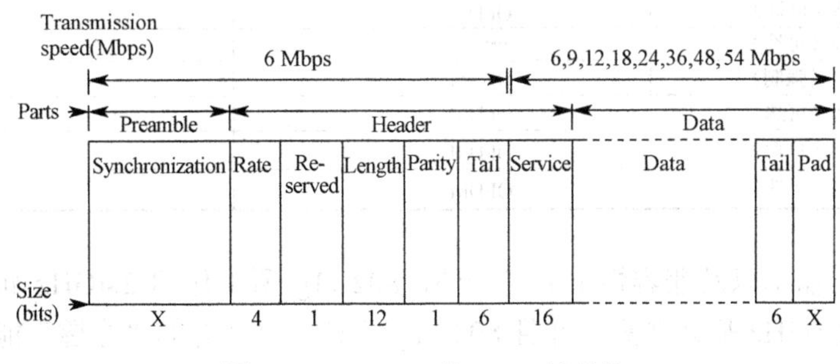

图 2-18　802.11a 的 PLCP 帧结构

其中，对应于 6,9,12,18,24,36,48 以及 54Mbps，其 RATE 段的比特设置是不一样的，如表 2-5 所示。

表 2-5　RATE 段的比特设置

Data Rate(Mbps)	Rate Field Contents	Data Rate(Mbps)	Rate Field Contents
6	1101	24	1001
9	1111	36	1011
12	0101	48	0001
18	0111	54	0011

高达 54Mbps 的数据传输速率是 802.11a 的真正意义所在。当 802.11b 以其 11Mbps 的数据传输速率满足了一般上网冲浪、数据交换、共享外设等需求的同时，802.11a 已经为今后无线宽带网的进一步要求做好了准备，从长远的发展角度来看，其竞争力是不言而喻的。此外，802.11a 的无线网络产品较 802.11b 有着更低的功耗，这对笔记本电脑以及 PDA 等移动设备来说也有着重大意义。

4．802.11g 标准

与 802.11a 相同的是，802.11g 也使用了 Orthogonal Frequency Division Multiplexing（正交分频多任务，OFDM）的模块设计，然而不同的是，802.11g 的工作频段并不是 802.11a 的 5GHz，而是坚守在和 802.11b 一致的 2.4GHz 频段，这样一来，原先 802.11b 使用者所担心的兼容性问题得到了很好的解决，802.11g 提供了一个平滑过渡的选择。

802.11g 将 802.11a 和 802.11b 的优点结合起来，使用了 2.4 GHz 频段，即 2.4～2.4835GHz，支持多种速率，不同的速率使用不同的调制方式，如表 2-6 所示。

表 2-6　不同速率对应的调制方式

传输速率（Mbps）	调制方式	DSSS编码技术
1	差分相移键控（DBPSK）	Barker 码
2	差分四相相移键控（DQPSK）	Barker 码
5.5	差分四相相移键控（DQPSK）	补码键控调制（CCK）
6（强制）	OFDM	
11	差分四相相移键控（DQPSK）	补码键控调制（CCK）
12（强制）	OFDM	
18（可选）	OFDM	
22（可选）	PBCC-22	
24（强制）	OFDM	
36（可选）	OFDM	
48（可选）	OFDM	
54（可选）	OFDM	

除了具备高传输率以及兼容性上的优势外，802.11g 所工作的 2.4GHz 频段的信号衰减程度不像 802.11a 的 5GHz 那么严重，并且 802.11g 还具备更优秀的“穿透”能力，能适应更加复杂的使用环境。但 802.11g 的信号比 802.11b 的信号能够覆盖的范围要小得多。

5．802.11n 标准

新兴的 802.11n 标准具有高达 600Mbps 的速率，是下一代的无线网络技术，可提供支持对带宽最为敏感的应用所需的速率、范围和可靠性。802.11n 结合了多种技术，其中包括 Spatial Multiplexing MIMO（Multi-In，Multi-Out）（空间多路复用多入多出）、20 和 40MHz 信道和双频带（2.4 GHz 和 5 GHz），以便形成很高的速率，同时又能与以前的 802.11b/g 设备通信。

多入多出（MIMO）或多发多收天线（MTMRA）技术是无线移动通信领域智能天线技术的重大突破。该技术能在不增加带宽的情况下成倍地提高通信系统的容量和频谱利用率，是新一代移动通信系统必须采用的关键技术。

2.3 802.11 物理层关键技术

802.11 无线局域网物理层的关键技术主要涉及传输介质、频率选择及调制技术。早期的传输技术有 FHSS、DSSS 和 DFIR 三种方式，其中 DFIR 为红外线传输技术，由于红外线有较强的方向性，受太阳光的干扰大，对非透明物体的穿透性也非常差，目前使用得非常少。新一代的 802.11 无线局域网采用了 OFDM 和 MIMO 技术，提高了频谱利用率，增加了抗多径干扰能力，图 2-19 展示了物理层关键技术的演进，这里我们只重点讨论 DSSS、OFDM 和 MIMO 传输技术。

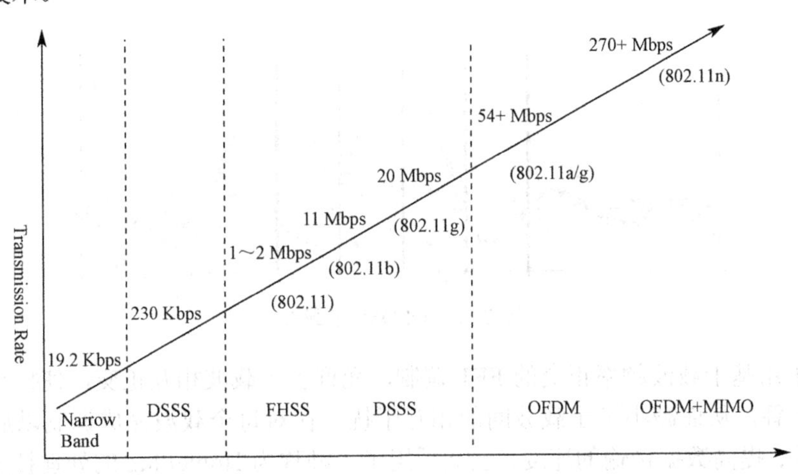

图 2-19 802.11 技术演进

2.3.1 直接序列扩频传输技术（DSSS）

直接序列扩频传输技术是直接采用具有高码率的扩频码序列的调制方式在发射端扩展信号的扩展频谱技术。

在直接序列扩频传输技术中，使用一个伪随机二进制码来调制信号。这个二进制码称为扩展码，通过扩展码将数据比特映射成多和比特，以提供冗余。

在直接序列扩频传输技术中使用的扩展码类型主要有三种：巴克码序列（Barker Code）、补码键控（CCK）和分组二进制卷积码（PBCC）。

巴克码序列将信源与一定的伪随机码进行整合，每个巴克码序列表示一个数据比特 1 或 0，如发射机将“1”用 11001000110 代替，“0”用 00110010110 代替，这个过程实现了扩频；在接收端，只要把收到的序列 11001000110 恢复成“1”，00110010110 恢复成“0”，即实现了解扩。在 802.11 中规定，11 码片的巴克码序列采用 1MHz 和 2MHz 的调制。

补码键控（CCK）由 64 个 8 比特长的码字组成，802.11 中规定，当速率为 5.5Mbps 时，使用补码键控，每个载波采用 4 比特编码；当速率为 11Mbps 时，使用补码键控，每个载波采用 8 比特编码，这样，当出现噪声和多径干扰时，接受端也可以正确地识别。

分组二进制卷积码（PBCC）在 802.11 中是一个可选方案，采用一个 64 位的二进制卷积码和一个掩码序列来进行的二进制卷积码，增加了 3dB 增益，相当于发射功率提高了一倍，因此，PBCC 可以完成更高的数据传输，支持 11Mbps、22Mbps 和 33Mbps 的传输速率。

2.3.2　正交频分复用技术（OFDM）

新一代的 802.11 无线局域网采用了正交频分复用技术（OFDM），OFDM 是一种无线环境下的高速传输技术。它的基本原理是将信号分割为 N 个子信号，然后用 N 个子信号分别调制到 N 个相互正交的子载波上，将高速数据信号转换成并行的低速子数据流进行传输，如图 2-20 所示。由于子载波的频谱相互重叠，因而可以得到较高的频谱效率。近几年 OFDM 在无线通信领域得到了广泛的应用。

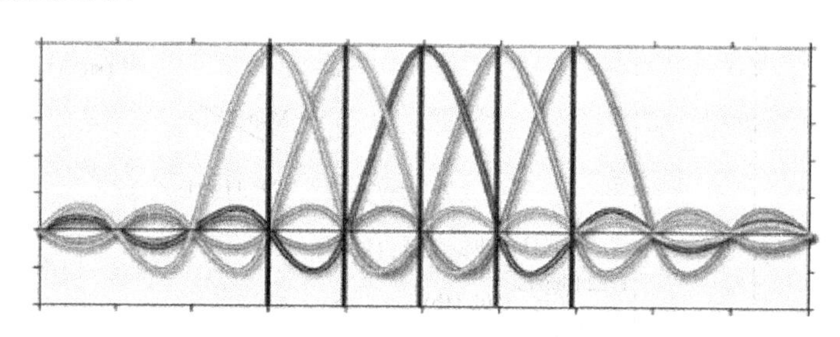

图 2-20　OFDM 子载波

OFDM 采用基于载波频率正交的 FFT 调制，允许各子载波相互正交，使扩频调制后的频谱可以相互重叠，从而减小了子载波间的相互干扰。在对每个载波完成调制以后，为了增加数据的吞吐量、提高数据传输的速度，它又采用了一种称为 HomePlug 的处理技术，来对所有将要被发送数据信号位的载波进行合并处理，把众多的单个信号合并成一个独立的传输信号进行发送。OFDM 的数据传输速率与子载波的数量有关，802.11 中规定，支持 54 Mbps 的传输速率。

OFDM 增强了抗频率选择性衰落和抗窄带干扰的能力。在单载波系统中，单个衰落或者干扰可能导致整个链路不可用，但在多载波的 OFDM 系统中，只会有一小部分载波受影响。此外，纠错码的使用还可以帮助其恢复一些载波上的信息。通过合理地挑选子载波位置，可以使 OFDM 的频谱波形保持平坦，同时也保证了各载波之间的正交。

无线信道的频率响应曲线大多是非平坦的，而 OFDM 技术的主要思想就是在频域内将给定信道分成许多正交子信道，在每个子信道上使用一个子载波进行调制，并且各子载波并行传输。这样，尽管总的信道是非平坦的，具有频率选择性，但是每个子信道是相对平坦的，在每个子信道上进行的是窄带传输，信号带宽小于信道的相应带宽，因此就可以大大消除信号波形间的干扰。

OFDM 每个载波所使用的调制方法可以不同。各个载波能够根据信道状况的不同选择不同的调制方式，比如 BPSK、QPSK、8PSK、16QAM、64QAM 等，以频谱利用率和误码率之间的最佳平衡为原则。OFDM 技术使用了自适应调制，根据信道条件的好坏来选择不同的调制方式。比如在终端靠近基站时，信道条件一般会比较好，调制方式就可以由 BPSK（频谱效率 1bit/s/Hz）转化成 16QAM～64QAM（频谱效率 4～6bit/s/Hz），整个系统的频谱利用率就会得到大幅度地提高。

OFDM 还采用了功率控制和自适应调制相协调的工作方式。信道好的时候，发射功率不变，可以增强调制方式（如 64QAM），或者在低调制方式（如 QPSK）时降低发射功率。功率控制与自适应调制要取得平衡，也就是说对于一个发射台，如果它有良好的信道，在发送功率保持不变的情况下，可使用较高的调制方案如 64QAM；如果功率减小，调制方案也就可以相应降低，使用 QPSK 方式等。

OFDM 技术已成为第 4 代移动通信的核心。802.11 规定采用 OFDM 技术支持高速数据传输。目前 OFDM 结合时空编码、分集技术、干扰抑制以及智能天线技术，最大限度地提高了物理层的可靠性。

OFDM 的优点：

1）抗频率选择性衰落或窄带干扰。在单载波系统中，单个载波的衰落或干扰会导致整个通信链路的失败，在多载波系统中，仅有一部分载波会受到干扰，通过采用纠错编码进行信息恢复。

2）抗多径干扰。当信道因多径传输而出现频率选择性衰落时，只有落在频带凹陷处的子载波受到影响，其他的未受到损害，因此整个系统的误码率性能要好得多。

3）信道利用率高。

OFDM 虽然有很多优点，但仍存在两个缺点：一是对频率偏移和相位噪声很敏感；二是峰值与均值功率比相对较大，降低射频放大器的功率效率。

2.3.3　多进多出技术（MIMO）

传统的无线设备使用一个发射信号的天线和一个接收信号的天线，这种传输方式称为单进单出（SISO），MIMO 是一种独特的技术，简单地说，就是在发射端和接收端分别使用多个发射天线和多个接收天线，如图 2-21 所示。

该技术最早是由 Marconi 于 1908 年提出的，它利用多个天线来抑制信道衰落。MIMO 系统的特点是将多径传播变为有利因素，它有效地使用随机衰落及多径时延扩展，在不增加频谱资源和天线发送功率的情况下，不仅可以利用 MIMO 信道提供的空间复用增益提高信道的容量，同时还可以利用 MIMO 信道提供的空间分集增益提高信道的可靠性，降低误码率。

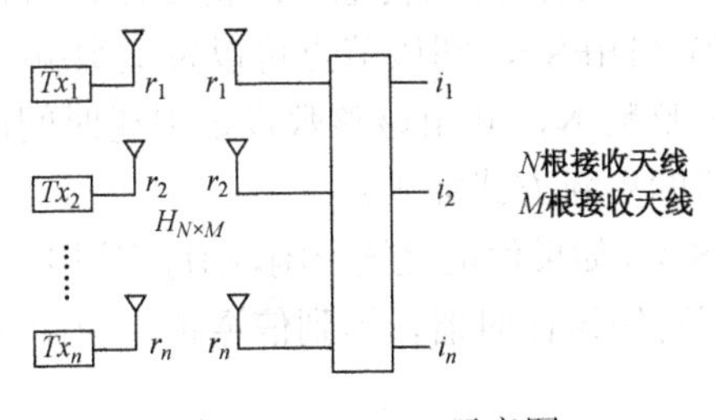

图 2-21　MIMO 示意图

在 MIMO 系统中，传输信息流 S（k）经过空时编码形成 N 个信息子流 C_i（k），i=1，2，…，N。这 N 个信息流由 N 个天线发射出去，经空间信道后，由 M 个接收天线接收。假定信道为独立的瑞利衰落信道，则信道容量 C 近似为

$$C=\{\min(M,N)\}B\log2(\rho/2)$$

式中：B 为信道带宽；ρ 为接收端平均信噪比；Min（M,N）为 M，N 中的较小者。当功率和带宽固定时，信道的容量随着最小天线数量的增加而线性地增加。

目前 MIMO 是一项运用于 802.11n 的核心技术。802.11n 是 IEEE 继 802.11b/a/g 后全新的无线局域网技术，速度可达 600Mbps。

2.3.4 802.11 数据链路层关键技术

数据链路层的基本功能是在网络层之间提供透明的数据传输。数据链路层为网络层提供数据链路的建立、拆除、帧传输、差错控制、流量控制和数据链路的管理。

数据链路层分为两个子层：

1）介质访问控制子层（MAC 子层），负责控制与连接物理层的物理介质。在发送数据的时候，MAC 协议可以事先判断是否可以发送数据，如果可以发送，将给数据加上一些控制信息，最终将数据以及控制信息以规定的格式发送到物理层；在接收数据的时候，MAC 协议首先判断输入的信息是否发生传输错误，如果没有错误，则去掉控制信息发送至 LLC（逻辑链路控制）层。

2）逻辑链路控制子层（LLC 子层），提供各设备之间的初始连接。LLC 子层的主要功能包括：传输可靠性保障和控制；数据包的分段与重组；数据包的顺序传输。

其中 MAC 层作为数据链路层的关键技术，决定了 802.11 无线局域网的吞吐量、网络延时等性能。

MAC 层又分 MAC 子层和 MAC 管理子层。

1. MAC 子层的功能

MAC 子层的主要任务是定义访问机制和 MAC 帧格式，为上层数据提供传输保证。这种传输保证本身是基于媒体接入控制层异步、尽力而为、无连接的，而没有保证每个帧都能够被正确无误地传输。

1）CSMA/CA 协议

在广播通信网络中，所有的设备共享一条信道，为了解决多个用户争抢信道的问题，需要一个公平合理的介质访问控制协议，802.11 所提供的媒体接入控制层的共享信道接入方案称为避免碰撞的载波侦听多址接入（Carrier-Sense Multiple Access Collision Avoidance，CSMA/CA）。其工作原理是一个节点在开始传输分组前必须侦听信道，如果侦听到信道空闲，且空闲时间大于分布式帧间隔（DIFS），则该节点可以发送数据；否则，节点在[0,CW]（CW 为竞争窗口）内随机产生一个整数 N，并用该整数设定退避时间的长短。退避时间为 N 倍的物理层时隙大小。退避计时器的更新方式如下：

①当检测到信道空闲 DIFS 后，如果信道继续空闲，则每空闲 1 个时隙将退避计时器的值减 1；

②当检测到信道忙时，则暂停该计时器，等到信道再次空闲时间超过 DIFS 后恢复该计时器的递减；

③当退避计时器的值减为零时才允许节点发送数据。

CSMA/CA 的基本过程如图 2-22 所示。

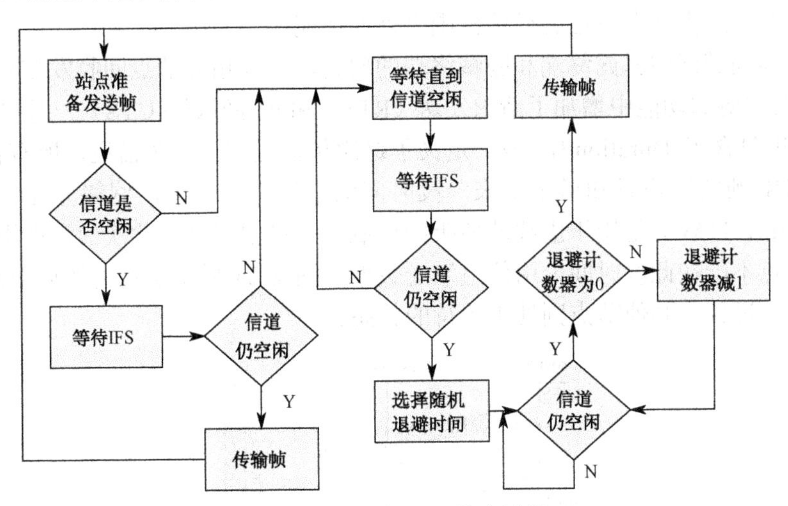

图 2-22　CSMA/CA 基本过程

802.11 协议的核心就在于 CSMA/CA 机制。简单地说，CSMA/CA 就是“先听后发”的机制：每个站点在希望发送帧之间，必须首先监听信道状况，以此来判断是否有其他站点正在发送帧，如果无线信道忙，此站点的发送将不能进行。CSMA/CA 机制还定义了两个帧之间的最小时间间隔，即信道由忙变闲后，所有站点都必须至少侦听一段时间，才进入回退时间，试图竞争信道。

802.11 标准中把回退时间或帧发送之前的时间间隔称为帧间间隔(InterFrame Space，IFS)，还定义了分布协调功能帧间间隔（Distributed Coordination Function InterFrame Space，DIFS）及点协调功能帧间间隔（Point Coordination Function Space，PIFS）和短帧间间隔（Short InterFrame Space，SIFS）。其大小关系是：分布协调功能帧间间隔最大（等于一个短帧间间隔加上两个时隙)，短帧间间隔最小，而点协调功能帧间间隔等于一个短帧间间隔加上一个时隙。分布协调功能帧间间隔是对应 802.11 定义的分布协调功能，而点协调功能帧间间隔则是对应了点协调功能。这两种协调功能保证了基于竞争和基于调度的站点间发送数据的协调。分布协调功能帧间间隔是用在分布协调功能中，作为一般数据发送的帧间间隔，由于比分布协调功能帧间间隔小，可以为某些调度的帧发送提供较高优先级。帧间间隔的关系及回退时间如图 2-23 所示。

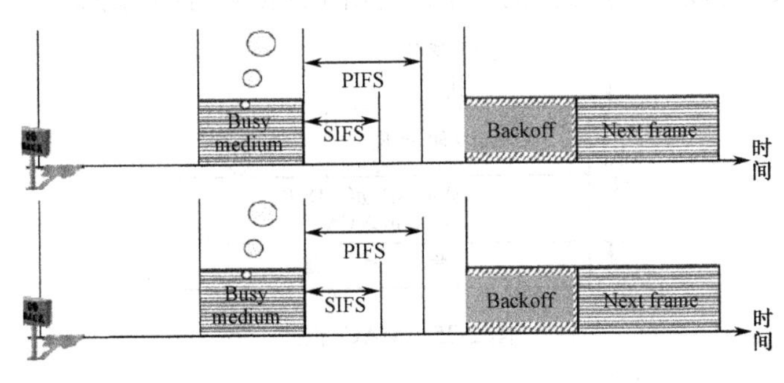

图 2-23　帧间间隔的关系及回退时间

在无线局域网中由于站点的传播范围有限，存在暴露终端和隐藏终端的问题。所谓暴露终端是指在发送者的通信范围之内而在接收者通信范围之外的终端；而所谓隐藏终端是指在接收者的通信范围之内而在发送者通信范围之外的终端。

为解决无线局域网中暴露终端和隐藏终端的问题，减少相邻节点间收发信号的相互干扰，在 802.11 分布式协调功能中增加了请求发送（RTS）和允许发送（CTS）一对握手信号。RTS 帧和 CTS 帧里包含了 Duration/ID 域，定义了这次传输能占用多久信道，所有正确接收到了 RTS 帧或 CTS 帧的用户就知道了未来一段时间的信道占用情况。网络分配矢量（Network Allocation Vector，NAV）是用于虚载波侦听的机制，矢量中记录了此次信道占用的时间长度，以通知邻居站点不能在此段时间占用信道发送数据。图 2-24 显示了在无线局域网中源节点与目的节点的通信过程，其他节点则处于等待的状态。

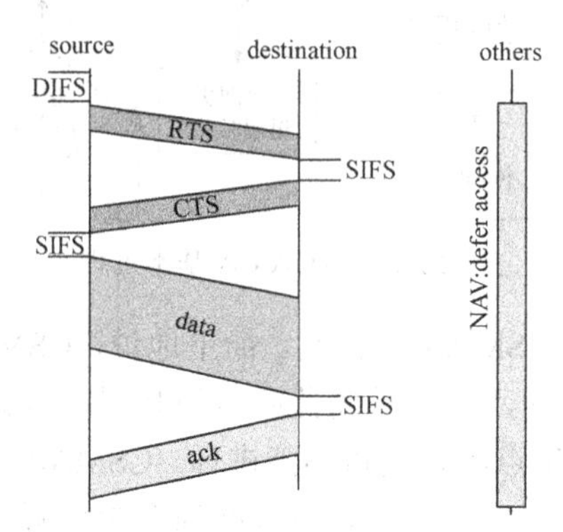

图 2-24　源节点与目的节点的通信过程

媒体接入控制层采用 RTS/CTS 握手机制，在传输真正的数据帧前加入了较短的控制帧，进一步降低了发送帧冲突的概率。RTS/CTS 的应用极大地缓解了隐藏站点对系统造成的影响。

2）MAC 子层功能

802.11 标准定义了 MAC 子层的两种功能：分布式协调功能（Distributed Coordination Function, DCF）和点协调或集中式协调功能（Point Coordination Function，PCF），如图 2-25 所示。分布式协调功能（DCF）是基于具有冲突检测的 CSMA/CA（载波监听多路访问/冲突防止）协议，无线设备发送数据前，先检测一下线路的忙闲状态，如果空闲，则立即发送数据，并同时检测有无数据发生碰撞，协调多个用户对共享链路的访问，避免因出现争抢线路而无法通信的情况。点协调或集中式协调功能（PCF）采用集中控制的接入算法将发送数据权轮流交给各个无线设备，从而避免了碰撞的产生，适用于时限业务的网络。

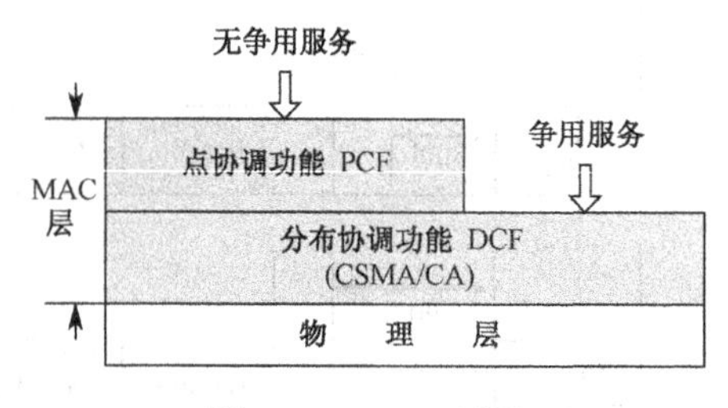

图 2-25　MAC 子层

点协调功能是一种可选的访问方法，采用轮询机制，点协调器担任轮询控制器的工作，控制帧传输，以消除有限时间段内的竞争，由于这种访问机制无法预先估计传输时间，因此目前用得很少。

2. IEEE 802.11 MAC 帧格式

802.11 无线局域网中所有无线节点必须按照规定的帧结构发送帧和接收帧。802.11 的帧结构包括以下三部分：

1）MAC 头，包含帧控制、持续时间、地址及序列控制等信息；

2）可变长度的帧体，包含帧类型的特定信息；

3）帧校验序列，包含 32 比特的循环冗余码（CRC）。

● 802.11 基本帧格式：

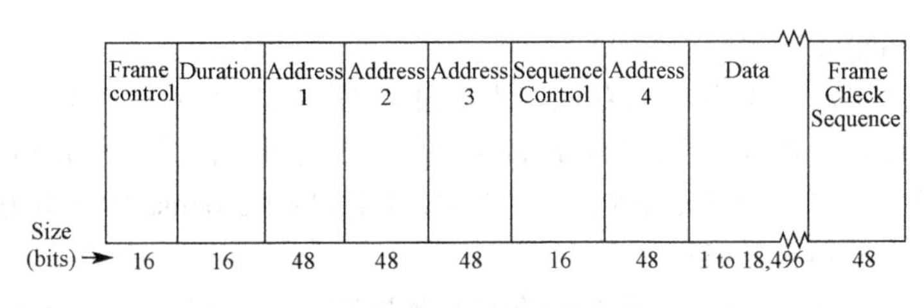

图 2-26　802.11 基本帧格式

① FC 帧控制，16 比特，包含协议版本、类型、子类型、去往 DS、来自 DS、多分段标记、重传、功率管理、多数据标记、加密和排序。

② 时间标志（Duration），16 比特。

③ 地址字段（Address1、Address2、Address3、Address4），包含基本服务集标志、目的地址、源地址、发送站地址和接收方地址。

④ 序列控制字段（Sequence Control），16 比特，包含序列号和分段号。

⑤ 数据字段，0～18496 比特，封装了传输数据，是有效负荷。

⑥ 帧校验序列（FCS），由 32 位的 CRC 校验码组成。

● 帧类型

802.11 无线局域网的帧分为三种类型：控制帧、管理帧和数据帧。

① 控制帧：协助发送数据帧的控制报文，例如：请求发送 RTS、清除待发 CTS、确认 ACK、节能轮询等。

② 管理帧：负责 STA 和 AP 之间的能力级的交互、认证、关联等管理工作，如：关联请求/响应帧、解除关联帧、探询请求帧、链路验证帧、解除链路验证帧等。

③ 数据帧。

3. 802.11MAC 管理子层

MAC 管理子层的功能主要是同步管理、认证与关联、省电管理、业务流 TS、块确认操作、直接链路建立、发送功率控制和动态频率选择等。802.11MAC 管理子层负责客户端与 AP 之间的通信，主要功能包括：接入、扫描、认证、加密、漫游和同步。

1）用户接入管理过程如图 2-27 所示。

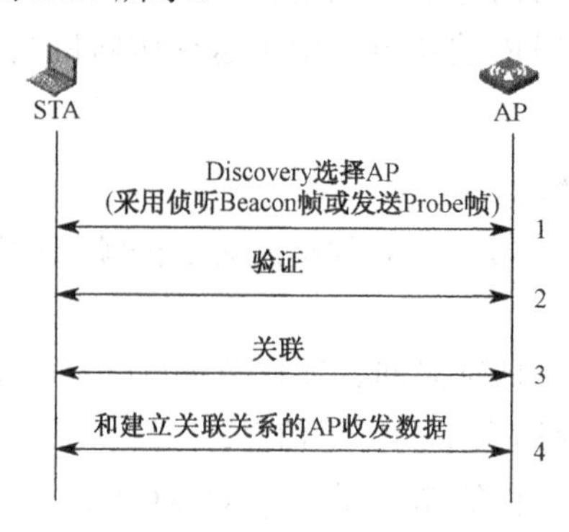

图 2-27 用户接入管理图

2）扫描（Scanning）

802.11 无线局域网通过扫描方式获取同步信息。扫描方式有两种：一种是主动扫描（Active Scanning），通过侦听 AP 定期发送的 Beacon 帧来发现网络；另一种是被动扫描（Passive Scanning），在每个信道上发送 Probe Request 报文，从 Probe Response 中获取 BSS 的基本信息。

3）链路验证（Authentication）

在 802.11 无线局域网中，通过链路验证服务控制无线客户端访问无线节点的合法性。802.11 支持节点之间建立链路验证，但不支持用户到用户的验证。802.11 支持两种验证方式：开放系统的验证和共享密钥的验证，如图 2-28、图 2-29 所示。

◆ 开放系统的验证过程：

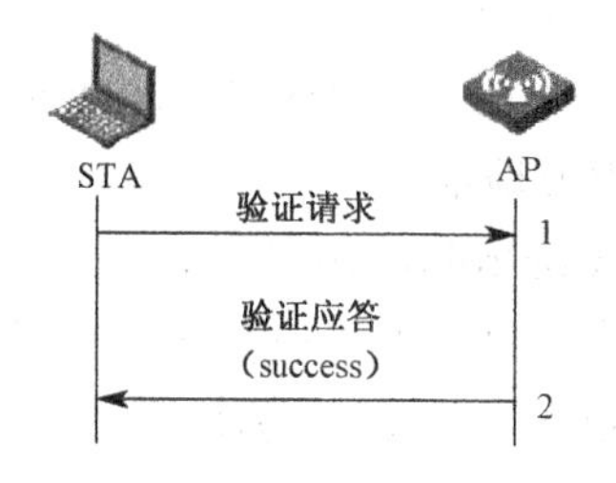

图 2-28 开放系统的验证过程

◆ 共享密钥的验证过程：

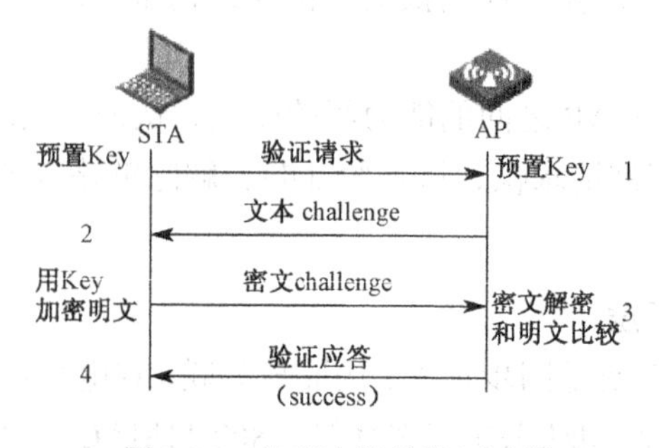

图 2-29 共享密钥的验证过程

链路验证过程分为两步：一为链路验证请求，二为链路验证响应，如果响应成功，则工作站 STA 和无线节点之间建立连接。

4）关联（Association）

工作站 STA 首先需要与无线节点相关联，然后才能允许通过无线节点发送数据。

◆ 连接过程：

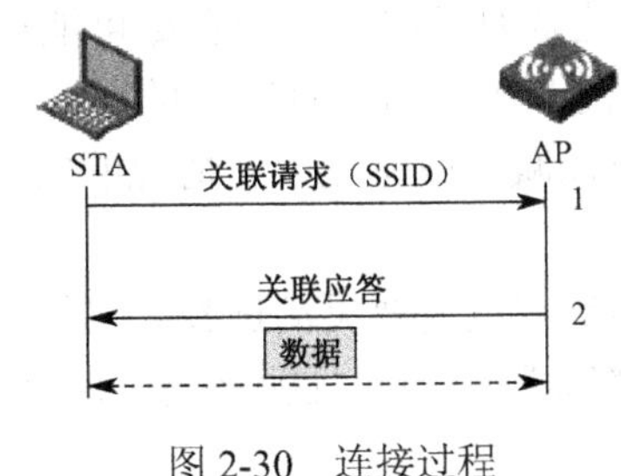

图 2-30　连接过程

◆ 再连接过程：

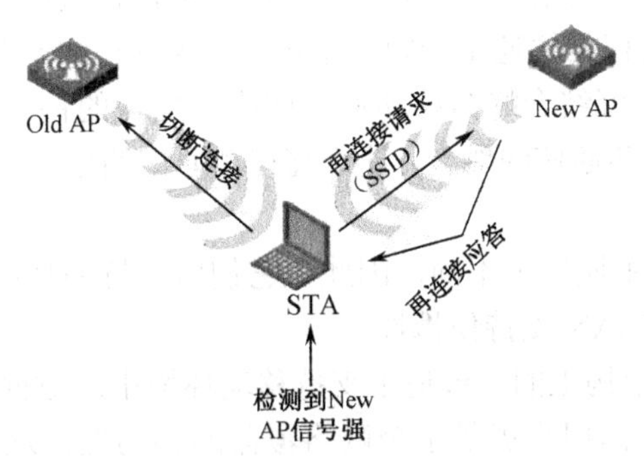

图 2-31　再连接过程

5）同步管理

在 802.11 无线局域网中，所有的节点必须采用一个公共的时钟才能实现相互的通信，时钟同步功能（RSF），使所有节点的定时器保持同步。

2.4　802.11 无线局域网特点

802.11 WLAN 开始是作为有线局域网络的延伸而存在的，但随着应用的进一步发展，WLAN 正逐渐从传统意义上的局域网技术发展成为“公共无线局域网”，成为国际互联网 Internet 宽带接入手段。WLAN 具有易安装、易扩展、易管理、易维护、高移动性、保密性强、抗干扰等特点。与有线网络相比，WLAN 具有以下优点：

1）安装便捷

一般在网络建设中，施工周期最长、对周边环境影响最大的，就是网络布线施工工程。在施工过程中，往往需要破墙掘地、穿线架管。而 WLAN 最大的优势就是减少或免去了网络布线的工作量，一般只要安装一个或多个接入点（Access Point）设备，就可建立覆盖整个建筑或地区的局域网络。

2）使用灵活

在有线网络中，网络设备的安放位置受网络信息点位置的限制。而一旦 WLAN 建成后，在无线网的信号覆盖区域内任何一个位置都可以接入网络。

3）经济节约

由于有线网络缺少灵活性，这就要求网络规划者尽可能地考虑未来发展的需要，这往往导致大量利用率较低信息点预设的产生。而一旦网络的发展超出了设计规划，又要花费较多费用进行网络改造。而 WLAN 可以减少或避免以上情况的发生。

4）易于扩展

WLAN 有多种配置方式，能够根据需要灵活选择。这样，从只有几个用户的小型局域网到上千用户的大型网络 WLAN 都能胜任，并且能够提供像“漫游（Roaming）”等有线网络无法提供的功能。

5）蜂窝移动通信的补充

蜂窝移动通信可以提供广覆盖、高移动性和中低等数据传输速率，它可以利用 Wi-Fi 高速数据传输的特点弥补自己数据传输速率受限的不足。而 Wi-Fi 不仅可利用蜂窝移动通信网络完善的鉴权与计费机制，而且可结合蜂窝移动通信网络广覆盖的特点进行多接入切换功能。这样就可实现 Wi-Fi 与蜂窝移动通信的融合，使蜂窝移动通信的运营锦上添花，进一步扩大其业务量。

由于 3G、WLAN 在技术属性上不同，因此在它们所支持的功能和应用也不同。

1）3G 支持移动性，WLAN 支持便携性

3G 网络是建立在蜂窝架构上的，最适于支持移动环境中的数据服务。蜂窝架构支持不同蜂窝之间的信号切换，从而向用户提供了全网络覆盖的移动性，这种移动性常常通过不同网络运营商之间的漫游协议进行扩展。当然，可供移动用户使用的带宽是有限的。

WLAN 无线局域网提供了大量的带宽，但是它覆盖区域有限（室内最多 100 米）。它所支持的应用经常通过像笔记本计算机这类便携式以数据为中心的设备访问，而非通过以电话为中心的设备进行访问。PDA 和类似的小型设备也开始配置 WLAN 连接功能，不过这一过程还处在幼年期。蓝牙网络只适于距离非常短的应用，在很多情况下它们仅被作为线缆的替代物。

2）3G 支持语音和数据，WLAN 主要支持数据

语音和数据信号在许多重要的方面不同：语音信号可以错误但不能容忍时延；数据信号能够允许时延但不能容忍错误。因此，为数据而优化的网络不适合于传送语音信号。反之，为语音而优化的网络也不适于传送数据信号。WLAN 主要用于支持数据信号，与此形成对比的是，3G 网络被设计用于同时支持语音和数据信号。

2.5　802.11 无线局域网的市场应用

作为有线网络的无线延伸，WLAN 可以广泛应用在生活社区、游乐园、旅馆、机场车站等游玩区域，实现旅游休闲上网；也可以应用在政府办公大楼、校园、企事业等单位，实现移动办公及起到方便开会、上课的作用；还可以应用在医疗、金融证券等方面，实现医生路

途中对病人在网上进行诊断，实现金融证券室外网上交易。

对于难于布线的环境，如老式建筑、沙漠区域等；对于频繁变化的环境，如各种展览大楼；对于临时需要的宽带接入，流动工作站等，建立 WLAN 都是理想的选择。无线局域网络目前已经得到了比较广泛的使用。在国内，WLAN 的技术和产品在实际应用领域还是比较新的。它将会迅速地被应用于需要在移动中联网和在网间漫游的场合，并且为不易布线的地方和远距离的数据处理节点提供强大的网络支持。特别是在一些行业中，WLAN 将会有更大的发展空间。

◆ 石油工业

无线网可提供从钻井台到压缩机房的数据链路，以便显示和输入由钻井获取的重要数据。海上钻井平台由于被宽大的水域阻隔，数据和资料的传输比较困难，敷设光缆费用很高，施工难度很大。使用无线网技术，费用不及敷设光缆的十分之一，效率高，质量好。

◆ 医护管理

现在很多医院都有大量的计算机病人监护设备、计算机控制的医疗装置和药品等库存计算机管理系统。利用 WLAN，医生和护士在设置计算机专线的病房、诊室或急救中进行会诊、查房，手术时可以不必携带沉重的病历，而可使用笔记本电脑、PDA 等实时记录医嘱，并传递处理意见，查询病人病历和检索药品。

◆ 工厂车间

工厂往往不能敷设连到计算机的电缆，在加固混凝土的地板下面也无法敷设电缆，空中起重机使人很难在空中布线，零备件及货运通道也不便在地面布线。在这种情况下，应用 WLAN，技术人员可以更方便地进行检修、更改产品设计、讨论工程方案，并可在任何地方查阅技术档案、发出技术指令、请求技术支援，甚至和厂外专家讨论问题。

◆ 库存控制

仓库零备件和货物的发送和贮存注册可以使用无线链路直接将条形码阅览器、笔记本计算机和中央处理计算机联接，清查货物、更新存储记录和出具清单。

◆ 展览和会议

在大型会议和展览等临时场合，WLAN 可使工作人员在极短的时间内，方便地得到计算机网络的服务，和 Internet 连接并获得所需要的资料，也可以使用移动计算机互通信息、传递稿件和制作报告。

◆ 金融服务

银行和证券、期货交易业务可以通过无线网络的支持将各机构相联。即使已经有了有线计算机网，为了避免由于线路等出现的故障，仍需要使用无线计算机网作为备份。在证券和期货交易业务中的价格以及“买”和“卖”的信息变化极为迅速频繁，利用手持通信设备输入信息，通过计算机无线网络迅速传递到计算机报价服务系统和交易大厅的显示板，管理员、经纪人和交易者便可以迅速利用信息进行管理或利用手持通信设备直接进行交易。避免了由于手势、送话器、人工录入等方式产生的不准确信息和时间延误所造成的损失。

◆ 旅游服务

旅馆采用 WLAN，可以随时随地为顾客提供及时周到的服务。登记和记账系统一经建立，顾客无论在区域范围内的任何地点进行任何活动，都可以通过服务员的手持通信终端来更新记账系统，而不必等待复杂的核算系统的结果。

◆ 移动办公系统

在办公环境中使用 WLAN，可以使办公用计算机具有移动能力，在网络范围内可实现计算机漫游。各种业务人员、部门负责人和工程技术专家，只要有移动终端或笔记本电脑，无论是在办公室、资料室、洽谈室，甚至在宿舍都可通过 WLAN 随时查阅资料、获取信息。领导和管理人员可以在网络范围的任何地点发布指示，通知事项，联系业务，也就是说可以随时随地进行移动办公。

◆ 零售行业应用

对于大型超市来讲，商品的流通量非常大，接货的日常工作包括定单处理、入库等需要在不同地点的现场将数据录入数据库中。仓库的入库和出库管理繁杂，物品的搬动较多，数据在不断变化，目前，很多的做法是手工做好记录，然后再将数据录入数据库中，这样不仅费时而且易错，采用 WLAN，即可轻松解决上面的问题，在超市的各个角落，接货区、发货区、货架、仓库中利用 WLAN，可以现场处理各种单据。

◆ 物流行业应用

随着我国加入 WTO，各个港口、储存区对物流业务的数字化提出了较高的要求。物流公司一般都有一个网络处理中心，有的公司还有些办公地点分布在比较偏僻的地方，对于那些运输车辆、装卸装箱机组等的工作状况及物品统计等，都需要及时将数据录入并传输到中心机房。WLAN 是物流业的一项必不可少的现代化基础设施。

◆ 电力行业应用

如何对遥远的变电站进行遥测、遥控、遥调，这是摆在电力系统面前的一个老问题。WLAN 能监测并记录变电站的运行情况，给中心监控机房提供实时的监测数据，也能够将中心机房的调控命令传入到各个变电站。

◆ 教育行业应用

WLAN 可以让教师和学生进行教与学的实时互动。学生可以在教室、宿舍、图书馆利用移动终端机向老师问问题、提交作业；老师可以实时给学生上辅导课。学生可以利用 WLAN 在校园的任何一个角落访问校园网。WLAN 可以成为一种多媒体教学的辅助手段。

◆ 家庭办公应用

WLAN 可以让人们在中小型办公室或者在家里任意的地方上网办公，收发邮件，随时随地连接 Internet，上网资费与有线网络一样，有了 WLAN，人们的自由空间增大了。

◆ 公众 Internet 接入业务

用户通过账号和密码，可使用终端上 Internet 网络，进行网页的浏览、邮件收发，文件下载等。

◆ 移动警务应用

目前在全球许多城市实施了移动警务应用，交警通过移动计算机可以和警务系统进行实时的数据交互。移动计算机是包含了条码扫描、数据输入、无线通信于一体的掌上设备，通过部署于城市街道上的无线节点，移动计算机可以将现场采集的数据实时地发送给警务系统，同时又能第一时间从系统获得反馈。

警务部门通过这样的一套移动警务系统来完成街边和公路上违章车辆的数据输入和单据打印。警员在现场，用移动计算机的条码功能、手写笔功能和警务软件系统进行违章车辆的信息录入，这些信息将通过数字城市的无线网络节点传递给数据库系统，数据库的查询结果被推送到移动计算机上。这样，警员就可以在现场得知车辆和车主的相关信息。随身携带的便携式打印机则可以当场完成违章处罚单据的打印，处罚单据的信息同时同步传送到数据库系统中。

移动警务使警员的现场工作能力和效率大大提高，许多原来无法获知的信息盲点消失了，很多案件的蛛丝马迹得以第一时间在现场发现。警务部门的工作效率提高了，在公众心目中的形象也得到了改善。

◆ 无线监控点和安全城市

通过无线城市网络和无线摄像监控头，提供完整的安全城市解决方案。在城区的主要街道、路口部署无线网络节点，同时在需要布控的地方，如巷口，出入口等场所安装无线摄像头，摄像头采集的动态图像信息将实时地通过无线网络传递给监控中心。

◆ 移动订单管理

企业可以使用移动终端进行订单管理和库存管理，实时访问企业应用程序，企业工作人员可以实时将订单输入系统，确定会议日程、检查库存以及收集重要的营销活动所需的客户数据，从而可以提高效率和客户服务质量，起到降低运营成本、改善库存管理的作用。

近几年 WLAN 热浪正在席卷全球，并迅速在国内蔓延开来。中国电信、中国网通、中国移动以及中国联通等运营商正在攻城略地，在全国抢占热点地区部署 WLAN 网络。

WLAN 热已经让各个领域的企业毫不保留地投入其中。这里面包括电信运营商、集成商、通信设备提供商和 IT 厂商，以及那些从前与信息技术毫无瓜葛的酒店、机场，乃至小小的咖啡屋。WLAN 热潮让人们想起了几年前的 Dotcom，掀起这轮热潮的公司包括了电信运营商和诸如思科、英特尔等 IT 企业。除了在热点地区建设 WLAN 网络以外，企业无线局域网是另一个庞大的市场。国内的电信运营商已经迷恋上了 WLAN，它们正在以 FTTX+WLAN、ADSL+WLAN 和 GPRS+WLAN、CDMA 1X+WLAN 等形式进军 WLAN 领域。

国内运营商对于 WLAN 业务的开展情况简介如下：

（1）中国网通

2001 年就开始在热点地区铺设 WLAN 网络，并成功地为 2001 年 10 月举行的上海 APEC 会议提供无线宽带接入服务。网通已经在国内将近 1500 座商务楼中布好了线，正式开通运营的就有 800 多家。网通正在北京、上海、广州、深圳四个城市建设无线漫游网，并在商务热点地区开通了“无限伴旅”无线局域网接入服务，网点达 40 多个。

优势：起步时间早，形成了品牌优势，有连接 50 多个城市近 200 万公里的骨干网。

劣势：没有广域无线网络，网络铺设速度较慢，热点地区 Wi-Fi 用户很少。

（2）中国移动

在 GPRS 的基础上引入 WLAN 作为补充，把 WLAN 与 GPRS 业务捆绑。在全国 700 多个热点地区提供 Wi-Fi 接入服务，其双模网卡的“随 e 行”可以使用户接入 WLAN 和 GPRS 网络。其主要客户定位为有移动上网需求的中高端用户。

优势：拥有雄厚的资金和最大的移动电话用户群，无线通信运营的经验丰富。

劣势：“GPRS+WLAN”的模式成本较高，IP 骨干网络资源缺乏。

（3）中国电信

已经全面启动“WLAN 网络快车”计划，把 WLAN 与已有的 ADSL 等宽带接入业务结合，实现 WLAN 网络接入社区和普通家庭。上海电信与 IBM 公司、上海星巴克咖啡新天地店合作推出“天翼通”服务，到目前为止，已建成公共点30多个。此外，福建、广东等地也相继推出了“天翼通”业务。广东电信也于去年8月份推出“天翼通”——WLAN网络快车。

优势：有IP骨干网络资源和宽带资源，有线传输资源丰富。

劣势：网络覆盖范围窄，缺乏无线通信服务的经验，社区对于Wi-Fi的需求还没有发展起来。

对于运营商而言，WLAN是一个机会。相对于3G、宽带等其他技术，WLAN系统需要的投资要小得多，所以承担的风险也小得多。更为重要的是WLAN延伸了宽带业务，在无线局域网的基础上，运营商可以提供更为多样的宽带增值服务。运营商们这种争先恐后的局面，让众多正在寻求“后电信市场”商机的网络设备供应商们看到了新的希望，他们在快速转向企业网市场的同时，纷纷加大了对无线应用等预期市场的关注和投入。

思考题

1. 简述802.11中主要的协议标准及其特点。
2. 简述Wi-Fi相关标准和规范？
3. 列表分析802.11主要标准的特点对比。
4. 802.11 物理层采用哪些关键技术？
5. 802.11 MAC管理子层的功能是什么？

第 3 章　802.11 无线局域网设备

802.11 无线局域网主要包括以下硬件设备：无线网卡、无线接入点、天线、无线路由器等设备。下面逐一加以介绍。

3.1　无线网卡

无线网卡也叫无线适配器，是无线局域网中最基本的硬件。无线网卡同有线网卡一样，具有唯一的一个 MAC 地址和一个设备 P/N 号，印在设备标识上。目前市场上有 802.11b/g、802.11b/g/n 两种标准的 802.11 无线网卡。现在常用的有 PCI 接口的无线网卡，也有 USB 接口的无线网卡。如图 3-1 所示。

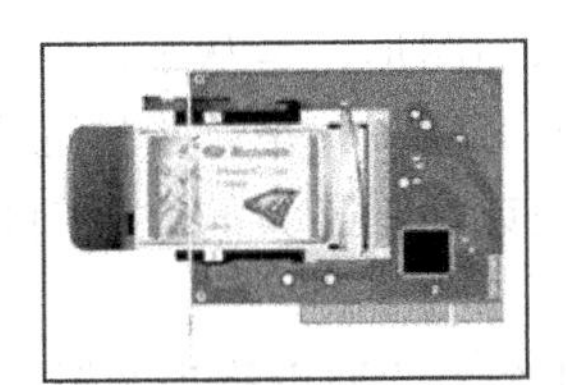

图 3-1 无线网卡图

3.2　无线接入点 AP

无线接入点 AP 主要作用是提供与无线工作站（无线客户端）之间的通信。根据无线 AP 的功能，分为“瘦”AP 和“胖”AP。

“瘦”AP 的传输机制相当于有线网络中的集线器，在无线局域网中不停地接收和传送数据，任何一台装有无线网卡的 PC 均可通过 AP 来分享有线局域网络甚至广域网络的资源。理论上，当网络中增加一个无线 AP 之后，不仅可以成倍地扩展网络覆盖直径，还可以使网络中容纳更多的网络设备。每个无线 AP 基本上都拥有一个以太网接口，用于实现无线与有线的连接。对于网络安全和网络管理方面，通常用一台交换机来完成，“瘦”AP 只是充当天线的角色。

业界所谓的“胖”AP，是在 AP 中实现了安全、QoS、接入控制、负载均衡等功能，使 AP 的功能越来越多，因此称此类的 AP 为 “胖”AP。“胖”AP 比较复杂，价格昂贵，日常维护需要专门的技术人员。

简单地说，“瘦”AP 是没有操作系统的 AP，成本低，通过一个无线控制器或者无线交换机就可以集中管理数个 AP，一般用于大型园区的无线网络构建；“胖”AP 有独立的操作系统，管理员必须逐一配置网络中的每个 AP，适用于小型的无线网络和家庭无线网络。

随着 802.11 标准的不断推出，出现了双频多模 AP。所谓双频是指同时支持 2.4G 和 5.8G 的频率，多模是指同时支持 802.11a/b/g 标准。双频多模 AP 可以很好地解决无线终端在不同网络连接的问题。

3.3 天　　线

无线系统是通过空中接口（无线）将客户端与基站联系起来，进而与交换机相联系（有线）的复合体。在无线通信系统中，空间无线信号的发射和接收都是依靠移动天线来实现的，因此天线对于移动通信网络来说，有着举足轻重的作用，如果天线的选择（类型、位置）不好，或者天线的参数设置不当，都会直接影响整个移动通信网络的运行质量。不同的地理环境，不同的服务要求需要选用不同类型、不同规格的天线。天线调整在无线通信网络优化工作中有很大的作用。

3.3.1　天线主要技术指标

天线的理论比较复杂，表征天线性能的指标有方向图、增益、输入阻抗、驻波比、极化方式、隔离度等参数。

1．方向图

天线方向图是表征天线辐射特性空间角度关系的图形，是从不同角度方向辐射出去的功率或场强形成的图形，分为水平面方向图和垂直面方向图。平行于地面在波束场强最大的位置剖开的图形称为水平面方向图。垂直于地面在波束场强最大的位置剖开的图形称为垂直面方向图。

最大辐射波束称为方向图的主瓣，主瓣旁边几个小的波束称为旁瓣。

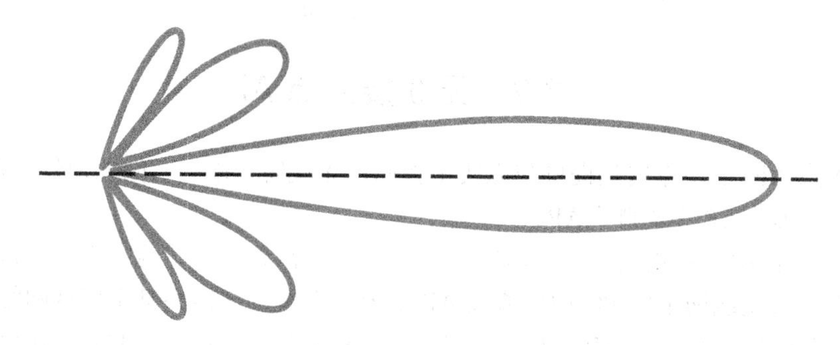

图 3-2　天线波瓣示意图

2．方向性参数

不同的天线有不同的方向图。理想的点源天线辐射没有方向性，在各个方向上辐射强度相等，是个球体，在相同辐射功率下实际的天线产生于某点的电场强度平方 E^2 与理想天线产生的电场强度平方 ${E_0}^2$ 的比值称为该点的方向性参数：$D = E^2 / {E_0}^2$。

3．增益

增益是指在输入功率相等的条件下，实际天线与理想的辐射单元在空间同一点处所产生的场强的平方之比，即功率之比。它定量地描述一个天线把输入功率集中辐射的程度。增益显然与天线方向图有着密切的关系，方向图主瓣越窄，副瓣越小，增益越高。可以这样来理解增益的物理含义，它是在一定距离上的某点处产生的一定大小的信号。如果用理想的无方向性点源作为发射天线，需要 100W 的输入功率，而用增益为 G＝20（13 dB）的某定向天线作为发射天线时，输入功率只需 100 / 20 = 5W。换言之，某天线的增益，就其最大辐射方向上的辐射效果来说，是与无方向性的理想点源相比，把输入功率放大的倍数。

根据组网的要求不同，选择不同类型的天线。选择的依据就是上述技术参数。比如全向站就是采用了各个水平方向增益基本相同的全向型天线，而定向站就是采用了水平方向增益有明显变化的定向型天线。

4．电压驻波比（VSWR）

电压驻波比是指两个微波系统设备之间阻抗匹配不一致，阻止电流的能力。当馈线和天线匹配时，高频能量全部被吸收，馈线上只有入射波，没有发射波。馈线上传输的是行波，馈线上各处的电压幅度相等，馈线上任意一点的阻抗等于它的特性阻抗。当馈线和天线不匹配时，负载就不能将馈线上传输的高频能量吸收，即入射波的一部分能量发射回来，形成发射波，两者叠加形成驻波。反射波和入射波的幅度之比叫发射系数，发射系数越小，驻波系数越接近 1，则匹配越好。

5．天线的工作频率范围（频带宽度）

无论是发射天线还是接收天线，它们总是在一定的频率范围（频带宽度）内工作的，天线的频带宽度有两种不同的定义：

一种是指在驻波比 SWR ≤ 1.5 的条件下，天线的工作频带宽度；

另一种是指在天线增益下降 3 分贝范围内的频带宽度。

在移动通信系统中，通常是按前一种定义的，具体地说，天线的频带宽度就是天线的驻波比 SWR 不超过 1.5 时，天线的工作频率范围。

一般来说，在工作频带宽度内的各个频率点上，天线性能是有差异的，但这种差异造成的性能下降是可以接受的。

6．天线极化

电磁场是由电场和磁场组成，二者相互垂直。与天线导体平行的平面叫 E 平面，与天线导体垂直的平面叫 H 平面。无线电波在空间传输时，其电场方向是按一定规律变化的，这种现象称为无线电波的极化。如果无线电波的电场方向垂直于地面，称它为垂直极化波；如果无线电波的电场方向平行于地面，称它为水平极化波。

天线的极化是指天线在最大辐射方向与辐射的电波的极化（对发射天线）。按天线所辐射的电场的极化形式，可将天线分为线极化天线、圆极化天线和椭圆极化天线。线极化天线又分为水平极化和垂直极化，如图 3-3 和图 3-4 所示。

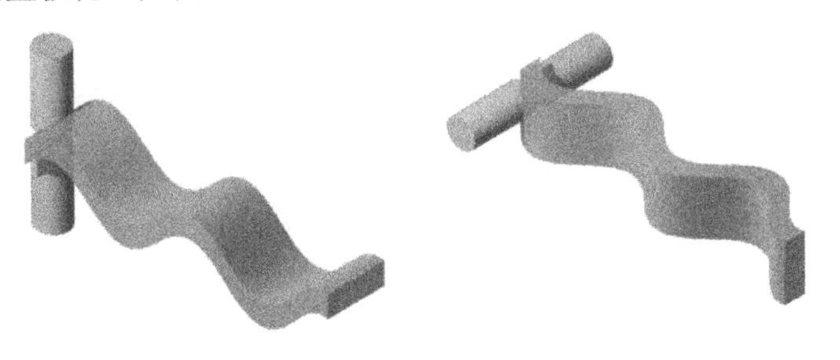

图 3-3　垂直极化　　　　图 3-4　水平极化

3.3.2 天线分类

天线品种繁多，以供不同频率、不同用途、不同场合、不同要求等情况下使用。对于众多品种的天线，进行适当的分类是必要的：按用途分类，可分为通信天线、电视天线、雷达天线等；按工作频段分类，可分为短波天线、超短波天线、微波天线等；按方向性分类，可分为全向天线、定向天线等；按外形分类，可分为线状天线、面状天线等。

下面以定向和全向型天线为例进行描述。

（1）全向天线

全向天线，即在水平方向图上表现为 360° 都均匀辐射，也就是平常所说的无方向性，在垂直方向图上表现为有一定宽度的波束，一般情况下波瓣宽度越小，增益越大。

（2）定向天线

定向天线，在水平方向图上表现为一定角度范围辐射，也就是平常所说的有方向性，在垂直方向图上表现为有一定宽度的波束，同全向天线一样，波瓣宽度越小，增益越大。

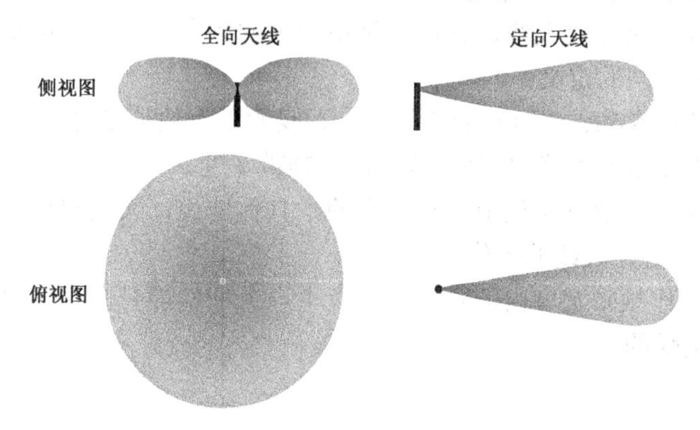

图 3-5　全向天线和定向天线对比

3.3.3 天线外形

天线外形有很多种，分为全向天线和定向天线，无线网状网的天线外形如图 3-6 和图 3-7 所示。

图 3-6　全向天线

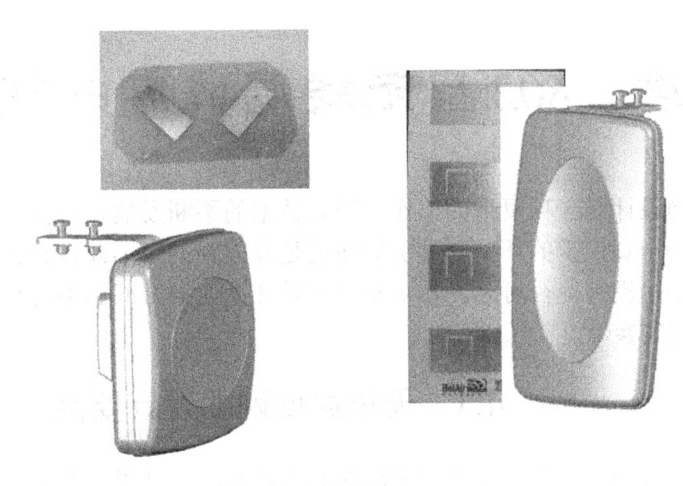

图 3-7　定向天线

思　考　题

1．8dBi 的定向天线和 8dBi 的全向天线，哪一个传输距离更远？

2．什么是多模 AP？多模 AP 的优势有哪些？

第4章　802.11无线局域网的规划及应用

无线局域网设计是一项复杂的工作，随着技术的不断发展，现在有一些无线仿真软件可以模拟环境，但毕竟模拟的环境与真实的环境是有差别的，因此在设计无线局域网时每一个步骤都必不可少，没有捷径可寻。本章介绍了设计无线局域网必不可少的几个环节，并给出了实际应用案例供参考。

4.1　无线局域网的设计要点

设计无线局域网时，必须要考虑用户的需求情况，包括用户的业务类型、覆盖范围、用户的数量、用户现有网络的情况、未来是否有扩容的要求，以及目前有线出口位置、安装无线AP的可能性、供电情况等要素。

1. 需求分析

1）用户业务

用户业务主要是指用户使用的业务类型：数据、语音和视频业务。根据用户业务的种类，确定使用哪种技术和网络拓扑模式。

2）用户数量

用户数量是指在覆盖范围内，有多少用户。通过用户数量计算网络的平均吞吐量和最大吞吐量。

3）覆盖范围

确定用户需要覆盖的范围从而确定无线AP的数量。

4）其他需求

如用户是否需要漫游，是否需要特殊的安全设置等均需要考虑。

2. 了解现有网络

了解现有网络的目的是为了消除无线局域网中的潜在风险，便于以后的网络融合和升级。

3. 环境勘察

无线局域网容易受到周围各种环境的影响，因此对周围环境的勘察是必不可少的。

物理空间环境包括建筑物类型、树木、移动物等，如表4-1所示。

表4-1　物理空间环境

环境类型	衰减度
开阔地	无
木制品	小
石膏	小
玻璃	小
金属玻璃	大
钢筋水泥墙	大
铁门	大

4．安装条件

确定好无线 AP 的数量、网络拓扑之后，还需要与用户确定无线 AP 安装的位置、供电情况。很多时候因为安装位置的变动，造成整个网络的拓扑变化。因此这些要素必须在设计时就要考虑进去。

4.2　802.11 无线局域网（WLAN）工程设计方案要点分析

对于 WLAN 的覆盖工程，在设计方案编写时，涉及工程概况、网络拓扑、依据标准、设计思路、方案解析、安装说明、设备清单等方面的内容。现就这几个方面的内容和要点分析介绍。

一、工程概述

工程概述部分主要就项目背景和覆盖范围及覆盖方式等情况进行分析。

1. 项目背景

内容：热点所在详细地址、大楼主要用途、建筑面积、该热点用户人数等基本概述；

地图：地理位置与外观截图，可采用 E 都市电子地图等软件进行截图。

2. 覆盖范围及覆盖方式

WLAN 覆盖区域（要求精确描述，不得采用“覆盖全大楼”字样），并明确是新建系统还是改造系统，如表 4-2 所示。

表 4-2　×××火车站覆盖区域及方式

×××火车站			
地理位置	上城区建国南路 1 号	热点类型	机场、车站、码头、
覆盖区域		覆盖方式	覆盖面积（m^2）
1 号候车厅		单独天馈线系统	
2 号候车厅		单独天馈线系统	
KFC		按需馈路	
2 楼茶室		纯合路	

二、网络拓扑图

1. 路由拓扑图

（1）需描述交换机放置位置，交换机之间的网线距离必须标注，明确哪一台是汇聚交换机。

（2）汇聚交换机在几台以内的原则上都无须单独部署，原则上选取其中一台作为汇聚出口。

2. 楼层交换机至 AP 拓扑图

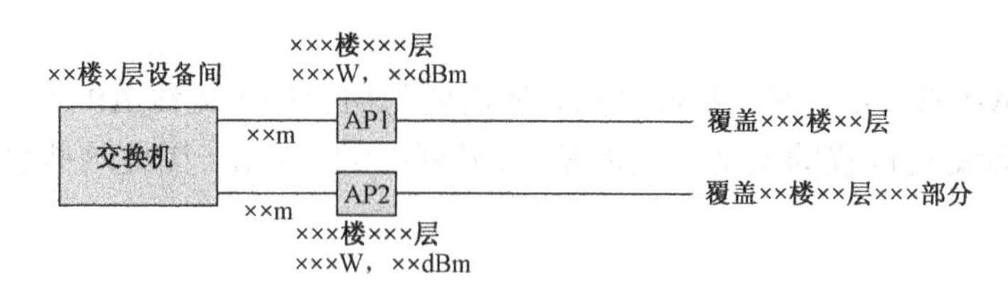

图 4-1 楼层交换机至 AP 拓扑图

3. 室分天馈系统图

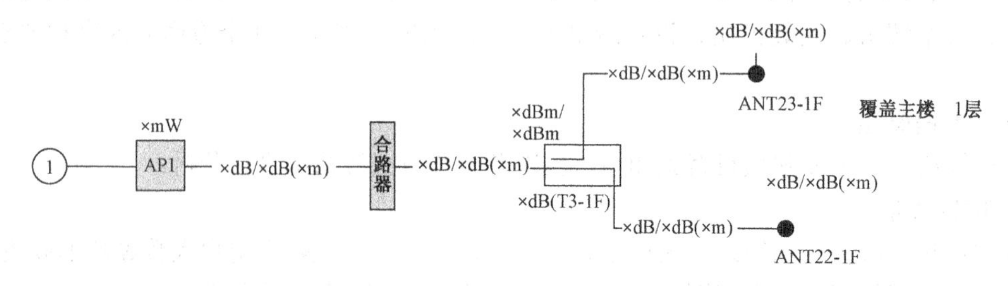

图 4-2 室分天馈系统图

（1）要求按照示例绘制系统原理图，各种原件符合图示描述，应当标注各类线缆的功率损耗与长度、AP 的功率、耦合器、二功分的功率衰减、最终天线的输出功率。

（2）绿色为 WLAN 功率强度，黑色为 2G/3G 信号强度，而且应当在图上标明。

（3）线路连接应简洁明了，并且应该按照图例所示方式命名天线（例：ANT1-14F）。

（4）原则上要求吸顶全向天线 WLAN 输出功率在 10dBm 以上，以确保信号强度。

（5）如使用吸顶定向天线，应当在图表下说明使用原因，并应合理安排布放位置，以确保对楼层或者指定覆盖区域的全覆盖。

（6）建议用“覆盖主楼 1 层”这样的描述方式帮助区分天线分布。

（7）一般情况下，一个 AP 不得覆盖超过一个楼层。

4. 热点天线平面图

图 4-3 为×××宾馆的一楼 WLAN 覆盖系统平面安装图，以供参考。

（1）图示要求严格按照作图标准，注明图号、图名、设计、绘图者、日期等项目，图例要求清晰明确。

（2）要求标注建筑物的外观尺寸（尺寸的标注需尽量细化），以备检测 WLAN 覆盖状况。

（3）要求明确绘制出墙体（特别是靠近门边的厕所等特别划分出来的空间的墙体所造成的功率衰减会对覆盖造成很大影响）。

（4）如果墙体特别厚或者有其他可能影响覆盖的情况存在，应当在布线图上用文字指出。

（5）要求布线清晰、明确，指出线路接入点（常见于弱电间）、吸顶天线（应明确标识编号，例：ANT1-11F，或 ANT1-11FB，如果是定向吸顶天线，应明确标识天线方向）等的明确位置，方便审核覆盖情况。

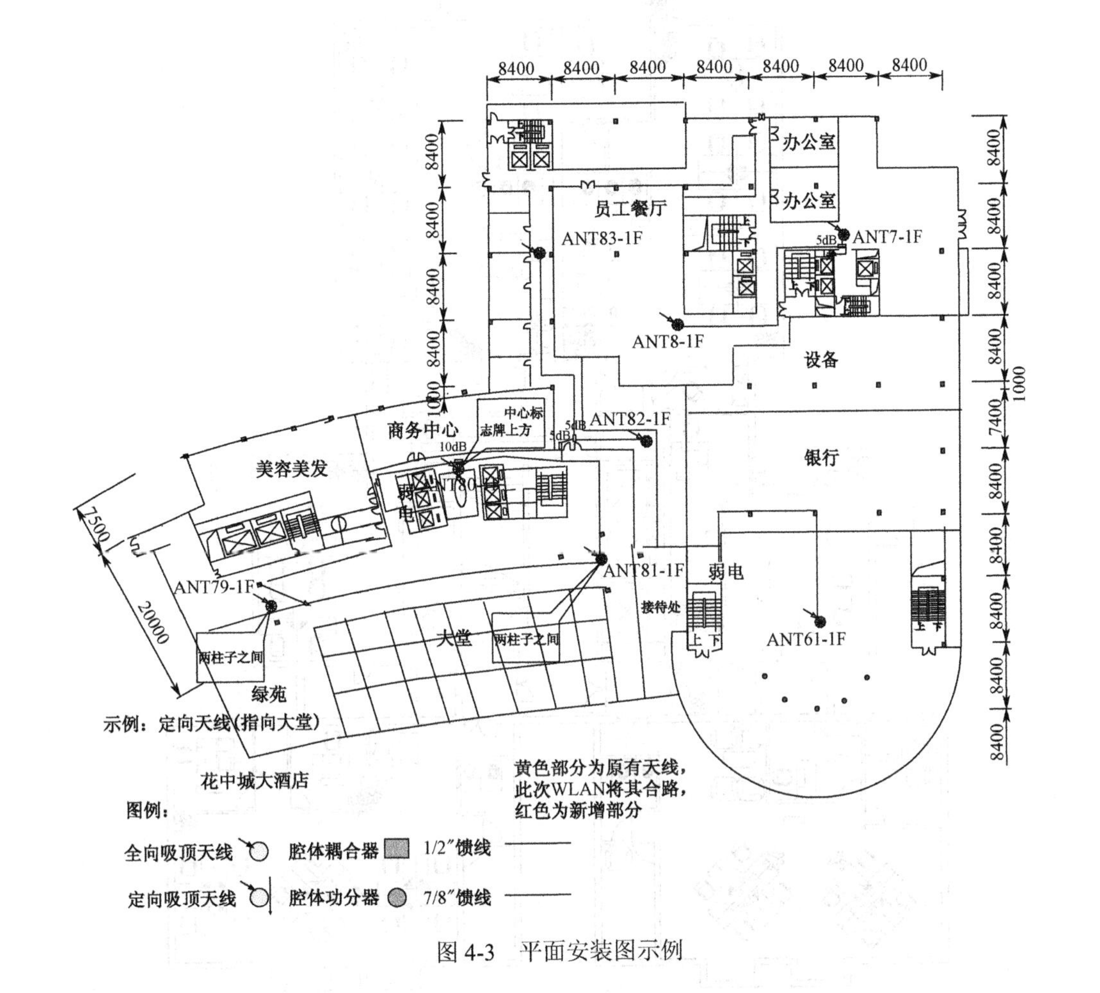

图 4-3　平面安装图示例

（6）对于利用原有网络的，应明确标识，例如图 4-3 所示，利用颜色区分旧有天线系统与新建系统。

（7）对于每个房间与区域，应当明确标识其用途，以方便审核，特别是对于高层的露天平台如果不标注清楚，容易导致审核时认定为覆盖不完全。

（8）除上述示例图型外，也可以采用图 4-4 所示类型楼层视图为底板绘制布线图。

平面图下面需附有在该图中天线出口的功率表，如表 4-3 所示。

表 4-3　功率表示例

天线名称	覆盖范围	覆盖功率	所属 AP

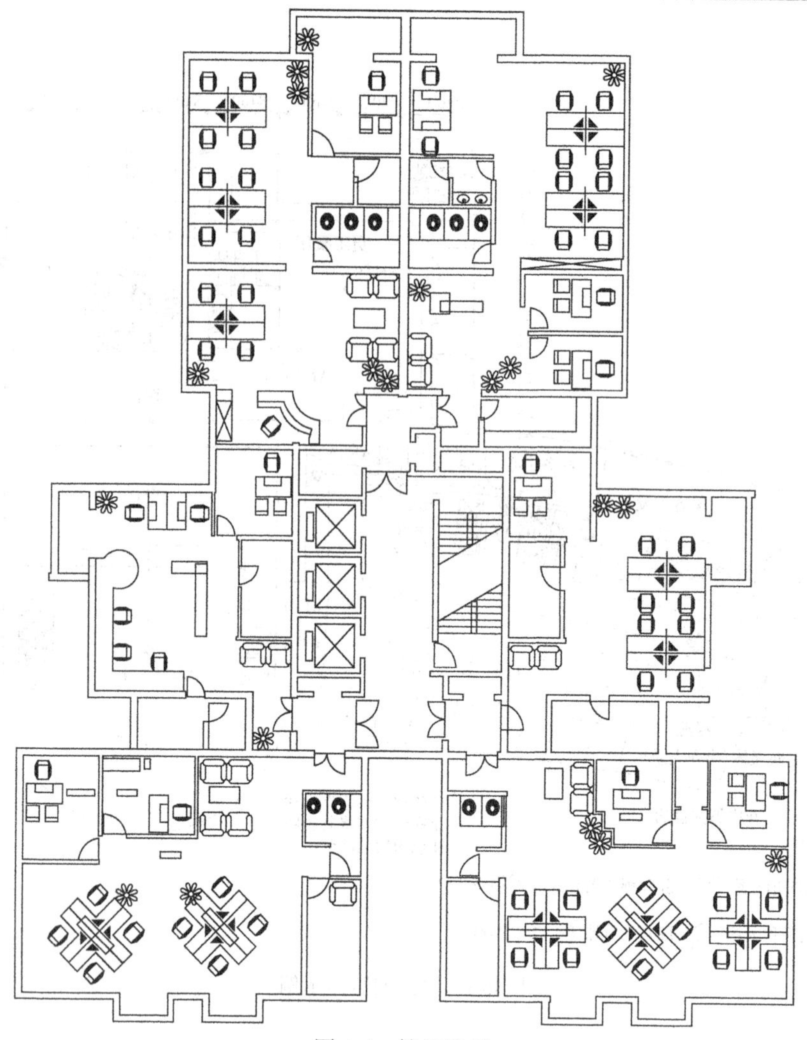

图 4-4 楼层视图

三、设计依据

1．各种相关文件标准

◆ 移动通信有限责任公司与××公司签定的关于室内覆盖系统建设项目的框架协议；
◆ 移动通信有限责任公司××杭州分公司与××公司签定的有关合同；
◆ 移动通信有限责任公司《WLAN 热点工程实施细则》（2003 年 9 月）；
◆ IEEE 802.11B/ IEEE 802.3；
◆ 国家通信行业标准 YD5039-97《通信工程建设环境保护技术规定》；
◆ 中华人民共和国国家标准《电磁辐射防护规定》（国标 GB8702-88）；
◆ 现场勘察资料及测试数据；
◆ 设备和器件的参数手册。

2．设计技术指标

◆ 工作频段：2.412～2.484 GHz；
◆ 无线覆盖区内可接通率：在无线覆盖区内的 95%位置、99%的时间可接入网络；

◆ 无线覆盖边缘场强：≥–75 dBm（部分厂家不符合该要求）；
◆ 两个有重叠覆盖区的 AP 之间能够相互切换；
◆ 在同一热点地区的两台计算机不能相互访问。

四、设计思路

1．方案设计原则

WLAN 的覆盖要求：在无线覆盖区内的 95%位置、99%的时间可接入网络，无线覆盖边缘场强≥ –75 dBm，两个有重叠覆盖区的 AP 之间能够相互切换，在同一热点地区的两台计算机不能相互访问。

2．信源选择

交换机安装在××楼××层×××房间，提供××××接入。

3．AP 的安装

方案设计共安装×个 AP，分别有 500mW AP×个，1W AP×个，分别安装于×××。工程竣工后，×××热点用户能够顺利接入 Internet。

4. 方案特点

◆ 分配器件的选择
◆ 天线的选用
◆ 电梯覆盖及天线布放
◆ AP 的安装
◆ 楼层覆盖及天线布放

5. 关键位置施工注意事项

所有的天线安装必须按照平面安装示意图来安装，并采用紧固件支架固定。所有天线必须贴好相应的标签标识，保证天线的清洁、美观。

五、方案分析

1．覆盖效果分析

就电波空间传播损耗来说，2.4G 频段的电磁波波长较短，绕射损耗小；有近似的传播损耗公式如下：

$$\text{Path Loss（dB）} = 46 + 10 \times n \times \lg D\text{（m）}$$

其中，D 为覆盖半径，在全开放环境下 n 的取值为 2.0～2.5；在半开放环境下 n 的取值为 2.5～3.0；在较封闭环境下 n 的取值为 3.0～3.5。

表 4-4　常用损耗查询表

距离（米）	传播损耗（n=2.5）	传播损耗（n=3.0）	传播损耗（n=3.5）
5 m	63.47 dB	66.97 dB	70.46 dB
10 m	71.00 dB	76.00 dB	81.00 dB
15 m	75.40 dB	81.28 dB	87.16 dB
20 m	78.53 dB	85.03 dB	91.54 dB
25 m	80.95 dB	87.94 dB	94.93 dB
30 m	82.93 dB	90.31 dB	97.70 dB
50m	88.47 dB	96.97 dB	105.46 dB
100m	96.00 dB	106.00 dB	116.00 dB

现阶段可提供的 2.4G 电磁波对于各种建筑材质的穿透损耗的经验值如下：

- ◆ 水泥墙（15～25cm）：衰减 10～12dB；
- ◆ 木板墙（5～10cm）：衰减 5～6dB；
- ◆ 玻璃窗（3～5cm）：衰减 5～7dB。

套用下列的公式并由上述的分析数据可得各点的信号电平为：

$$P_r = P_t + G_a - P_L - M$$

其中，P_r 为接收点信号电平，P_t 为天线口信号电平，G_a 为天线的增益，P_L 为空间损耗，M 为衰落余量。

2．相关表格

表 4-5　功率电平分配表

器件名称	器件型号	损耗（900M）	损耗（1800M）	损耗（2500M）

表 4-6　天线口功率分配表

序号	天线编号	天线类型	安装位置	天线增益	天线口功率 2200MHz（dBm）

六、设备安装说明

1．主机的安装

- ◆ 本室内分布系统信源设备安装在××楼××层××房间；
- ◆ 主设备电源为××××，电源从××××引入；
- ◆ 设备安装正确、牢固、无损伤、掉漆的现象；
- ◆ 设备电源插板至少有两芯及三芯插座各一个；
- ◆ 主机接地安装在大楼的主地网上。

2．天线的安装

- ◆ 室内天线应轻拿轻放，不能将表面损伤；
- ◆ 吸顶天线的安装应美观、牢固，与周围环境协调，并且不能损毁其他设施；
- ◆ 室内天线布放时尽量注意墙体建筑对信号的影响，选择合适的位置。对于部分使用金属吊顶装饰的部分要求安装金属天花天线，对于没有吊顶的仓库、机房、停车场等区域要求安装增长天线支架，保证天线低于金属管道和线槽；
- ◆ 天线安装完毕后，应对每一处天线所处的位置做详细的标识。

3．电缆的布放

- ◆ 布放电缆时，电缆必须从外圈由缆盘的径向松开，逐步放出并保持松弛弧形，严禁从轴内乱抽电缆；电缆布放过程中应无扭曲、盘绞、打结，严禁打小圈、浪涌、死弯等现象发生；
- ◆ 布放电缆的型号和规格、路由走向、位置，应符合设计要求。电缆必须排列整齐，转弯圆滑，外皮无损伤；

- ◆ 电缆的转弯半径应符合产品的技术要求，一般应为电缆外径的 5～8 倍；
- ◆ 电缆布放必须绑扎，绑扎后的电缆应排列紧密，外观整齐；线槽内布放电缆可以不绑扎，但槽内电缆应顺直，不得溢出槽道，尽量不交叉；电缆进出槽道时必须使用开孔器开孔，然后加装 PVC 锁母，保护电缆；
- ◆ 垂直布放的电缆每隔一米必须进行捆扎、固定，防止因电缆自重过大拉坏电缆和接头；电缆施工遇阻力时应收回重放，严禁用猛力拉拽电缆；
- ◆ 射频电缆与电源电缆应分开布放，现场条件所限必须同走道布放时，应有适当的分离措施；
- ◆ 电缆与电缆头的组装应牢固，接触良好；
- ◆ 电缆连接正确，牢固可靠。室外连接部位必须经过严密的防水处理；
- ◆ 电缆应无明显的外观损伤和变形。水平安装应做到布放平直，加固稳定，受力均匀，每隔 1～1.5m 用固定卡具加固一次；
- ◆ 馈线应按设计要求进行防雷接地处理。馈线安装接地卡部位不得变形，并经过严密的防水处理。

4．接头的装配

同轴电缆的端头处理应符合下列规定：

- ◆ 使用刀具割剥护套层、绝缘层时应用力适当，不能伤及编织屏蔽网和缆芯；
- ◆ 芯线焊接端正、牢固，焊锡适量，焊点光滑、不带尖、不成瘤形。组装同轴电缆插头时，配件应齐全，位置正确，严格按照安装说明书装配牢固；
- ◆ 剖头处需加热缩套管时，热缩套管长度应统一适中，热缩均匀；
- ◆ 电缆施工时要注意端头的保护，不能进水、受潮，暴露在室外的端头必须用防水胶带进行防水处理，已受潮、进水的端头要锯掉。

5．电源的安装

- ◆ 本工程电源为×××，功率为×××W，本次工程的电源取自×××；
- ◆ 主机接地通过 $16mm^2$ 铜线耳及铜线与机房地线相连。

6．避雷措施

由于是室内覆盖工程，处于楼宇的避雷保护区内，所以在工程中对接收天线、有源器件和主机设备做接地处理。

7．接地说明

- ◆ 主机接地通过 $16mm^2$ 铜线耳及铜线。接地铜排与弱电井内的主地线相连；
- ◆ 馈线接地时用专用接地卡，通过 $16mm^2$ 铜线耳及铜线引至弱电井内的地线铜排上；接地卡与馈线连接处须用防水胶和防水胶带做防水处理；
- ◆ 地线铜排安装在主设备的下方，通过铜线耳及铜线与弱电井内的主地线相连。

七、主机及器件技术指标

注：设备主要性能指标详见《某公司产品说明书》。

八、相关表格

表 4-7 材料清单

序号	设备名称	型号规格	单位	数量	厂家
1	交换机				
2	AP				
3	合路器				
4	WLAN 干放				
5	1/2 馈线				
6	五类双绞线				
7	1/2 接头				

表 4-8 辅料清单

序号	设备名称	型号规格	单位	数量	厂家
1	水晶头				
2	软跳线				

表 4-9 系统报价

序号	设备名称	型号规格	单位	数量	单价（元）	小计（元）	厂家
材 料 费							
1	全向吸顶天线						
2	五类双绞线						
3	1/2 接头						
4	耦合器						
5	1/2 馈线						
6	辅料						
	合计 1						
安装工程费							
7	馈线施工费						
8	五类双绞线施工费						
9	AP 施工费						
10	WLAN 干放施工费						
	合计 2						
辅 料 费							
	合计 3						
勘 测 费							
	合计 4						
总 报 计		合计 1+合计 2+合计 3+合计 4					

4.3　无线局域网应用实例

下面以某酒店的无线网络项目方案书为例，具体展示说明 Wi-Fi 网络的组网应用设计。

××酒店无线网络项目书

1．项目需求与需求分析

本次无线网络建设项目需要满足以下需求：

（1）高性能

● 信号覆盖范围和强度

项目需求：

无线网络信号要求做到酒店内部和部分室外区域全覆盖，包括酒店客房、群房、员工办公区、电梯间和消防通道等。无线局域网协议采用 802.11b/g 兼容方式，信号强度不低于 70dBm，以保证客房无线上网、Wi-Fi 电话、移动 PDA 甚至无线 VOD 视频点播的应用要求。

需求分析：

通过多种安装方式，全面覆盖酒店各个无线应用区域。安装方式包括暗装、明装和天线分离等，覆盖区域和安装规格将在后继方案中进行详细描述（需要详细的酒店布局图纸）。

● 用户容量和传输性能

项目需求：

覆盖区域内，保证用户传输速率不低于 100Kbps，确保 Wi-Fi 电话的语音质量。在部分豪华套房，以及需要使用无线 VOD 视频点播的区域，将保证无线数据传输率为 54Mbps。

需求分析：

根据用户的容量和应用流量需求，在设计方案中满足 AP 设计接入用户数量不超过 50，以此保证每用户 100Kbps 的传输速率。VOD 点播区域附近将直接放置无线接入点以满足要求。

（2）高可用性

● 漫游性能

项目需求：

要求无线网络系统支持无缝漫游，保证无线网络应用时（包括 PDA 和 Wi-Fi 电话）数据不中断和语音的流畅。

需求分析：

要求无线网络系统支持无缝漫游，实时交互用户接入信息，保证无缝漫游性能。

● 网络负载均衡

项目需求：

在酒吧、宴会厅、会议室、办公区等区域，要满足多用户同时使用时不会产生网络瓶颈和网络性能的严重下降。

需求分析：

在方案中，无线网络系统应该提供动态的基于流量和用户数量的负载均衡机制，为用户提供最好的网络性能。

● 用户分组管理与隔离

项目需求：

对于不同无线用户的应用，制定不同的安全策略和优先级别，能够对无线用户进行基于用户的分组统一管理，以保证维护过程中的灵活性。

针对酒店客人的无线网络应用，能够满足单用户隔离的需求，保证客人网络应用的安全性。

需求分析：

无线网络系统应该支持 VLAN 划分与多 SSID 的应用方式，支持 ACL 和 QoS 服务质量控制，能够针对不同的 VLAN 和 VLAN 制定不同的网络控制策略。

支持用户隔离工作模式，满足酒店客房上网的安全需求，不向外发送 ESSID 信息，阻断用户之间的通信。

- 统一维护管理

项目需求：

提供简单、易用、统一的无线网络管理平台，为今后酒店的 IT 维护人员工作提供便利。

需求分析：

无线网络系统通过一个核心管理部件进行综合的管理，不需要针对单独的 AP 接入点进行管理和维护。

（3）高安全性

- 用户接入认证

项目需求：

支持主流和多种形式的无线网络接入认证方式，满足酒店的安全需求。

需求分析：

要求无线系统支持国际主流的大部分认证协议和认证方式，包括 Web Portal 方式和基于 Radius 的 802.1x 无线认证方式。

- 无线安全加密

项目需求：

酒店无线网络的安全是一个重要的应用保障，没有安全一切应用都变得脆弱和危险。无线网络系统需要兼容和接纳最高等级和最广泛使用的加密协议，以保证私密信息的安全。

需求分析：

支持通用的加密方式和协议，包括 WEP\WPA\WPA2 等。加密和认证通常是一起使用的，所以具体的安全方案需视酒店的安全系统平台而定。

- 无线入侵防护机制

项目需求：

对于网络恶意入侵频繁发生的今天，保证酒店网络的安全成为网络系统的第一要务。可被入侵和恶意攻击的网络系统是无法承载酒店日常应用的，同时也违背网络系统建设的初衷。

需求分析：

无线网络的入侵防护系统能够监听各个无线信道的数据流量，实时汇总和分析，针对入侵行为进行有效的联动保护。

（4）可靠性

- 核心冗余

项目需求：

对于无线网络的关键设备和设施，需要提高冗余能力，保证在核心设备临时发生故障时，维护人员能够快速恢复正常的网络应用，获得更多的故障处理时间和空间。

需求分析：

无线网络系统的核心设备至少支持 1+1 或 N+1 备份，以保证网络的可用性。

- 性能稳定

项目需求：

无线网络设备需要满足最大的无故障运行时间（MTBF），保证酒店网络的正常运行。

需求分析：

网络核心设备的 MTBF≥5 年。

2. 技术解决方案

（1）总体构架

下图给出了本方案设计的酒店无线网络系统机构：

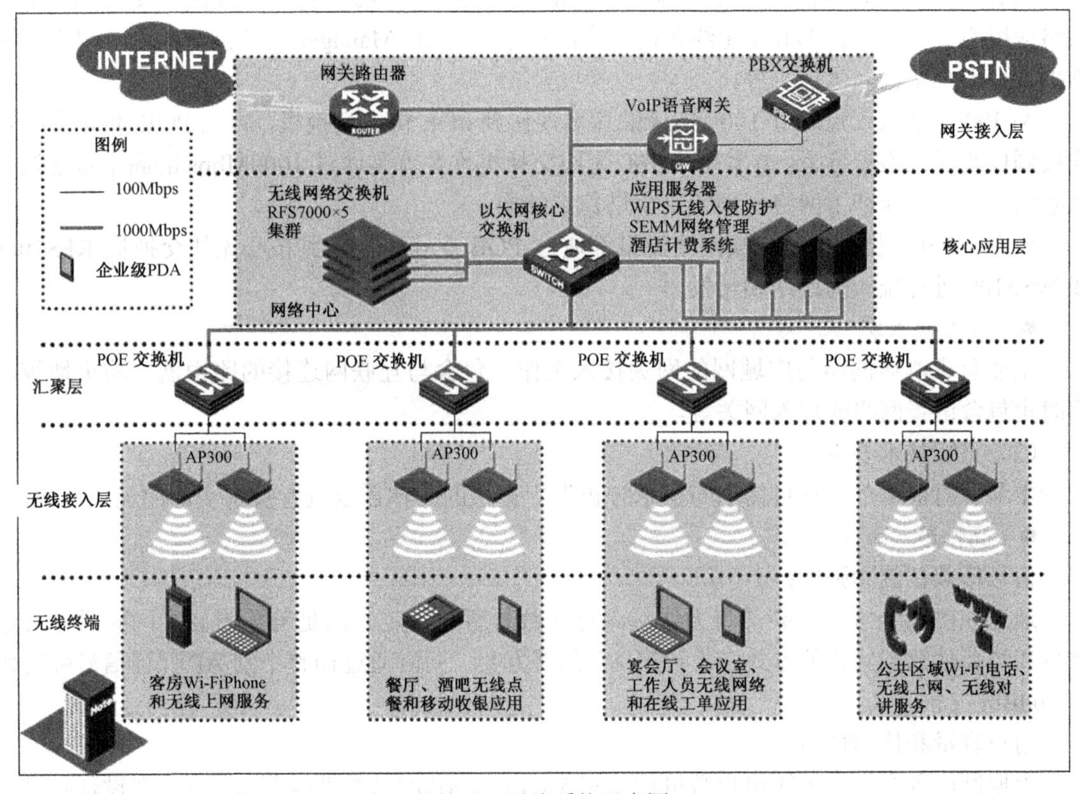

图 4-5　无线系统示意图

根据网络系统中不同网络设备的地位和作用，可以将上图表示的无线网络系统分为几个部分，分别如下。

- 无线终端

主要承载在网络应用的无线网络终端。无线网络终端的种类很多，所承载的应用也丰富多样。例如：Wi-Fi 无线电话、带有 Wi-Fi 功能的笔记本电脑和数字助理 PDA、带有 Wi-Fi 模块的打印机和收银机等，另外，具有无线 VOD 点播的机顶盒设备也是无线终端的一种类型。

● 无线接入层

主要包含Access Point/Access Port无线接入点设备，负责无线终端用户的接入和网络传输。方案中采用的主要无线接入点产品是Motorola AP300，所有的AP300通过以太网网线连接到支持802.3af POE供电的以太网交换机上，获得电源供电和上级网络连接。

AP300是Motorola第三代无线网络构架当中的高端无线接入点（Access Port），是与无线交换机无缝匹配的无线接入点（俗称“瘦”AP）。AP300为用户提供最好的技术性能、最轻松的安装维护和最经济的成本。

● POE汇聚层

主要包含带有802.3af标准以太网供电（POE）功能的有线网络交换机，这些交换机在有线网络中往往被视为接入层设备，但是在无线网络中，它们起到汇聚AP访问点连接到网络核心设备的作用。

● 核心应用层

核心应用层主要包括两部分内容，分别是无线网络和核心设备（无线网络交换机和无线网络应用服务器）包括WIPS无线入侵安全防护平台、RF Manager无线网络规划（可选）和维护管理工具平台（可选）等。

AP300无线接入点通过100 Mbps的速率连接到POE供电交换机，再由POE供电交换机连接到核心层网络设备上。方案中的核心无线交换机堆叠就是通过1000Mbps的高带宽连接到核心网络当中，保证了网络规划的金字塔稳定结构。

所有AP300收集到的无线网络流量都通过POE交换机汇集到核心无线交换机RFS7000或WS5100进行统一的过滤和转发。

● 网关接入层

主要负责酒店网络与广域网的网关接入工作。包含与互联网连接的路由器、防火墙等，同时也包含语音网络的接入网关等。

（2）方案技术要点

本节针对前章节“项目需求与需求分析”中提出的具体需求进行技术实现的逐点说明。

● 高性能

信号覆盖范围和强度：

通过在酒店全区域安装部署无线接入点（数量暂时未定）满足覆盖需要，同时通过实地测量和经验估算相结合的方式，设计出AP部署方案，同时通过调整个别AP保证信号强度优于70dBm。

用户容量和传输性能：

根据酒店各个区域无线用户数量估算和Motorola AP产品的性能测试结果，在设计时设定每个AP最大用户接入数量不超过30，保证无线网路的可用性和传输性能。

● 高可用性

漫游性能：

支持二、三层漫游（L2/L3 Roaming）技术的RFS7000/WS5100和AP300，在真正地移动应用中满足无缝漫游、平滑切换的使用要求。RFS7000/WS5100在工作时能够实时地接收并记录AP300提交的用户终端接入信息，包括用户MAC/IP认证信息等，当发生无论是两层还是三层漫游切换的时候，都能够提前同步终端信息，以保证在漫游时做到最快的切换。

网络负载均衡：

RFS7000 / WS5100 支持基于用户数、网络流量和信号强度的网络负载均衡。当用户数量过多或网络流量过大时，RFS7000 / WS5100 会根据私有算法判断出是否应该将部分流量负载均衡到其他 AP 设备上，保证网络的整体最优。

通用计费支持：

RFS7000/WS5100 支持 AAA 协议，满足通用计费要求，但目前暂时没有计费要求。

用户分组管理与隔离：

方案中，每个 AP300 都支持 9 个 MAC 地址、16 个 SSID、最大 16 个 WLAN，RFS7000 / WS5100 能够管理 256 / 32 个 VLAN，还能够基于 WLAN 限制用户访问，达到用户隔离和统一分组管理的应用效果。取消 ESSID 的对外广播，并禁止用户间的数据交流，有效地提升安全性。

统一维护管理：

通过无线交换机的管理系统能够进行统一监控、维护、配置和管理整个无线网络。

- 高安全性

用户接入认证：

RFS7000 / WS5100 支持的认证方式包括 802.1x、Radius、Web、证书等方式，同时支持标准的计费和审计信息。

无线安全加密：

支持的数据安全加密方式：WEP\WPA\WPA2 等标准加密方式。

无线入侵防护机制：

方案设计中，我们提供两套无线入侵防护方案：一是通过 RFS7000 和 AP300 本身具有的入侵检测防护功能，检测与保护无线网络。这样做的优点是节省成本，做到基本的防护；二是通过 WIPS 入侵检测平台的帮助，进行全面的入侵防护。

WIPS 入侵检测系统是通过专用传感器 Sensor、专用入侵防护控制平台组成的全面无线入侵防护系统。由于独立的 Sensor 部署，不同于 AP 兼顾的模式，WIPS 能够保护全面的无线信道，同时可在不影响无线网络使用的情况下，对非法 AP 进行无线射频攻击，保证网络安全。专用的入侵防护控制平台能够独立全面地分析传感器上传的数据流，将这些数据与实时升级的入侵代码库进行对比，全面保障无线网络安全。

- 可靠性

核心冗余：

RFS7000 / WS5100 支持 N+1 的集群冗余方式，在方案中，我们采用一对多的冗余解决方案，备份机能够随时顶替故障设备工作，保证了系统的可用和安全。

性能稳定：

设备的无故障运行时间 MTBF≥15 年。

（3）AP 部署方法

此次酒店无线网络项目，需进行无线覆盖的部分大致分为标间、套房、公共区域三部分。针对酒店房间密度大，房间格局基本一致，酒店客人使用的无线设备信号接收能力参差不齐，客人上网地点选择随意性大等突出特点，Motorola 特为酒店客房部分设计了如下无线覆盖方案。

● 标间部分

标准间的覆盖以提供无线上网为主，因此在标准间楼层，应确保房间、走道、卫生间等区域的数据传输速率不低于 100Kbps，房间中写字台、沙发和床边的数据传输速率不低于 2Mbps。

● 套房部分

套房的主要居住对象是酒店的 VIP 客户，在针对套房的无线覆盖方案中我们将实现高性能和高速率的覆盖。套房中的主要覆盖区域是客厅和卧室，主要的无线应用有无线上网、无线点餐、VOD 无线点播等。因此在套房部分，特别是针对 VOD 无线点播的机顶盒装置，需要实现 54Mbps 的无线覆盖。

● 公共区域覆盖

酒店公共区域基本上可分为以下几部分：

a. 大堂

大堂部分的特点为：空间相对空旷，客流密度较大，人员流动性强，客户上网地点不统一等。针对以上特点，我们采取分区域放置 AP 的方法，由于 Motorola 无线产品支持流量自动分担功能，故无须担心某一点上连接客户端较多的问题，只要保证大厅内各个区域内均有 AP 且覆盖信号较强即可。

b. 会议室

酒店内部会议室根据大小不同分为小型、中型、大型会议室几个级别，但都具有结构相对简单，功能相同，上网人员密集等特点。故可根据会议室的不同大小分别放置不同数量的 AP。

c. 走廊

包括消防通道、工作区走廊和楼层走廊。

d. 宴会厅及餐厅

宴会厅和餐厅部分通过无线网络上网的用户相对较少，但工作人员的手持终端设备对网络需求较高，如：无线点菜系统的 PDA。无线网络将支持以 PDA 为主的移动餐饮系统。

e. 电梯轿厢

随着 Wi-Fi 手机和 PDA 上网应用的普及，对电梯轿厢内的无线网络覆盖已成为必不可少的条件之一。考虑到电梯轿厢对无线信号屏蔽效果较强，电梯大多数时间又处于上下移动之中，因此我们采取在电梯天井顶部安装 AP 接入点，并为 AP 配置高增益的定向天线的方法，对电梯轿厢内部进行无线覆盖。

f. 步行梯

步行梯中部署无线网络的目的主要是支持 Wi-Fi VoIP 应用。

4.4 无线局域网组网应用

以 H3C 的 WA2100 和 WA2200 系列无线产品为例，简要介绍 Wi-Fi 组网的应用模型。WA2100 系列产品中较有代表性的一款为 WA2110-AG。它是一款双频多模无线接入点，常用于室内无线覆盖，双频率即可工作于 WLAN 的 2.4GHz 频段或 5GHz 频段；多模即指支持 802.11a、802.11b 和 802.11g 三种模式。

4.4.1　有线无线一体化组网应用

企业有线无线一体化组网方案为 WA2100 和 WA2200 系列最典型的应用，通过与 H3C 公司的系列无线控制器配合组网，无线控制器作为无线数据控制转发中心，放在企业的中心机房，无线接入点则部署于企业的各种室内、室外场所（室外组网需要与室外机箱配合使用）。WA2100 和 WA2200 系列 AP 和无线控制器之间既可以在同一个网段，也可以在不同网段，它们之间通过 CAPWAP 协议自动建立隧道（该隧道基于 UDP，可以穿越三层网络），结合有线交换机的接入功能，这样就非常容易部署企业级有线无线一体化接入方案。从用户管理的角度出发，配合 H3C 公司的 CAMS、iNode 及 IMC 网管，可以做到有线设备和无线设备统一网管，有线用户和无线用户统一认证平台，从而真正实现有线无线一体化组网。

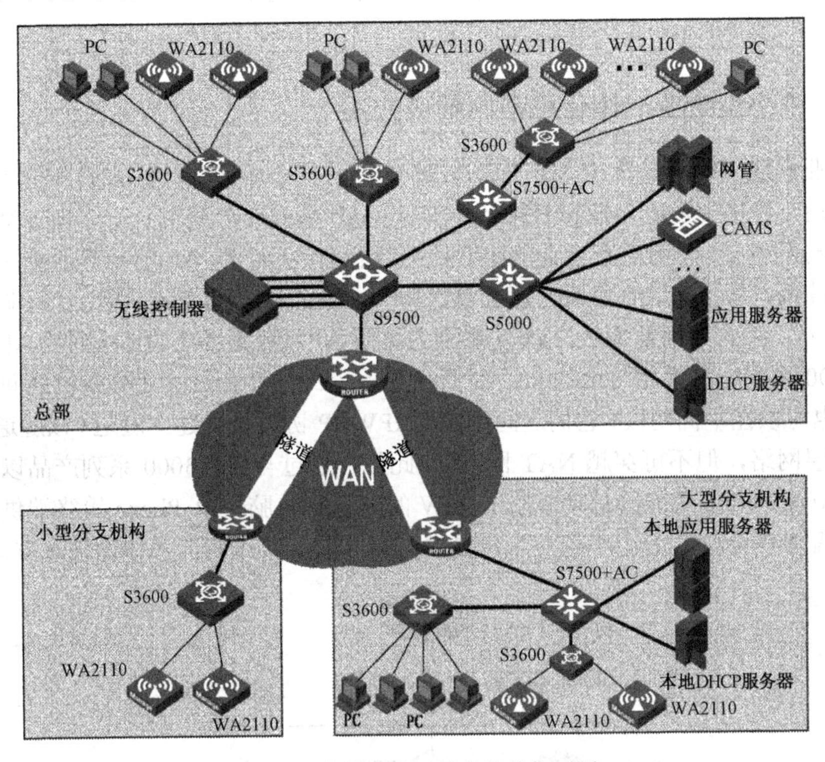

图 4-6　有线无线一体化整体组网图

WA2100 和 WA2200 系列 AP 和无线控制器之间通过 CAPWAP 协议通信，WA2100 和 WA2200 系列 AP 通过 DHCP Server 自动获取 IP 地址，并将自己的 IP 地址和无线控制器自动绑定，形成关联。无线控制器能对 WA2100 和 WA2200 系列 AP 的软件版本进行自动管理，并集中下发设备配置，从而使网络的管理和维护变得极其方便。

4.4.2　大范围室外无线覆盖

对没有入户线缆资源的运营商，采用基于 802.11 技术的无线接入方式，为最终用户提供宽带服务，同时发挥在无线覆盖范围内室内、室外任何位置随时随地接入、建设工程量小、工期短、建网成本低等特点。

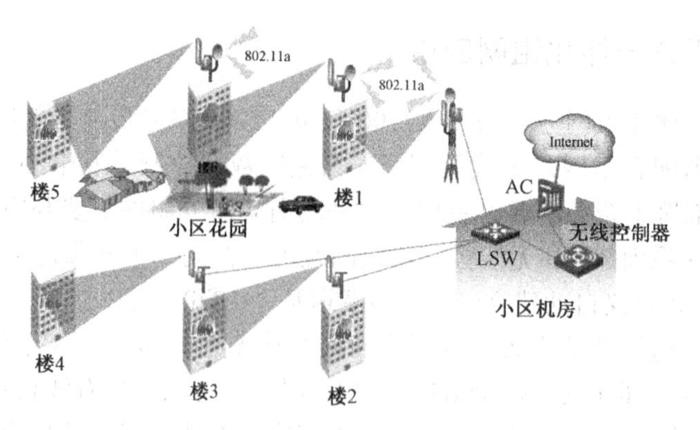

图 4-7 大范围室外无线覆盖方案

4.4.3 中小型企业一体化移动网解决方案

中小企业有线无线一体化接入方案为 WX3000 系列一体化交换机的最典型地应用。目前 WX3000 系列一体化交换机只能和 H3C 公司的 Fit AP 系列配合使用，一体化交换机作为无线数据控制和转发中心，一般放在企业的中心机房或者布线间，Fit AP 则多置于楼内各层的天花板内，或者挂墙，甚至安装在室外。因为 WX3000 系列产品支持 PoE+供电（每端口最大提供 25W 的功率），因此无论是 802.11a/b/g 系列的传统 AP，还是 802.11n 系列的 AP，大多数情况下 WX3000 系列产品都能与这些 Fit AP 直接相连。Fit AP 和一体化交换机之间既可以在同一个网段，也可以在不同网段，它们之间通过 CAPWAP 协议自动建立隧道（该隧道基于 UDP，可以穿越三层网络，但不可穿越 NAT 网络）。此外，通过与 WX3000 系列产品以太网电口直连，WX3000 系列产品还能给总功率小于 25W 的笔记本电脑、IP Phone 等终端供电，省去了终端电源适配器的麻烦，为中小企业客户提供简捷方便而又周到的一体化接入方案。

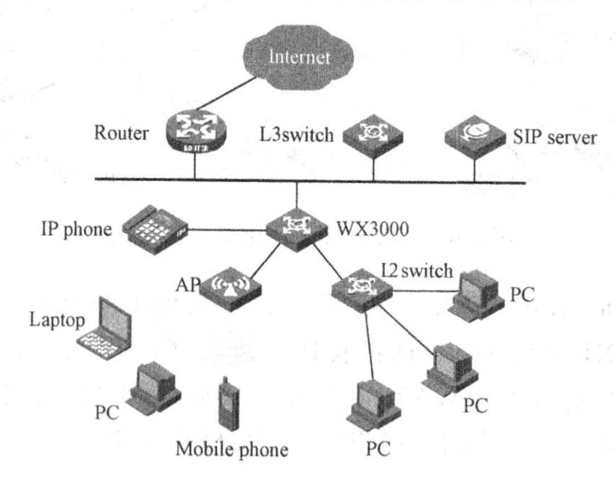

图 4-8 企业一体化移动网解决方案

Fit AP 和 WX3000 系列一体化交换机之间通过 CAPWAP 协议联系，Fit AP 通过 DHCP Server 得到 IP 地址，并能将自己的 IP 地址和 WX3000 自动绑定，形成关联。WX3000 系列一体化交换机能对 Fit AP 的软件版本进行自动管理，网络维护极其方便。

4.4.4　大型企业分支机构一体化移动网解决方案

大型企业分支机构有线无线一体化接入方案为 WX3000 系列一体化交换机的又一个典型应用。WX3000 系列一体化交换机和 WX6100 系列大容量一体化交换机或 S7500E/S9500/S9500E 系列无线控制器插卡配合组网，为大型企业的总部和分支机构一体化组网提供了完美的解决方案。WX6100 系列无线控制器和 S7500E/S9500/S9500E 系列无线控制器插卡容量大，处理性能高，可接入的 AP 数量大，能够使无线信号覆盖到任何需要的地方，可满足企业总部对大容量无线 IT 网络的建网需求。而企业分支机构的办公面积通常不大，集有线千兆交换、无线交换和 PoE+供电功能于一体的 WX3000 系列一体化交换机是一体化接入的最佳低成本选择。

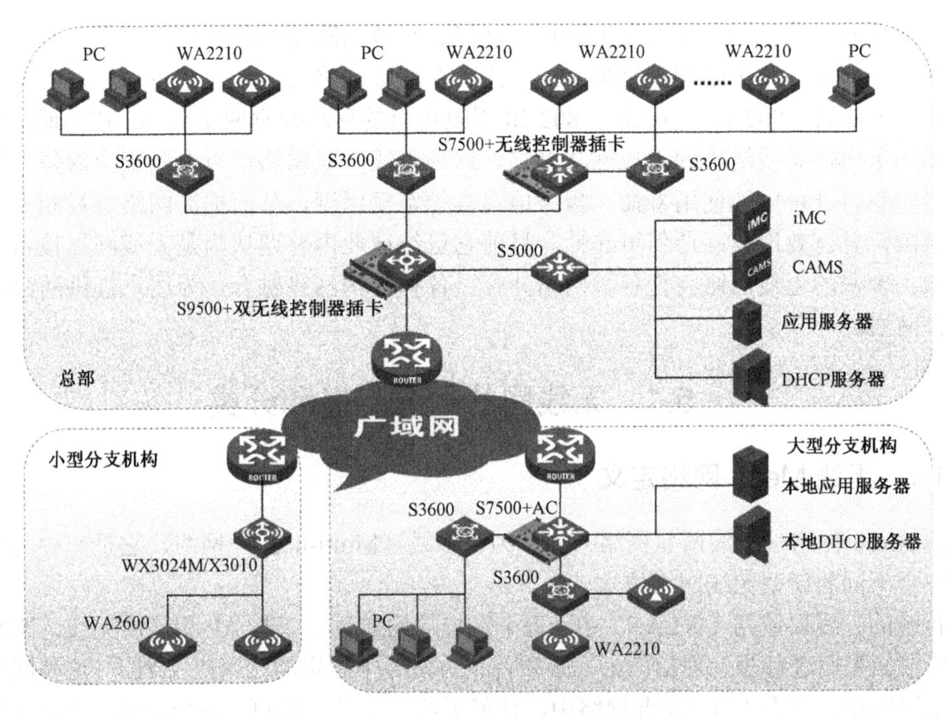

图 4-9　大企业分支一体化移动网解决方案

思　考　题

搭建校园 Wi-Fi 网络

采用 WX3000 系列一体化交换机和 H3C 公司的 Fit AP，按照中小企业有线无线一体化接入方案在您校园的教学楼和实验室搭建 Wi-Fi 网络。

要求：

1. 写出网络组建方案；
2. 画出网络结构图；
3. 实际联网并实验；
4. 写总结或实验报告。

第 5 章　802.11 无线网状网

面对日益增长的高速无线网络接入需求，传统的无线接入方式在进行大规模应用时常常因为线缆的限制而不能灵活地进行扩展。而无线网状网（Wireless Mesh Network，WMN）技术的出现，使得无线网络的部署不再受有线网络出口的限制，为无线宽带“最后一公里”接入，提供了一种既灵活又低成本的多跳通信技术解决方案，无线网状网技术在无线接入网中的应用代表着无线网络技术的又一大跨越。

无线网状网因其具有宽带无线汇聚连接功能、有效的路由及故障发现特性、无需有线网络资源等独特的优势，正受到越来越多的关注。在实际网络发展中，它可以与多种宽带无线接入技术如 802.11、802.15、802.16、802.20 以及现有的移动蜂窝网络和 3G 移动通信等相结合，组成一个多跳无线链路的无线网状网络。这种无线网状网络可以有效减少故障干扰、降低发射器功率、延长电池使用寿命、极大地提高频率复用度，从而提高网络容量和无线网络的覆盖范围，并有效地提高通信可靠性。目前它已经被业内普遍认为是无线网络技术的一个发展方向。未来的无线网络将使各种网络并存、各种异构网络融合，为用户提供随时随地接入的泛在网络。

5.1　无线网状网的定义和分类

5.1.1　无线 Mesh 网络定义

无线 Mesh 网络（无线网状网络）也称为“多跳（Multi-hop）”网络，它是一种与传统无线网络完全不同的新型无线网络技术。

在传统的无线局域网（WLAN）中，每个客户端均通过一条与 AP 相连的无线链路来访问网络，用户如果要进行相互通信的话，必须首先访问一个固定的接入点（AP），这种网络结构被称为单跳网络。而在无线 Mesh 网络中，任何无线设备节点都可以同时作为 AP 和路由器，网络中的每个节点都可以发送和接收信号，每个节点都可以与一个或者多个对等节点进行直接通信。

这种结构的最大好处在于：如果最近的 AP 由于流量过大而导致拥塞的话，那么数据可以自动重新路由到一个通信流量较小的邻近节点进行传输。依此类推，数据包还可以根据网络的情况，继续路由到与之最近的下一个节点进行传输，直到到达最终目的地为止。这样的访问方式就是多跳访问。

无线 Mesh 网络是一种新型的无线网络架构，它的核心指导思想是让网络中的每个节点都可以发送和接收信号，传统的 WLAN 一直存在的可伸缩性低和健壮性差等诸多问题由此迎刃而解，无线 Mesh 技术的出现，代表着无线网络技术的又一大跨越，有着极为广阔的应用前景。

无线 Mesh 网是一种非常适合于覆盖大面积开放区（包括室内和室外）的无线区域网络解决方案。

5.1.2　无线 Mesh 网的特点

无线 Mesh 网由一组呈网状分布的无线 AP 构成，AP 均采用点对点方式通过无线中继链路互联，将传统 WLAN 中的无线“热点”扩展为真正大面积覆盖的无线“热区”。

- ◆ 自配置。无线 Mesh 网中 AP 具备自动配置和集中管理能力，简化了网络的管理维护。
- ◆ 自愈合。无线 Mesh 网中 AP 具备自动发现和动态路由连接，消除单点故障对业务的影响，提供冗余路径。
- ◆ 高带宽。将传统 WLAN 的“热点”覆盖扩展为更大范围的“热区”覆盖，消除了原有的 WLAN 随距离增加而导致的带宽下降。另外，采用 Mesh 结构的系统，信号能够避开障碍物的干扰，使信号传送畅通无阻，消除盲区。
- ◆ 高利用率。高利用率是 Mesh 网络的另一个技术优势。在单跳网络中，一个固定的 AP 被多个设备共享使用，随着网络设备的增多，AP 的通信网络可用率会大大下降。而在 Mesh 网络中，由于每个节点都是 AP，根本不会发生此类问题；一旦某个 AP 可用率下降，数据会自动重新选择一个 AP 进行传输。
- ◆ 兼容性。Mesh 采用标准的 802.11b/g 制式，可广泛地兼容无线客户终端。

除此之外，无线 Mesh 还提供更好的移动漫游能力，以及端到端的安全连接等。

与传统的 WLAN 相比，无线 Mesh 网络具有几个无可比拟的优势：

（1）快速部署和易于安装

安装 Mesh 节点非常简单，将设备从包装盒里取出来，接上电源就行了。用户可以很容易增加新的节点来扩大无线网络的覆盖范围和网络容量。Mesh 的设计目标就是将有线设备和有线 AP 的数量降至最低，因此大大降低了总拥有成本和安装时间，仅这一点节省的成本就是非常可观的。无线 Mesh 网络的配置和其他网管功能与传统的 WLAN 相同，用户使用 WLAN 的经验可以很容易应用到 Mesh 网络上。

（2）非视距传输（NLOS）

利用无线 Mesh 技术可以很容易实现 NLOS 配置，因此在室外和公共场所有着广泛的应用前景。与发射台有直接视距的用户先接收无线信号，然后再将接收到的信号转发给非直接视距内的用户。按照这种方式，信号能够自动选择最佳路径不断从一个用户跳转到另一个用户，并最终到达无直接视距的目标用户。这样，具有直接视距的用户实际上为没有直接视距的邻近用户提供了无线宽带访问功能。无线 Mesh 网络非视距传输的特性大大扩展了无线宽带的应用领域和覆盖范围。

（3）健壮性

实现网络健壮性通常的方法是使用多个路由器来传输数据。如果某个路由器发生故障，信息由其他路由器通过备用路径传送。Mesh 网络比单跳网络更加健壮，因为它不依赖于某一个单一节点的性能。在单跳网络中，如果某一个节点出现故障，整个网络也就随之瘫痪。而在 Mesh 网络结构中，由于每个节点都有一条或几条传送数据的路径。如果最近的节点出现故障或者受到干扰，数据包将自动路由到备用路径继续进行传输，整个网络的运行不会受到影响。

（4）结构灵活

在单跳网络中，设备必须共享 AP。如果几个设备要同时访问网络，就可能产生通信拥塞并导致系统的运行速度降低。而在多跳网络中，设备可以通过不同的节点同时连接到网络，因此不会导致系统性能的降低。Mesh 网络还提供了更强的冗余机制和通信负载平衡功能。

（5）高带宽

无线通信的物理特性决定了通信传输的距离越短就越容易获得高带宽，因为随着无线传输距离的增加，各种干扰和其他导致数据丢失的因素也随之增加。因此选择经多个短跳来传输数据将是获得更高网络带宽的一种有效方法，而这正是 Mesh 网络的优势所在。

在 Mesh 网络中，一个节点不仅能传送和接收信息，还能充当路由器对其附近节点转发信息，随着更多节点的相互连接和可能的路径数量的增加，总的带宽也大大增加。

此外，因为每个短跳的传输距离短，传输数据所需要的功率也较小。由于多跳网络通常使用较低功率将数据传输到邻近的节点，节点之间的无线信号干扰也较小，网络的信道质量和信道利用效率大大提高，因而能够实现更高的网络容量。比如在高密度的城市网络环境中，Mesh 网络能够减少使用无线网络的相邻用户的相互干扰，大大提高信道的利用效率。

尽管无线 Mesh 联网技术有着广泛的应用前景，但也存在一些影响它广泛部署的问题：

（1）互操作性

目前影响无线 Mesh 技术迅速普及的一个重要障碍就是互操作性。无线 Mesh 网络现在还没有一个统一的技术标准，用户现在要么就只能使用某一个厂商的无线 Mesh 产品，要么面临如何与各种不同类型的嵌入式无线设备接口的问题，这个问题目前是影响无线 Mesh 技术推广使用最重要的原因。想彻底解决互操作性问题，最终还需要业界制定统一的无线 Mesh 技术标准。

（2）通信延迟

在 Mesh 网络中数据通过中间节点进行多跳转发，每一跳至少都会带来一些延迟，随着无线 Mesh 网络规模的扩大，跳接越多，积累的总延迟就会越大。一些对通信延迟要求高的应用，如话音或流媒体应用等，可能面临无法接受的延迟过长的问题。目前解决这一问题的措施主要是通过增加 Mesh 节点以及合适的网络协议。

（3）安全

与 WLAN 的单跳机制相比，无线 Mesh 网络的多跳机制决定了用户通信要经过更多的节点。而数据通信经过的节点越多，安全问题就越不容忽视。Internet 本身即是使用 Mesh 方式进行通信的典型，它的安全隐患是众所周知的。尽管有线网络中使用的各种端到端安全技术，如虚拟专用网（VPN）同样可以用来解决无线 Mesh 的安全问题。但正如 Internet 一样，无线 Mesh 网络的安全是一个不容忽视的问题。

5.1.3　Mesh 网络的应用

从本质上说，Mesh 网络是一种类似于点对点的无线网络架构，这种架构可以大大减少网络的基础设施成本（例如 AP，无线路由器数量），同时也可为无线网络服务供应商（WISP）减少 70%～75%的营运、安装成本。

基于 Mesh 网络的优势，它还可以在不同异构的环境下提供多种服务：当用户在高速移动时，或者在较大范围的区域内可以通过 3G 或 2.5G 传输语音、数据；在局部的范围内可通过 WLAN 提供宽带网络服务，例如视频点播等。随着 Mesh 网络的进一步发展，它最终可在企业的办公环境中将办公室电话或者手机进行整合。

Mesh 网络在家庭、企业和公共场所等诸多领域都具有广阔的应用前景。

（1）家庭

Mesh 技术的一个重要用处就是用于建立家庭无线网络。家庭式无线 Mesh 联网可以连接台式 PC 机、笔记本和手持计算机、HDTV、DVD 播放器、游戏控制台，以及其他各种消费类电子设备，而不需要复杂的布线和安装过程。在家庭 Mesh 网络中，各种家用电器既是网上的用户，也是网络基础设施的组成部分并为其他设备提供接入服务。当家用电器增多时，这种组网方式可以提供更多的容量和更大的覆盖范围。Mesh 技术应用于家庭环境的另外一个重要好处是它能够支持带宽高度集中的应用，如高清晰度视频等。

（2）企业

目前，企业的无线通信系统大都采用传统的蜂窝电话式无线链路，为用户提供点到点和点到多点的传输。无线 Mesh 网络则不同，它允许网络用户共享带宽，消除了目前单跳网络的瓶颈，并且能够实现网络负载的动态平衡。在无线 Mesh 网络中增加或调整 AP 也比有线 AP 更容易、配置更灵活、安装和使用成本更低。尤其是对于那些需要经常移动接入点的企业，无线 Mesh 技术的多跳结构和灵活的配置将非常有利于网络拓扑结构的调整和升级。

（3）学校

校园无线网络与大型企业非常类似，但也有其自身的特点：一是校园 WLAN 的规模巨大，不仅地域范围大，用户多，而且通信量也大，因为与一般企业用户相比学生会更多地使用多媒体；二是对网络覆盖的要求高，网络必须能够实现室内、室外、礼堂、宿舍、图书馆、公共场所等之间的无缝漫游；三是负载平衡非常重要，由于学生经常要集中活动，当学生同时在某个位置使用网络时就可能发生通信拥塞现象。

解决这些问题的传统方法是在室内高密度地安装 AP，而在室外安装的 AP 数量则很少。但由于校园网的用户需求变化较大，有可能经常需要增加新的 AP 或调整 AP 的部署位置，这会带来成本的增加。而使用 Mesh 方式组网，不仅易于实现网络的结构升级和调整，而且能够实现室外和室内之间的无缝漫游。

（4）医院

Mesh 还为像医院这样的公共场所提供了一种理想的联网方案。由于医院建筑物的构造密集而又复杂，一些区域还要防止电磁辐射，因此是安装无线网络难度最大的领域之一。医院的网络有两个主要的特点：一是布线比较困难。在传统的组网方式中，需要在建筑物上穿墙凿洞才能布线，这显然不利于网络拓扑结构的变化；二是对网络的健壮性要求很高。

采用无线 Mesh 组网则是解决这些问题的理想方案。如果要对医院无线网络拓扑进行调整，只需要移动现有的 Mesh 节点的位置或安装新的 Mesh 节点就可以了，过程非常简单，安装新的 Mesh 节点也非常方便。而无线 Mesh 的健壮性和高带宽也使它更适合在医院部署。

（5）旅游休闲场所

Mesh 非常适合在那些地理位置偏远、布线困难或经济上不合算，而又需要为用户提供宽带无线 Internet 访问的地方，如旅游场所、度假村、汽车旅馆等。Mesh 能够以最低的成本为这些场所提供宽带服务。

（6）快速部署和临时安装

对于那些需要快速部署或临时安装的地方，如展览会、交易会、灾难救援地等，Mesh 网络无疑是最经济有效的组网方法。比如，如果需要临时在某个地方开几天会议或办几天展览，使用 Mesh 技术来组网可以将成本降到最低。

5.1.4 Wi-Mesh 联盟

Wi-Mesh 联盟由具有相同理念的公司所组成，力求通过一套无线网状区域网络标准，使无线用户不论使用哪一家厂商产品，都能享受无缝隙通信的便利。Wi-Mesh 联盟提案根据 IEEE 标准协会指导原则来研究发展，以现有和未来的 802.11 通信协定为基础，扩大科技重复运用与相容性。

Wi-Mesh 联盟成员多为来自各个领域的业界领导者，包括智邦科技、北电、ComNets、InterDigital、NextHop、Thomson 等。他们积极合作推动全球无线网状区域网络（Mesh WLAN）标准化，以此推广多种无线通信设备与服务间的互连性。通过伙伴间广泛的技术合作，Wi-Mesh 联盟向美国电气与电子工程师学会（IEEE）的 802.11 任务小组会议，成功提报全球最新无线网状区域网络标准提案。

Wi-Mesh 联盟提案的设计目的，是针对未来的 802.11n 进行扩充。这一策略将为全球现有的 Wi-Fi 网络基地提供支持，同时在现有指定的无线电频道中扩展建置 Wi-Fi 网络。

5.1.5 多跳访问

如果最近的 AP 由于流量过大而导致拥塞的话，那么数据可以自动重新路由到一个通信流量较小的邻近节点进行传输。依此类推，数据包还可以根据网络的情况，寻找路由到与之最近的下一个节点进行传输，直到到达最终目的地为止。这样的访问方式就是多跳访问。图 5-1 中无线节点 AP6 接入光纤，节点 AP4 通过 5 跳方式进入有线，完成了多跳访问而进入有线网络。

图 5-1 中的网络核心设备为无线 AP，它具有 Mesh 路由器功能，构成了拓扑结构动态可变的核心网。Mesh 路由器配置了多种无线传输标准的接口模块，实现了各种无线网络的互联，包括蜂窝网、WiMAX 网络、WLAN、移动自组织（Ad hoc）网络以及无线传感器网络。采用各种无线传输技术的用户终端，无论何时何地都可以通过某种无线接入网与核心网相连。WMN 的配置和维护成本比传统的有线方式更有优势，可作为未来泛在异构网络的一种实现方式。

无线网状网的回程技术可以是 Wi-Fi 技术（802.11 标准），也可以是 WiMAX 技术，还可能是未来的 4G 技术，对于回程均采用 802.11 协议的无线网状网网络（也称做 Wi-Fi-Mesh 网络），对于回程均采用 802.16 协议的无线网状网网络（也称做 WiMAX-Mesh 网络）。

图 5-1　多跳 Mesh 网络

5.1.6　无线 Mesh 网络分类

无线网状网可以分为移动 Ad-hoc Mesh 网和固定基础 WMN 网。

移动 Ad-hoc Mesh 网络中的无线节点可以移动并加入到 P2P（Peer to Peer）网络中而无需侦听到网络中其他的所有节点，这种网络适合稀疏连接要求的网络，具有一定的可靠性和灵活性。

对于跨区的大范围的 Wi-Fi 覆盖通常采用固定基础 WMN 网方式。由于网络的每个节点都具有数据转发能力，这样不必加大功率，就可以利用中间的节点绕过障碍物或建筑物实现覆盖，非常适合城区密度大的建筑群的覆盖。

早期的 WMN 网络侧重于研究移动 Ad-hoc 网络，由于其低带宽、临时性、小范围的特点，因此不能在企业、ISP 和公共安全方面应用。现在的 WMN 基础网络，具有高带宽、灵活、易扩展、健壮等优势，可以大范围地应用，通过良好的设计、规划、工程和部署，有效地为用户提供各种业务，实现投资者的发展战略。

本书后面都是针对固定基础 WMN 网的设计、规划、应用和维护等的讲解和描述。

5.1.7　无线 Mesh 网的标准

目前市场上无线 Mesh 网络采用的标准是 802.11 系列。国际无线 Mesh 网络主要标准化组织有：

1）国际电信联盟（International Telecommunication Union）

网址：http://itu.int/imt

2）电气和电子工程师协会（Institute of Electrical and Electronics Engineers）

网址：http://ieee.org

3）欧洲电信标准协会（European Telecommunications Standards Institute）

网址：http://etsi.org

4）因特网工程任务组（The Internet Engineering Task Force）

网址：http://ietf.org

5）WiMAX 论坛

网址：http://WiMAXforum.org

6）开放移动联盟（Open Mobile Alliance）

网址：http://openmoilealliance.org

7）因特网研究任务组（Internet Research Task Force）

网址：http://irtf.org

5.2　无线 Mesh 网与其他无线网络的区别

5.2.1　无线 Mesh 网络与蜂窝移动网络的区别

无线 Mesh 网络和蜂窝移动网络具有一定的相似性，如都具有移动、宽带特性，都能为用户提供语音、数据和视频业务，但是二者的发展和定位有本质区别，蜂窝移动网络定位是为公众移动通信服务的广域网，它的发展必须是大规模、广覆盖、巨额投资的，网络建设周期长，而无线 Mesh 网络的定位是城域网及热点的覆盖，它组网灵活，可以先在小范围内使用，然后逐渐发展起来，更适合小运营商和各垂直行业专网应用，具有很强的兼容性，便于将来和蜂窝移动网络兼容，从而完成“移动走向 IP”和“IP 走向移动”的融合。

与蜂窝移动网相比，无线 Mesh 网络有以下优点：

（1）可靠性提高，自愈性强。

在 WMN 中，链路为网状结构，如果其中的某一条链路出现故障，节点可以自动转向其他可接入的链路，因而对网络的可靠性有较高的保障，但是在采用星形结构的蜂窝移动通信网中，一旦某条链路出现故障，可能造成大范围的服务中断。

（2）传输速率大大提高

在采用 WMN 技术的网络中，可融合其他网络技术（如 Wi-Fi 等），理论速率可以达到 54Mbit/s，甚至更高。而目前的 3G 技术，其理论传输速率在高速移动环境中只有 144Kbit/s，步行慢速移动环境中支持 384Kbit/s，即使是在静止状态下才达到 2Mbit/s。

（3）投资成本低

无线 AP 等 WMN 设备成本比蜂窝移动通信系统中的基站等设备便宜很多。

（4）网络配置和维护简便快捷

在 WMN 中，设备的配置更简单方便，无须向移动蜂窝通信系统那样去维护建设在高塔上的基站。

5.2.2 无线 Mesh 网络与 WLAN 的区别

在传统的无线局域网（WLAN）中，每个 AP 都需要通过有线方式接入到有线网络，因此在部署无线节点 AP 时受限于有线网络出口，而不能达到最好的无线覆盖，这种网络结构被称为单跳网络。而在无线 Mesh 网络中，任何无线设备节点都具有数据接收和转发功能，这样数据可以经过几个无线 Mesh 节点后再连接到有线网络，同时每个节点都可以与一个或者多个节点进行直接通信，这样形成多跳访问，增大了网络部署的灵活性和可扩展性。

5.2.3 无线网状网与 WiMAX 的区别

WiMAX 的另一个名字是 802.16，以 802.16 的系列宽频无线标准为基础，它定位在无线 IP 城域网。WiMAX 是一项新兴的宽带无线接入技术，能提供面向互联网的高速连接，数据传输距离最远可达 50km。WiMAX 还具有 QoS 保障、传输速率高、业务丰富多样等优点。凭借这种覆盖范围和高吞吐率，WiMAX 能够为电信基础设施、企业园区和 Wi-Fi 热点提供回程。从市场角度讲 802.11 无线 Mesh 和 802.16 网络具有一定的重合性，但由于 WiMAX 的终端目前比较昂贵，尚没形成一个完整的产业链，因此目前比较适合回程传输。802.11 终端的产品则非常丰富、成熟、价格低廉，这在很大程度上推进了 802.11 网络的建设和发展。

WiMAX 基站需要专用的频率，必须得到当地政府的批准获得无线频段牌照后才可使用，通常等待时间难以确定（通常非常漫长）。而 802.11 的设备在公用频段 2.4GHz 和 5GHz 工作，无需向当地政府申请，因此组建一个 802.11 的无线 Mesh 网络要容易很多。

802.11 一般的传输功率要在 1 毫瓦到 200 毫瓦之间，远远低于 WiMAX100 瓦的传输功率。因此 802.11 的传输距离要小于 WiMAX 的传输距离。

5.3　无线 Mesh 网络应用场景

5.3.1　无线 Mesh 网络应用

1. 无线 Mesh 网络典型应用

无线网状网在国外已经开始商用，它在国内的市场推广工作也正在一步步地展开。面对复杂的施工环境、快速的布网要求、日益增加的视频反恐监控需求等，Wi-Fi-Mesh 显示了它强大的优势。因此，无线 Mesh 网络广泛应用于下述各种场合：

◆　突发事件现场应急指挥网络

无线网状网可以提供移动宽带和灵活的自组网通信，在重大事件或重要活动的现场，它能够迅速建立无线网络，可以实现现场指挥官和工作人员之间的数据、语音交流，以及实时视频通信，并能够对人员精确定位，将现场的画面和数据实时回传给指挥中心，以此作为现场决策的重要依据。

◆　移动应急指挥网络

目前的无线调度网络使用的是数字集群或模拟集群网络，只能保障语音通信，即便是国内引入的 Tetra 数字集群网络，最高也只能达到 28.8Kbps 的低速，无法满足公安、交警、城管人员将现场实时图像传给总部，或者在办案过程中调用总部数据库核查数据的需求。

无线网状网恰好可以填补宽带数据传输的空白，满足公安、交通、城管、医疗救护的人员对移动数据库调度、车载视频监控、车辆/人员定位、移动指挥车等业务的需求。

◆　铁路、地铁视频应用

对地铁站台的监控已经基本得到实现，但随着铁路、地铁系统对安全运营的进一步重视，列车、地铁、城铁行驶中车厢内的视频监控成为新的需求。

在这种情况下，无线 Mesh 网可以做到一网多用。首先它可以解决铁路、地铁的安全运载问题，实现行驶列车车厢内的视频监控，其次还可以为乘客提供高速移动状态下的多媒体服务、定位服务，如在火车、城铁、地铁上为乘客提供网络电视、高速网络互动、到站提示、车辆定位、实时影视等各类服务。

◆　3D 定位服务

无线 Mesh 网络支持独立于 GPS 的三维定位，可以用 X、Y、Z 坐标表示定位，也可以用经度、纬度、海拔表示定位。对于时速 200 公里的车辆，定位精度小于 10m，可以为公共安全相关客户、邮政、快递公司、民航、保险业、租车公司、旅游公司等提供精确定位服务。

◆　大型会议、赛事的网络应用

在大型赛事中，于任何时间、任何地点，都可享受任何形式的信息服务是基本的需要。对此，虽然 3G 可以为用户提供各类宽带服务，但对于来自世界各地的人员来讲，国际漫游或临时购买本地号码都是不经济、不方便的解决手段。

临时场所，传统布线方式成本过高且难以布线。比如：深圳市高交会场所、新闻发布会和临时联网售票系统等。

新闻采访，特别要求时效性和动态性。这正是无线网络的优势，视频、音频和文本数据可以即时传送到数据中心处理。

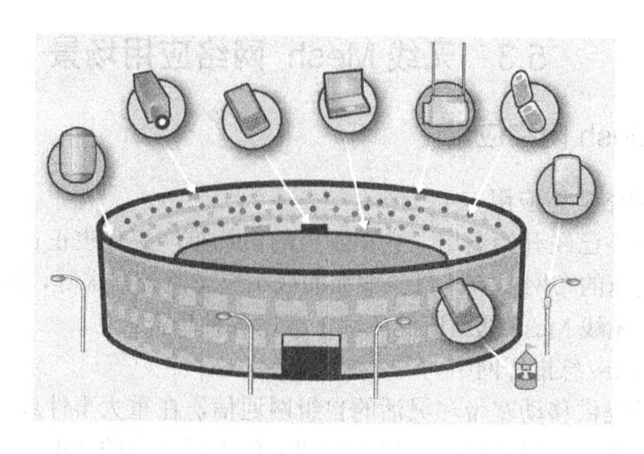

图 5-2　体育场馆应用

◆ 满足运营商的需求

新兴（或小型）的运营商面临的主要问题是如何利用较少的网络资源提供最有特色的增值服务。

相对而言，无线网状网的建网成本远远低于 GSM、CDMA、3G。它的应用非常灵活，而且还有更多的无线电子商务、电子政务、智能交通的应用正在进一步的开发当中。因此，无线网状网可以为国内的新兴（或小型）的运营商、无线 ISP 提供一些新的发展机遇，使他们能为特定的市场开展多种无线增值服务。

◆ 在不能使用传统布线方式的地方

无权铺设线路、布线破坏性很大、布线成本过高的网络环境，如：港口、石油工业、地质矿山、煤炭、森林、水利、渔业、武警边/海防、医院、仓库、建筑古迹等。

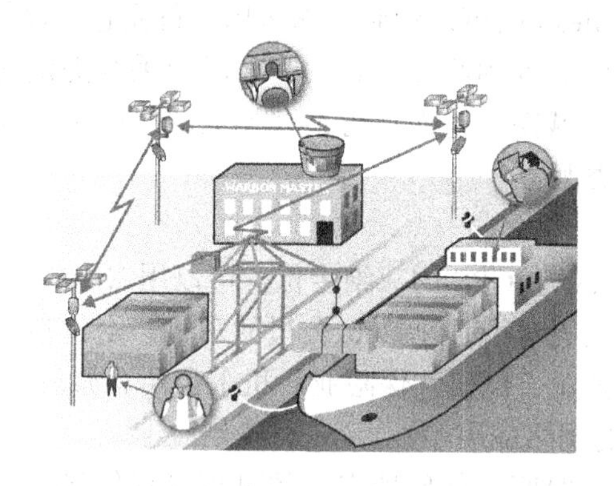

图 5-3　港口应用

2. 无线 Mesh 网络在异构环境下的应用

除了上述应用，基于 Mesh 的无线网络可以在不同的异构环境下提供多种服务，可在企业的办公环境中将办公室电话或者手机进行整合。可在家庭环境中，将娱乐和影音结合起来，还可在公共场所等诸多领域都具有广阔的应用前景。

5.3.2　无线 Mesh 网络前景

随着集成了 Wi-Fi 功能的笔记本电脑、手机以及其他电子产品日益增多，人们对无线宽带网络的依赖也不断增强。现在一些机场、酒店、咖啡厅等公共场所已部署了 Wi-Fi“热点”，可为网络用户提供便利的网上冲浪条件。但“热点”数量毕竟有限，覆盖范围和移动性等因素在一定程度上制约着 Wi-Fi 应用的发展。而无线 Mesh 技术的成熟，可使 Wi-Fi 在传输距离和移动性方面获得提升，给 Wi-Fi 应用发展带来新的机会。

与传统的无线网络相比，无线 Mesh 是一种低成本、高带宽技术，在无线 Mesh 网络中，每个节点都可以与一个或者多个对等节点进行直接通信，因而能为网络用户提供更大的覆盖范围、更高的吞吐率和更好的故障恢复性能。无线 Mesh 技术利用无线宽带接入，可覆盖校园、市区乃至整个城市。基于此，Wi-Fi 应用可以扩展到无线视频、无线 VoIP、无线远程监控等更多领域。

无线 Mesh 技术的诸多价值点使业界对其寄予厚望。奥维通公司的 O'Neal 表示，Mesh 是 Wi-Fi 实现更大领域覆盖的发展趋势。北电公司无线网状网产品部总监 Jagernauth 也指出：“无线 Mesh 技术是一个飞跃。以前的 AP 都需要有线连接，但是现在每个 AP 之间可以无线从空中连接，这是最大的突破点。”而即将出台的 IEEE Mesh 网络标准 802.11s 无疑将激起又一轮 Wi-Fi 应用研发热潮。

摩托罗拉公司网状网部门技术副总裁 Joe Hamilla 表示：“802.11s 得到批准后，将会使网状网络的概念无处不在。我们预计明年其需求将会剧增，并很快成为主流。”

预计新的 Mesh 标准不仅会被城域 Wi-Fi 系统所采用，而且可能被用于家庭、路由器、网关甚至消费电子设备。

在部署应用方面，由于无线 Mesh 技术的及时性和延展性等优点，使其在区域无线网络连接中获得广泛认可。美国的旧金山、费城等多个城市已经采用该技术建设覆盖整个城市的无线网络，以期实现同时提供无线宽带、市政管理和公共安全等功能的服务。2006 年德国世界杯期间，Avaya 公司采用 Firetide 公司无线 Mesh 产品提供的网络语音服务技术，使得此次世界杯成为迄今为止传播速度最为迅速，网络最为稳定，科技含量最高的一次盛会。

在中国，无线 Mesh 网络的应用部署也已起步。目前清华大学、青岛海洋大学都已完成覆盖。台湾地区的台北、新竹也已经开始了无线 Mesh 网络的试运行。天津技术开发区也已采用北电的无线 Mesh 解决方案在全区范围内部署。据悉，部署完成后的天津开发区无线 Mesh 网络将实现多达 200 个监控点，覆盖 30 平方公里范围的无线视频监控。

对于运营商而言，Wi-Fi Mesh 技术作为一种覆盖范围广的非视距传输覆盖技术，能够很好地弥补现有网络的不足，向运营商提供新的网络构成方式、盈利模式，并能够与今后的 3G 网络形成相互的补充。随着电信市场的发展，Wi-Fi Mesh 技术将是固网与移动网络融合的一个切入点，并将成为三家运营商热点争夺的对象及大客户的数据业务的核心。

根据易观国际研究，随着无线城市的建设需求，中国无线 Mesh 市场从 2008 年起会得到迅速发展，至 2011 年的累计市场规模可超过 20 亿人民币。中国无线市场规模发展如图 5-4 所示。

在未来，无线 Mesh 网络将与 WiMAX、3G/4G 等网络完全融合，全面提升无线网络的质量。同时与无线传感器和社区网络结合在一起，组成综合性网络，使用户能够全面享受无线网络的便利和精彩。

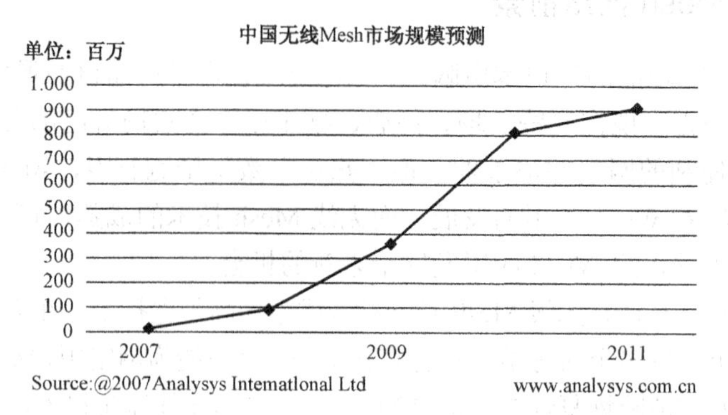

图 5-4　中国无线 Mesh 市场规模发展

思　考　题

1．什么是 Mesh 网络？

2．简述无线 Mesh 网络的特点？

3．无线 Mesh 网络的优势有哪些？

4．举例说明身边无线网状网的应用场景。

第 6 章　802.11 Mesh 网络的规划与设计

无线网络的带宽有限，复杂的时变信道特性以及开放的通信环境，都将导致节点的信号互相干扰，要提供保证服务质量的服务，必须采用有效的网络管理和组网技术，提高链路容量和网络传输效率。本章对无线 Mesh 网络的组网技术介绍包含了如下几个主要方面：网络规划设计、设备配置和部署、覆盖设计、频率规划和容量设计以及路由协议设计。

6.1　Wi-Fi-Mesh 组网方式

传统的无线接入技术中，主要采用点到点或者点到多点的拓扑结构。这种拓扑结构一般都存在一个中心节点，例如移动通信系统中的基站、802.11 WLAN 中的 AP 等。中心节点一方面与各个无线终端通过单跳无线链路相连，控制各无线终端对无线网络的访问；另一方面，中心节点又通过有线链路与有线骨干网相连，提供到骨干网的连接。

在无线 Mesh 网络中，各网络节点通过相邻的其他网络节点以无线多跳方式相连。目前，普遍认为无线 Mesh 网络包含两类网络节点：具有 Mesh 路由器功能的 AP 和没有 Mesh 路由功能的 AP。具有 Mesh 路由功能的 AP 除了具有传统的无线路由器的网关/中继功能外，还支持 Mesh 网络互联的路由功能。该类 AP 通常具有多个无线接口，这些无线接口可以基于相同的无线接入技术，也可以基于不同的无线接入技术。与传统的无线 AP 相比，它可以通过无线多跳通信，以更低的发射功率获得同样的无线覆盖范围。

无 Mesh 路由功能的 AP 也具有一定的 Mesh 网络互联和分组转发功能，但是一般不具有网关桥接功能，通常只具有一个无线接口，实现复杂度远小于 Mesh 路由器。最常见到的网状网拓扑结构有点对点、点对多点和多点对多点网状网及各种混合性拓扑等。网络拓扑结构的设计主要是确定各种设备以什么方式相互连接起来。根据用户业务类型、用户数量、覆盖范围、频率选择、未来的扩展性和升级管理等综合因素来确定网络的规模、网络体系结构、所采用的协议、扩展和升级管理等各个方面因素。拓扑结构的设计直接影响到网络的性能。

6.1.1　无线 Mesh 网络设备介绍

宽带无线网状网常用的设备分单射频 AP、双射频 AP 和多射频 AP 三种类型。当前市场中常见的无线 Mesh 厂家有：摩托罗拉、Strix Systems、Belair Networks、思科、Tropos Networks 等。本教材以 Belair Networks 的 BA 系列设备为例。

BA 系列是可在室外–30~60℃温度下工作，具有优异性价比的电信级无线宽带接入的无线局域网覆盖设备。BA 系列支持各种高速、宽带接入服务，如视频接入、语音接入和高速数据服务等。设备符合 802.11b/g 标准，采用 OFDM（正交频分复用）技术，具有速率高、距离远等特点。该系统提供多种安全机制保证数据在公共网络的安全性，如：支持 WPA、基于 802.1x 认证机制、MAC 访问控制、WEP 加密等，具有独特的防水防尘设计，尤其适合室外应用，可以在抱杆、灯柱和墙面上安装。

（1）单射频无线 AP

单射频 AP 可以作为有线的终止节点和无线的端点应用。单射频 AP 内含 1 个 2.4GHz 接入模块，单射频无线 AP 不具有 Mesh 路由功能。

频率和发射功率：2.4～2.4835 GHz，36 dBm EIRP。产品结构及外形如图 6-1 所示。

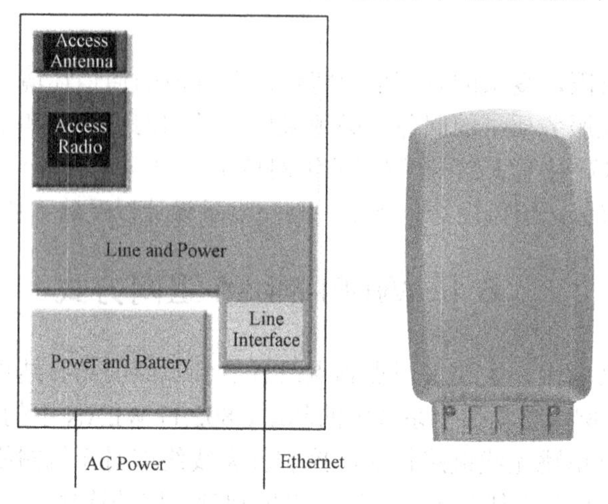

图 6-1 单射频无线 AP

（2）双射频无线 AP

双射频的 AP 可以作为有线的终止节点和无线端点应用。双射频的 AP 内含 2 个无线模块，其中 1 个 2.4GHz 接入模块，所谓接入模块（ARM，Access Radio Model）指汇聚接入用户的无线模块，1 个 5.8GHz 回程模块，所谓回程模块（BRM，Backhaul Radio Model）是指把接入的用户业务进行上传的模块。双射频无线 AP 不具有 Mesh 路由功能。

频率和发射功率：接入模块 2.4～2.4835 GHz, 36 dBm EIRP；回程模块 5.725～5.825 GHz, 32 dBm EIRP。产品结构及外形如图 6-2 所示。

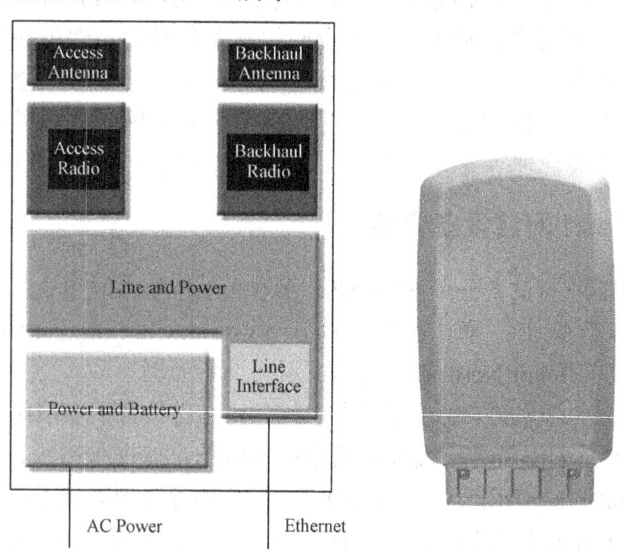

图 6-2 双射频无线 AP

（3）多射频无线 AP

多射频无线 AP 是高容量设备，通常情况下作为 Mesh 网的核心节点使用，多射频无线 AP 内含 4 个高性能无线模块，其中 3 个 5.8GHz 回程模块，1 个 2.4GHz 接入模块。多射频无线 AP 具有 Mesh 路由功能。频率和发射功率：接入模块 2.4～2.4835 GHz, 36 dBm EIRP；回程模块 5.725～5.825 GHz, 32 dBm EIRP。

产品结构及外形如图 6-3 所示。

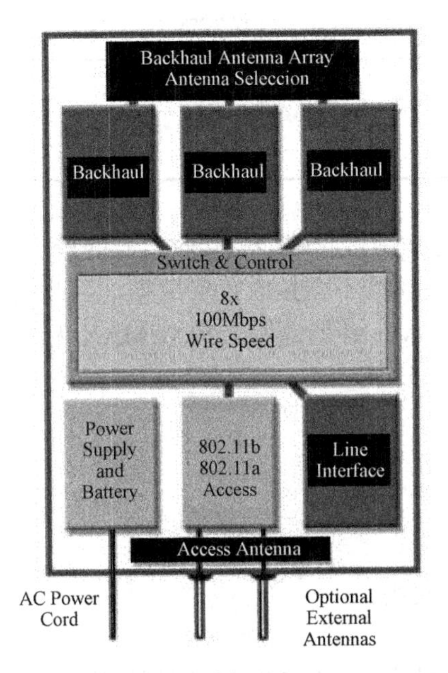

图 6-3　多射频无线 AP 产品结构及外形

（4）WiMAX 无线 AP

WiMAX 无线 AP 是具有 WiMAX 模块的一款高容量设备，通常情况下作为 Mesh 网的核心节点使用，内含 6 个无线模块，其中 3 个 WiMAX 回程模块，2 个 GSM/EDGE 模块，1 个 Wi-Fi 或 WiMAX 接入模块，适合为 GSM 移动运营商提供数据接入的网络覆盖。产品外形同 BA200。

（5）产品主要性能描述

无线 Mesh 产品均采用模块化设计，因此产品具有很好的一致性和可扩展性。无线模块的主要指标如表 6-1 所示。

表 6-1　无线模块性能指标

模块名称	ARM 模块	BRM 模块	MRM 模块
采用标准	802.11b/g Wi-Fi	802.11a Wi-Fi	WiMAX
频率，信道	Channel: 美国：1～11 欧洲：1～13	U-NII-2：5.25～5.35 GHz Channel：53～67 U-NII-3：5.725～5.850 GHz	2.5～2.7 GHz 载波带宽：1.25～10 MHz

续表

模块名称	ARM 模块	BRM 模块	MRM 模块
	日本：1～14	Channel: 148～172 ISM：5.47～5.725 GHz Channel：100～147	
接收灵敏度	-94～-100 dBm	-71～-90 dBm	-75～-102 dBm
最高调制速率	54 Mbps	54 Mbps	40 Mbps
最大吞吐量	802.11b 5 Mbps 802.11b/g 10 Mbps 802.11g 22 Mbps	24 Mbps	28 Mbps

其中，接收灵敏度是无线设备一个重要性能指标，是接收端能够接收信号的最小门限值，当接收端的信号能量小于标称的接收灵敏度时，接收端就不会接收任何数据，因此接收灵敏度越高，传输的距离就越远。MRM 是 WiMAX Radio Model 的缩写，指 WiMAX 无线模块。

6.1.2 无线 Mesh 组网模式类型

无线 Mesh 的基本组网方式有三种：

◆ 多点对多点方式

由单射频设备组成，通常只有 1 个 2.4GHz 接入模块。

◆ 点对多点方式

由双射频设备组成，通常含有 1 个 2.4GHz 接入模块，1 个 5.8GHz 回程模块。

◆ 点对点方式

由多射频设备组成，通常含有 1 个 2.4GHz 接入模块，2～3 个回程模块。

网络规划时需根据具体业务的需求选择不同的组网方式，如图 6-4 所示。

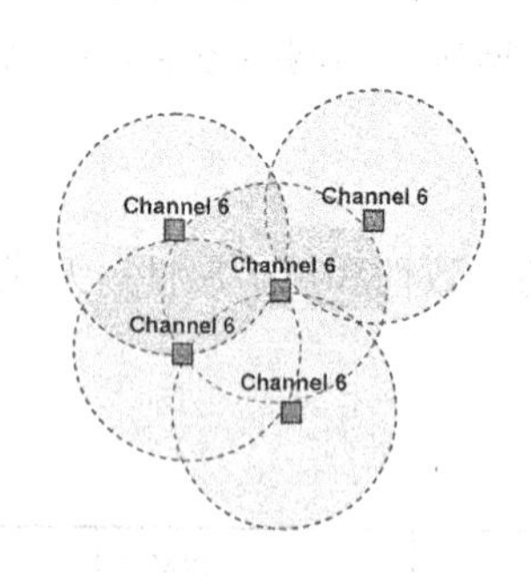

单射频共享模式-M2M，
BA100-01
适合低速数据需求

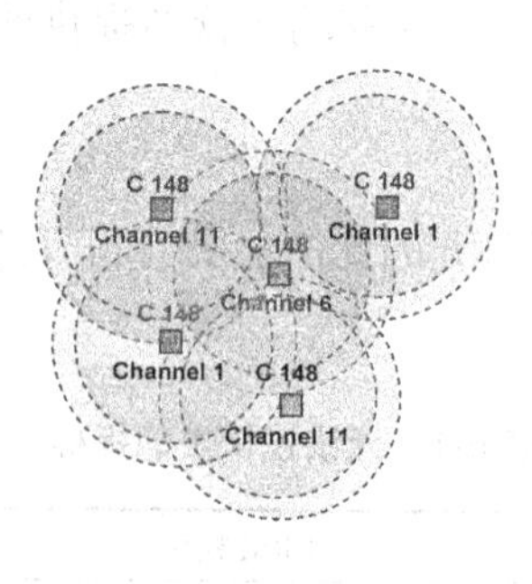

双射频共享模式-M2M，
BA100-01
适合数据和部分语音需求

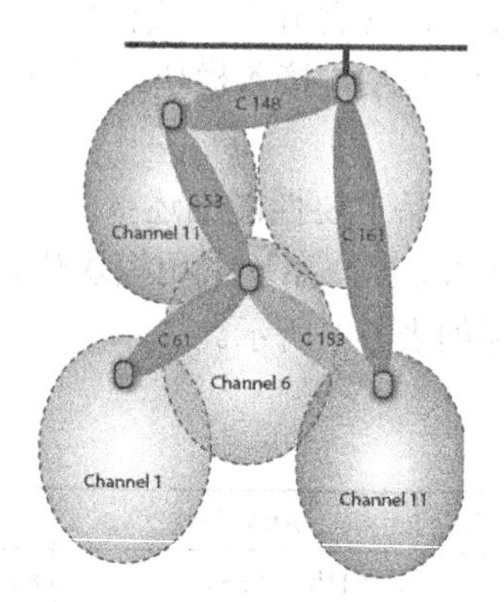

多射频交换模式-MP2P，
BA200、BA300
适合多媒体业务需求

图 6-4 无线网状网拓扑类型

1. 多点对多点—单射频 AP 模式

多点对多点组网方式是指网络中的任何节点 AP 都可以和其他节点进行通信，该组网方式通常采用单射频设备，该模式为低成本的网络部署模式，在这种模式下，所有的节点都使用 2.4GHz 中的同一信道，并且这一信道既用来接收数据，又用来回传数据，如图 6-4 所示。无线通信协议采用 TDD 方式，意味着发送和接收不能同时工作。为了避免节点间发生碰撞，采用 CSMA/CD 避免碰撞机制，即每个无线模块在发送数据之前需要先侦听，如果信道忙，则采取退避措施，等信道空闲后再进行发送。

这种组网模式在某一时刻，只能有一个无线 AP 工作，例如当图 6-4 中的节点 4 传送数据时，其他的任何节点都不能发送和接收数据，这样降低了网络的容量，增加了时延和抖动，碰撞将会给网络带来不可预知的时延。

图 6-5 中的笔记本（节点 3）传送数据包到有线出口点时，它需要经过节点 3、节点 4 和节点 1。在用户数据传到节点 3 之前，需要侦听信道的忙闲，当信道忙时，那么用户需要等待，直至信道空闲。因此用户数据包在传送过程中会产生大量的拥塞，节点数量越多，拥塞越大，整个网络容量就越低。

这种多点对多点共享模式，适合小区域里面无延时要求的低速数据业务，如传感器和读表业务。

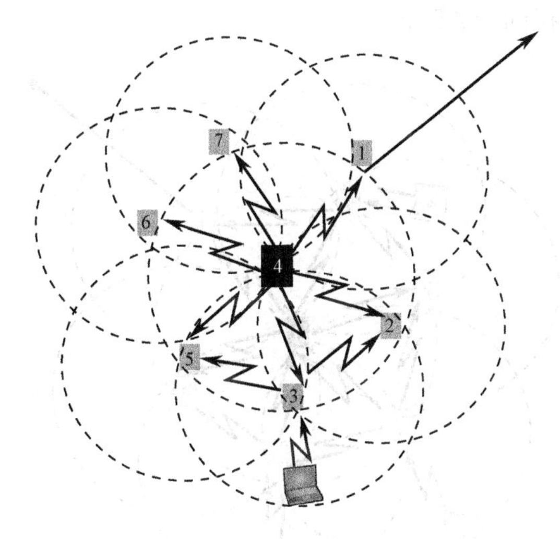

图 6-5　单射频模式

网络特点：

◆ 所有节点的接收和发射都工作在同一个频率上；
◆ 接入和回程都使用同一频率；
◆ 无线通信是半双工 TDD 方式；
◆ 为了避免碰撞，采用 CSMA/CD 协议。

2. 点对多点—双射频模式

点对多点拓扑模式是指网络的节点 AP 需要和几个节点进行通信，该模式下一般采用双射频设备，设备具有两个无线模块，接入和回程使用不同的频率，接入使用 2.4GHz，回程使用 5.8GHz，避免了接入和回程对信道的竞争，可以同时接收数据和发送数据，由于 AP 之间的通信通过回程进行连接，因此每个 AP 的接入模块可以采用不同的信道，这样就增加了系统的容量，避免了竞争和干扰。

由于回程模块不需要与 Wi-Fi 终端进行连接，因此回程模块可以达到最大吞吐量。工作在 Mesh 模式下的回程通信，必须使用同一信道，为了避免回程碰撞，回程模块启用 CSMA/CD 协议。碰撞的发生降低了系统的容量，增加了延时和抖动，因此这种模式不适合语音和视频业务。

图 6-6 中与节点 5、节点 3 和节点 7 连接的计算机需要将数据传送到有线出口点，由于每个 AP 使用独立的接入信道，因此用户数据传送到各自节点时，不需要等待，但是当节点 5、节点 3、节点 7 进行回程传输时，需要侦听、等待，因此双射频模式与单射频模式类似，网络中的节点数量越多，拥塞就越大，整个网络容量和性能就越低。

网络特点：

- 接入模块和回程模块工作在不同的载频，各自独立工作；
- 接入和回程的延时是分离的；
- 所有的 AP 之间的通信将工作在 802.11a 最大的速率；
- 802.11a 的延时低于 802.b 和 802.b/g 混合；
- 回程传输下存在不同 AP 回程间的竞争；
- 接入竞争仅发生在同一 AP 下。

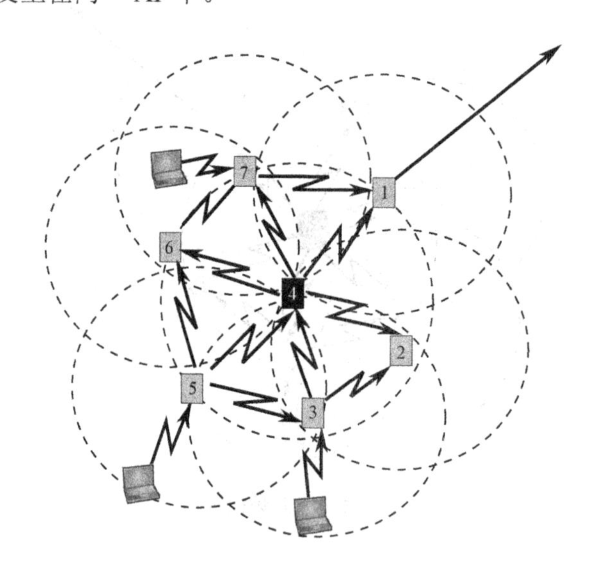

图 6-6　双射频模式

3. 点对点—多射频模式

点对点拓扑模式是指网络中的节点 AP 只能和某一个指定的节点进行通信，该模式通常采用多射频设备，网络中任何节点的接入模块均采用不同的信道，回程链路采用定向点对点连接方式，每个回程点对点连接均采用不同的信道，这样就避免了节点间的碰撞。

多射频模式下每一个模块在发送或接收数据时都是独立的，不需要侦听、等待。这种点对点回程的吞吐量可以到达 24 Mbps，远远高于多点对多点模式的 11Mbps 带宽。

图 6-7 中的数据用户在发送数据时，无论在接入链路，还是在回程链路，由于均采用独立

信道，因此不需要侦听、等待，直接进行数据的接收和发送。在这种模式下随着网络中节点的增加，网络容量也将会增加。

这种点对点模式下不会发生碰撞，这就意味着低时延和低抖动，非常适合实时性要求高的业务（如语音和视频业务）。

网络特点：

- 接入模块使用不同的信道；
- 每个回程使用不同的信道；
- 接入和回程不发生碰撞；
- 定向回程链路具有较高的吞吐量；
- 低延时和低抖动。

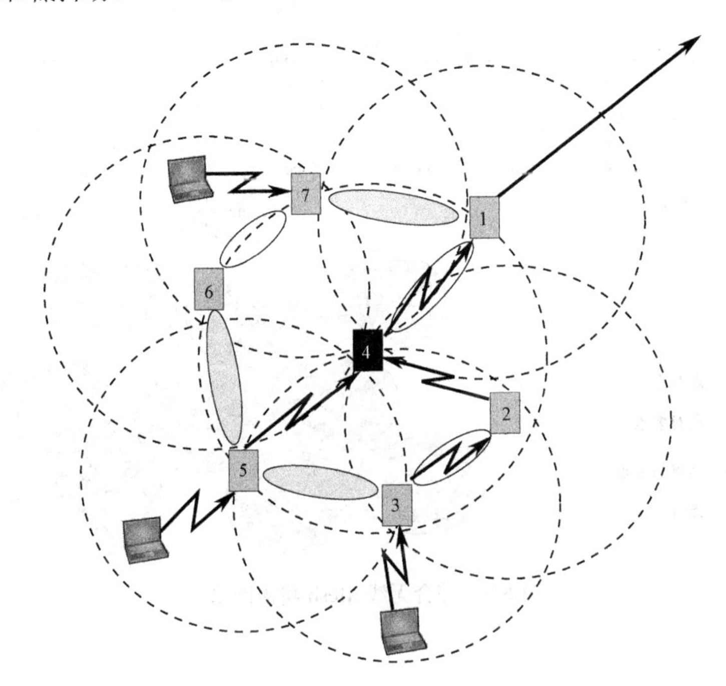

图 6-7　多射频模式

4. 综合无线 Mesh 网络

在搭建一个大的城市无线网络时，要进行分层设计。图 6-8 中的 WMN 网络分为 3 层，第一层是连接到有线网络的 Super Zone，组成 Super Zone 的 AP 通常由 3～4 射频模块的 AP 组成；第二层由与 Super Zone 中 AP 相连接的 AP 组成，这类 AP 通常由 2～3 射频模块的 AP 组成，称作 Zone；第三层是最末端，称为 Cluster，由单射频模块的 AP 组成。

多点对多点模式通常作为网络的最末端 Cluster，Cluster 区域里所有的 AP 都是 2.4G，每个 AP 之间都通过相同的信道进行通信。这种模式的网络成本最低，适合仅有数据需求的业务，如仅对连接性有要求的移动网络，用于数据传输率非常低的大型传感器网络和抄表网络。

第二层 Zone 的回程拓扑模式为点到多点，Zone 中的 AP 通过点对多点方式与几个 Cluster 进行连接，Zone 区域中的用户由于不需要与回程共享 2.4G，因此可以提供比 Cluster 高的带宽流量，但仍不适合对实时性要求高的业务。

最高层 Super Zone 的回程拓扑模式是点对点，即 Super Zone 中的 AP 通过点对点方式与 Zone 中的 AP 进行通信。这样可以保证每个回程链路工作在最大带宽 25～30Mbps，不需要共享，因此时延最小，可以为用户提供高速数据业务和对实时性要求高的业务，如语音和视频业务。

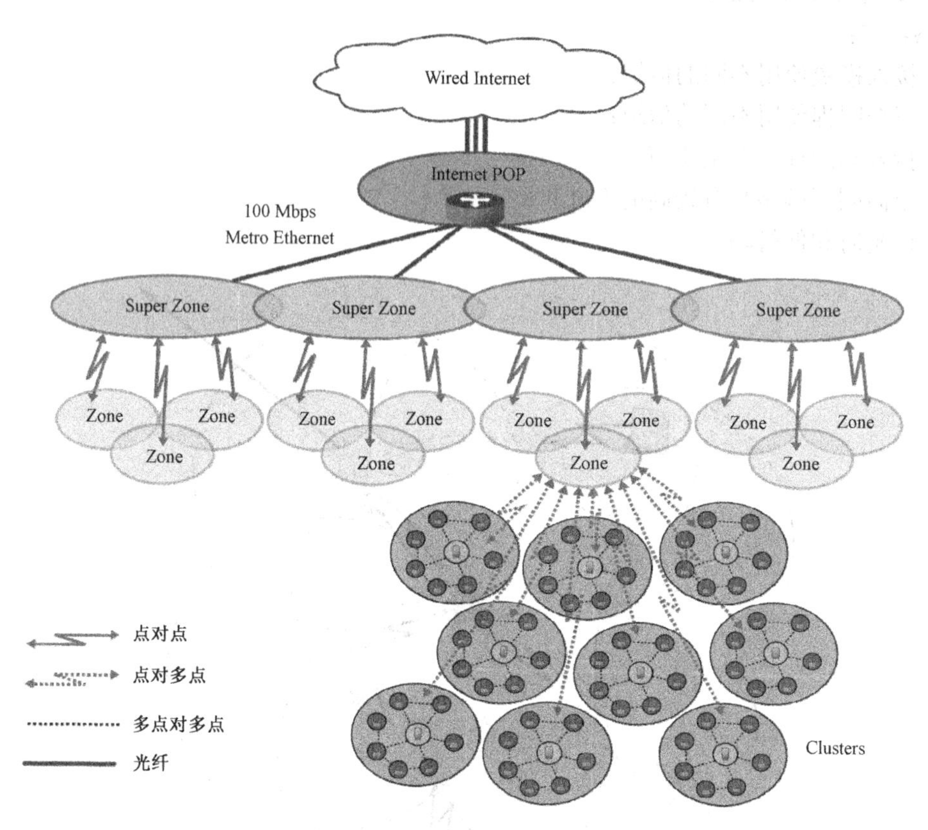

图 6-8　综合无线 Mesh 覆盖网络

6.2　频率设计

6.2.1　无线 Mesh 网络频率

国际上将 802.11 协议使用的频率进行了规范，如表 6-2 所示。

表 6-2　802.11 频率规范

标准	最大速率（Mbps）	典型吞吐量（Mbps）	频率范围（GHz）	信道
802.11a	54	20～25	5.15～5.25	36, 40, 44, 48
			5.25～5.35	53～67
			5.725～5.875	148～162
			5.47～5.725	148～172

续表

标准	最大速率（Mbps）	典型吞吐量（Mbps）	频率范围（GHz）	信道
802.11b	11	5	2.4～2.5	美国 1～11 欧洲 1～13 日本 1～14
802.11g	54	10～20	2.4～2.5	美国 1～11 欧洲 1～13 日本 1～14
802.11n	540	200	2.4 或 5	

除了上述频率，很多国家在公共安全领域采用了 4.9G 频率，以提高网络的安全性和保密性。

1. 2.4GHz 频率的划分

如图 6-9 所示。

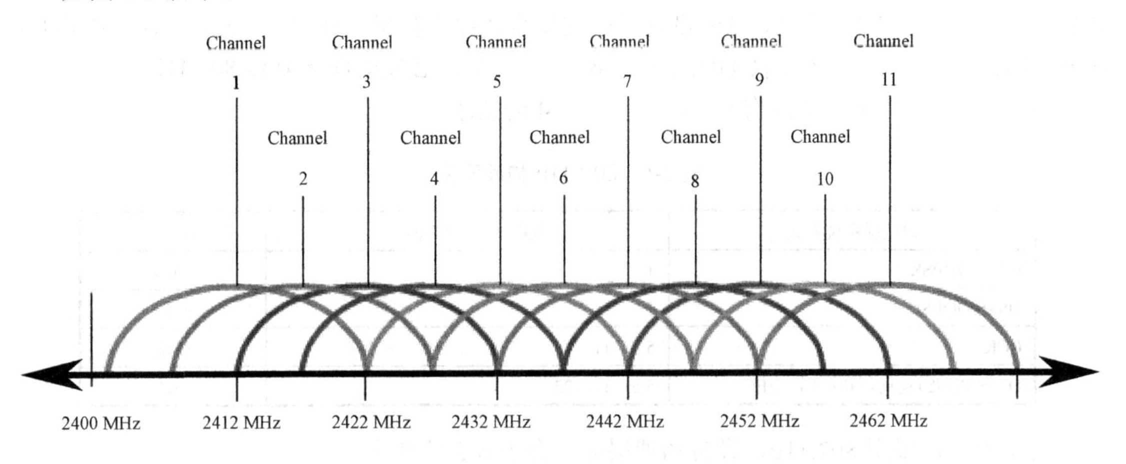

图 6-9　2.4GHz 频率的划分

（1）工作频率范围

工作频率范围为 2400~2483.5 MHz，此频段由无线局域网与其他无线接入系统、蓝牙技术设备，以及点对点或点对多点扩频通信系统等共用。

（2）信道划分

2.4GHz 频段可用带宽为 83.5 MHz，划分为 13 个信道，每个信道带宽为 22 MHz，其具体信道配置方案见表 6-3。在实际建网进行频率规划时，相邻小区应尽量使用互不交迭的信道以减小干扰。

表 6-3　2.4GHz 频段 PWLAN 信道配置表

信道	中心频率/ MHz	（信道低端/高端频率）/ MHz
1	2412	2401/2423
2	2417	2411/2433
3	2422	2416/2438
4	2427	2421/2443

续表

信道	中心频率/ MHz	（信道低端/高端频率）/ MHz
5	2432	2426/2448
6	2437	2431/2453
7	2442	2431/2453
8	2447	2436/2458
9	2452	2441/2463
10	2457	2441/2468
11	2462	2451/2473
12	2467	2456/2478
13	2472	2461/2483

（3）物理层要求

2.4 GHz 频段无线局域网空中接口物理层必须符合 802.11b 或 802.11g 或同时符合二者的规定：对于支持 802.11b 的 WLAN 设备必须支持直接序列扩频（DSSS）方式，不应采用跳频扩频（FHSS）方式；对于支持 802.11g 的 WLAN 设备，必须能向下兼容 802.11b 的设备；若空中接口采用 802.11b，设备物理层应符合表 6-4 的要求。

表 6-4　802.11b 物理层要求

物理层实现方式	数据速率（Mbps）	强制性
DSSS/DBPSK	1	必选
DSSS/DQPSK	2	必选
CCK	5.5，11	必选
DSSS/PBSS+前向纠错编码（FEC）	5.5，11，22	必选

若空中接口采用 802.11g，设备物理层应符合表 6-5 的要求。

表 6-5　IEEE802.11g 物理层要求

物理层实现方式	数据速率（Mbps）	强制性
CCK	1，2，5.5，11，	必选
OFDM	6，9，12，18，24，36，48，54	必选
CCK-OFDM	6，9，12，18，24，36，48，54	可选
CCK-PBCC	5.5，11，22，33	可选

工作在 2.4GHz 频段的公众无线局域网（PWLAN）的无线设备应该能够根据无线信道的好坏，自动选择相应的速率，当信道特性变化时，可以自动实现动态速率切换，不同厂家的 AP 和 STA 设备必须能够配合实现速率切换。

2．5.8 GHz 传输层

（1）工作频率范围

无线局域网设备在 5.8 GHz 频段的工作范围为 5725~5850 MHz。

（2）信道划分

5.8 GHz 频段可用带宽为 125 MHz，划分为 5 个信道。WLAN 具体信道配置方案见图 6-10 和表 6-6。在实际建网进行频率规划时，相邻小区应尽量使用互不交迭的信道以减小干扰。

信道中心频率为：5000+5*n*（MHz），其中，*n*=149，153，157，161，165。

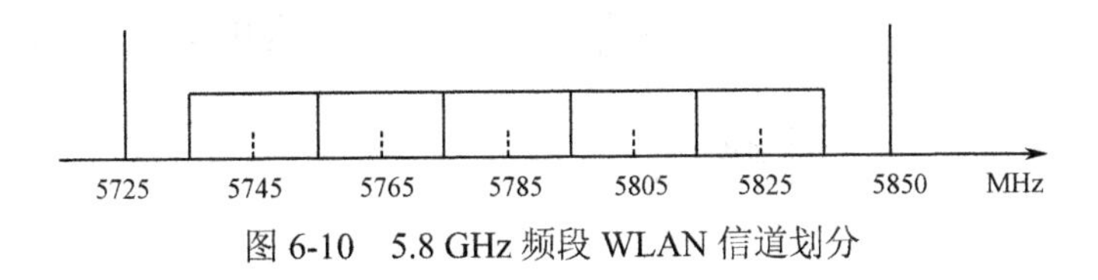

图 6-10　5.8 GHz 频段 WLAN 信道划分

表 6-6　5.8 GHz 频段信道配置频率表

信道	中心频率/ MHz	（信道低端/高端频率）/ MHz
1	5745	5 735/5 755
2	5765	5 755/5 775
3	5785	5 775/5 795
4	5805	5 795/5 815
5	5825	5 715/5 835

（3）物理层要求

5.8 GHz 频段 WLAN 空中接口物理层必须符合 802.11a 的规定：

5.8 GHz 频段无线局域网采用的调制方式为 OFDM，设备应支持 8 种速率等级（54Mbps，48 Mbps，36 Mbps，24Mbps，18 Mbps，12 Mbps，9 Mbps，6 Mbps），系统使用 52 个子载波，可以采用 BPSK，QPSK，16QAM 和 64QAM 调制方式，卷积编码速率为 1/2，2/3 和 3/4。

工作在 5.8 GHz 频段的无线局域网的无线设备应该能够根据无线信道的好坏，自动选择相应的速率。当信道特性发生变化时，可以自动实现动态速率切换，不同厂家 AP 和 STA 设备必须能够配合实现速率切换。

6.2.2　频率设计指导

好的频率规划可以避免系统之间、扇区之间的干扰，提高系统的容量和覆盖率。

1. 接入频率方案选择

为了避免干扰，设计接入覆盖时尽量选择非重叠覆盖的信道。

方案 1：Channel 1，6，11

802.11b 标准包含了几个非重叠的信道，在美国这几个非重叠信道为 1, 6 和 11, 在欧洲为 1, 7 和 13。非重叠信道的使用减小了邻频干扰，因此在设计网络时不需要特别考虑在邻近的区域使用相同的信道。

在邻近的区域使用相同的频率，不会造成干扰，但会降低 AP 的吞吐量。图 6-11 中 Channel 11 的重叠区，由于载波侦听使得通信被抑制。但如果重叠区域是电梯或墙，将会改善网络的吞吐量，它起到了隔离的作用。

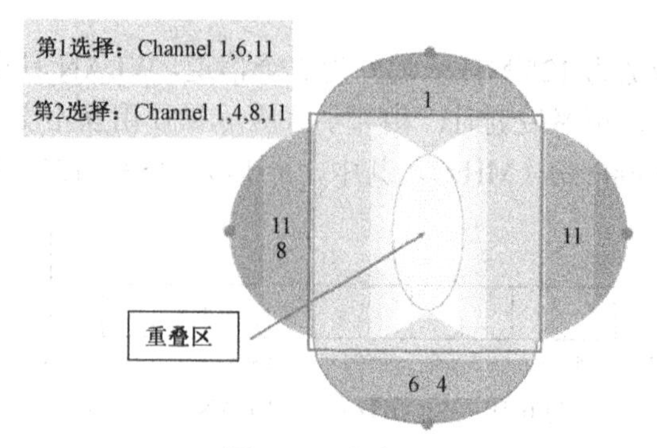

图 6-11　方案 1

方案 2：Channel 1，8，4，11

为了增加一些灵活性，也可以采用 4 个信道的方式，这样既减少了频率复用，又增加了网络容量。这种方式要特别注意 4 和 8 信道的位置。如图 6-12 所示。

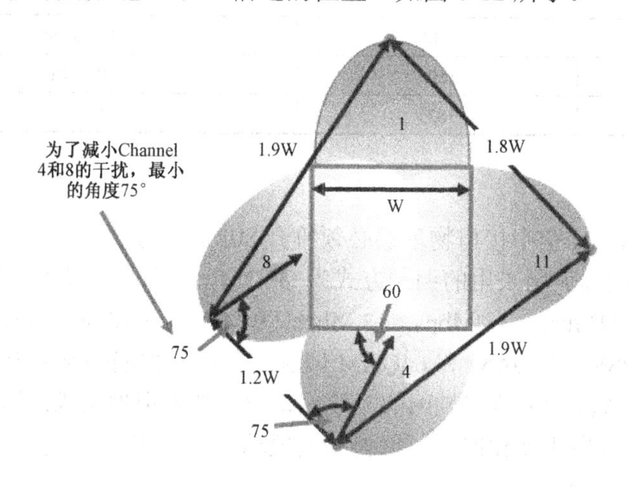

图 6-12　方案 2

2. 回程频率设计

当完成接入覆盖后，要开始回程频率的设计，视距传输是理想的，但并不是必需的，尤其是短距离的连接，可以使用衍射波进行回程连接。

（1）回程链路的连接配置

◆ 相同信道；

◆ 相同链路标识；

◆ 相同加密方式或非加密方式。

（2）信道划分

5.8 GHz 频段可用带宽为 125 MHz，每个信道带宽为 20 MHz。在实际建网进行频率规划时，相邻小区应尽量使用互不交迭的信道以减小干扰。

信道中心频率为：5000+5*n*（MHz），其中，*n* 为 Channel 编号，如 149，153，157，161，165。

（3）相邻 AP 需要间隔

相邻 AP 需要间隔 4 个 Channel，同一 AP 内的回程模块间隔 8 个 Channel，以避免邻频干扰。如图 6-13 所示。

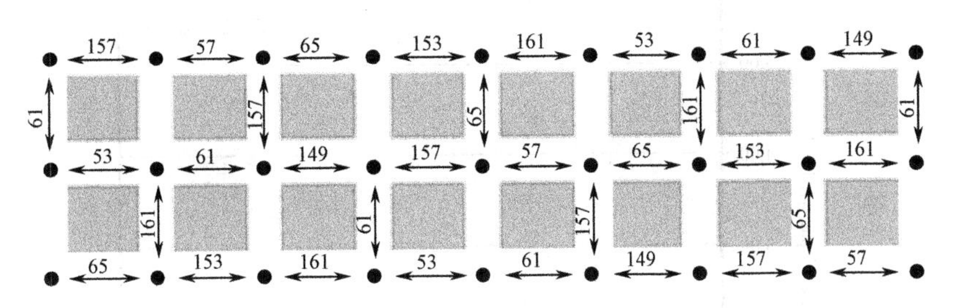

图 6-13　回程频率规划

6.3　无线网状网吞吐量及容量设计分析

6.3.1　无线 Mesh 网络容量

1．单射频 Mesh 网络容量

单射频 Mesh 网络中的每一个节点 AP 都支持本地 Wi-Fi 的客户接入和转发业务给其他 Mesh 节点，这种模式下射频模块既可接入又可回程传输，这是部署无线 Mesh 基础网络成本最低的方式。然而，由于每个 AP 使用一个全向天线和其他相邻的 AP 通信，那么本地用户发出的每一个数据包都需要在相同的信道上重复发送，并发送到至少一个邻近的 AP 上，然后由邻近的 AP 再转发到其他 AP 节点，直至有线网络。数据包的转发产生大量的业务，当 AP 数量越多，需要转发的业务量就越大，而用户的容量越低。

在这种拓扑模式下，系统容量介于 $1/N$ 倍的信道容量和（1/2）^{N}倍信道容量之间，其中 N 是客户到有线点的无线跳数。

图 6-14 展示了在这两种等式下的 AP 容量，当增加 AP 的数量和增加跳数的时候，用户的容量明显降低。图中假定用户工作在 802.11b 模式下，传输速率 11 Mbps，吞吐量 5 Mbps，这 5Mbps 的吞吐量是由接入和回程共享的。纵轴的变化反映吞吐量的变化。$1/N$ 是最理想的模式，当 AP 增加时，系统的容量也迅速下降，不支持大规模的无线覆盖。

单射频 WMN 系统即使采用一些用来优化转发、减少不必要传输的 Mesh 协议，也不可能达到最好的 $1/N$ 倍的吞吐量，因此对于今天的要求提供宽带的基础 WMN 网络是远远不够的。

上述仿真分析是比较理想的情景，它假设 WMN 网络的完美转发，没有干扰和频率信道的完美协调，这绝不会发生，因此，现实网络中的吞吐量和能力通常会更低。

2．双射频 Mesh 网络

在双射频 Mesh 网络中，每个 AP 具有两个不同频率的无线射频模块，一个射频模块用来完成客户接入，另一个用来完成回程的传输。由于工作的频率不同，他们可以同时工作，不产生冲突碰撞。典型的配置是 2.4 GHz 无线模块用来作为客户的 Wi-Fi 接入，5 GHz 无线模块用来完成回程传输。

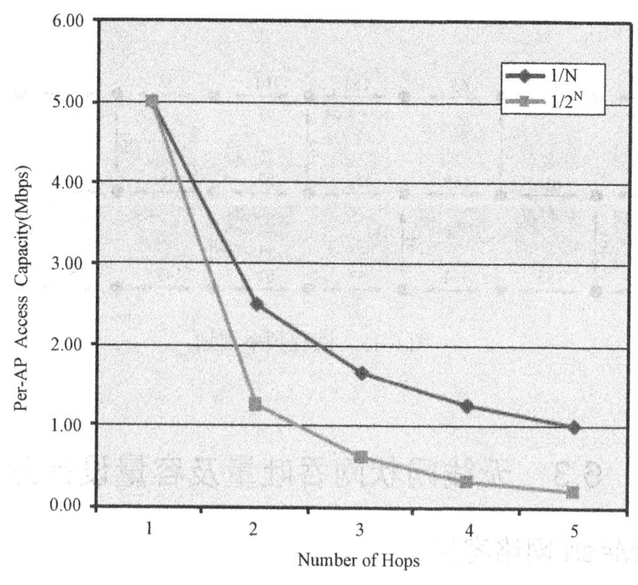

图 6-14　单射频 WMN 网中每个 AP 容量

由于 AP 的互联采用了单独的频率，因此数据转发时不会影响用户的接入，这样 AP 的接入速率可以工作在最大速率。

假定每个 AP 的接入带宽是 5Mbps，在双射频 Mesh 网络中，接入频率可以选择不同的信道，2.4GHz 可用的信道中有 3 个非重叠信道，见图 6-15，这样不同的接入信道可以同时独立工作。

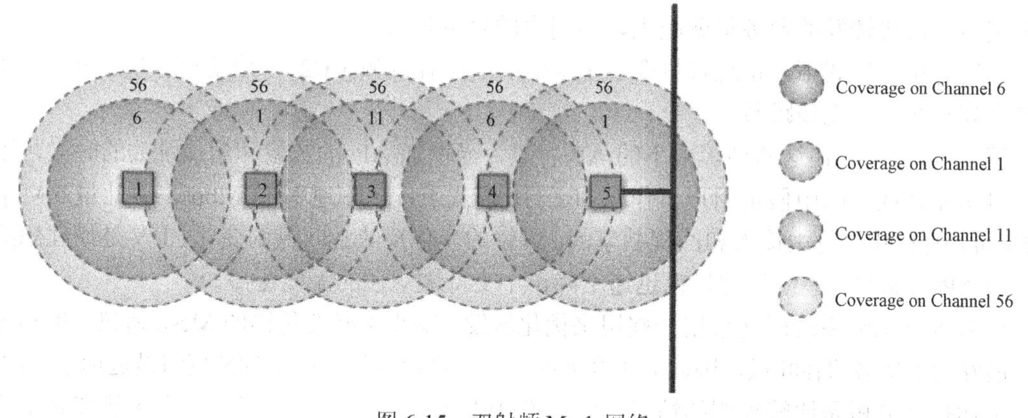

图 6-15　双射频 Mesh 网络

回程采用的协议是 802.11a，传输速率为 54 Mbps，吞吐量为 20 Mbps。

共享信道的特性限制了网络的容量，竞争和冲突的发生取决于 AP 的位置，所有的 AP 回程必须工作在同一个信道，每一个 AP 至少能侦听到一个 AP。通常来讲，可以侦听到 2～3 个 AP，侦听得越多，产生竞争和碰撞也越多。

图 6-16 显示了图 6-15 网络的容量，假定回程吞吐量为 20 Mbps。少数几个 AP 的网络中，每个 AP 的容量都比较好，但是多于 3、4 个 AP 后，由于共享特性，每个 AP 的容量都会降低。

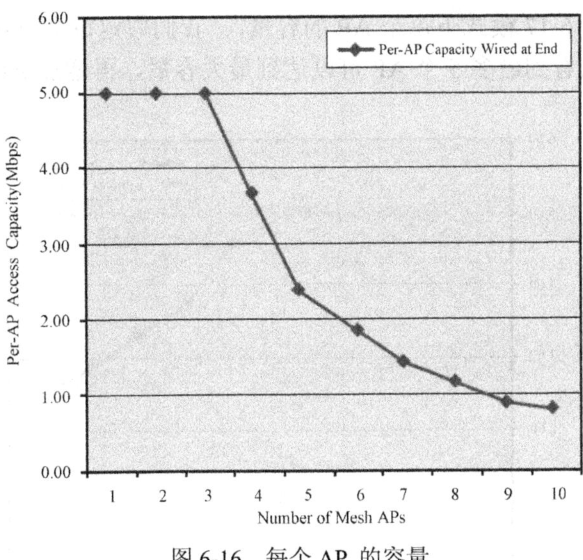

图 6-16　每个 AP 的容量

双射频 Mesh 网络是对单射频 Mesh 网络一个很大的改善，代表了无线 Mesh 网络的演进。然而，由于回程的共享及其产生的不可预测的延时，不适合城市规模组网和 Wi-Fi 语音业务的发展。

3. 多射频 Mesh 网

像双射频 Mesh 网络一样，多射频 Mesh 网络也采用了接入和回程分开的方式。它通过解决回程共享的问题，进一步提高了网络容量。

每个 AP 节点中含有多个无线回程模块，它们可以和其他 AP 建立多个点对点无线回程链路，并且每个回程链路独立工作在不同的信道，这样所有的 AP 无需共享回程链路，如图 6-17 所示。

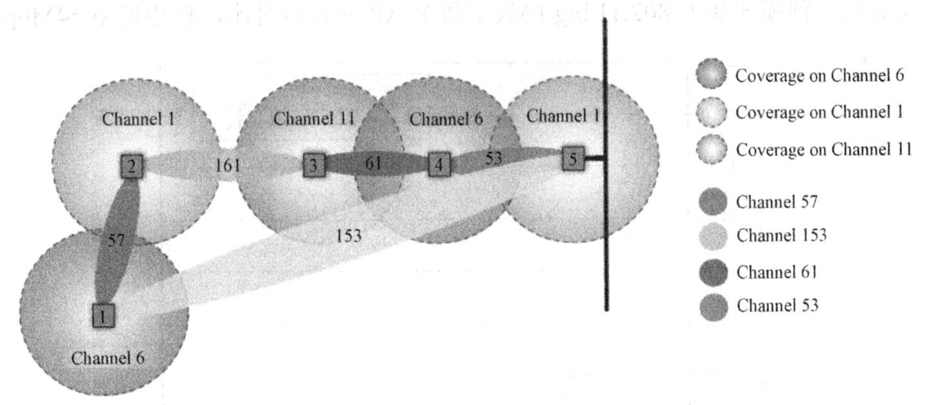

图 6-17　多射频 Mesh 网

这种回程方式有些类似有线连接的交换机，每一个回程模块独立工作在不同的信道，因此延时非常小，每一条 Mesh 链路只连接两个 AP 节点，因此碰撞非常少。这种情景下回程采用的点对点协议可以使吞吐量达到最优化，达到 25 Mbps。

多射频 Mesh 网络性能远远高于双射频 Mesh 网络，随着节点 AP 的增加，网络的容量也随之增加，进一步扩大升级了网络规模。

图 6-18 展示了图 6-17 模式下每个 AP 的容量， 我们假定每个点对点回程链路的吞吐量为 23 Mbps。图中可以看到最多 5 个 AP 可以达到最大容量，再增加 AP 数量时，每个 AP 的容量将会降低。

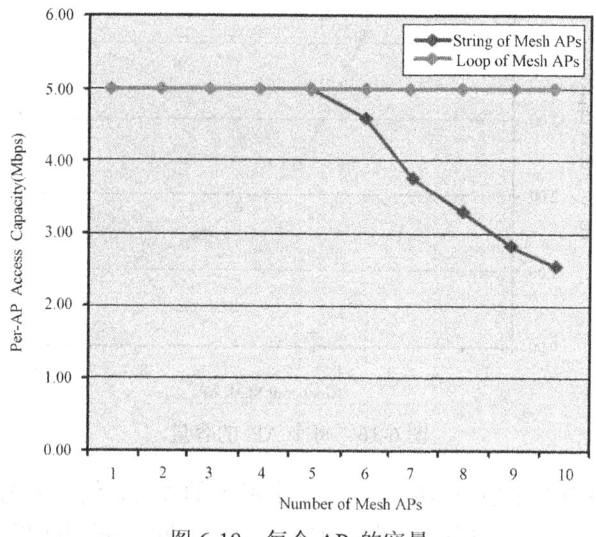

图 6-18 每个 AP 的容量

在 AP1 和 AP5 之间增加一条无线链路，使网络的容量增加一倍，同时可接入的容量最大的 AP 数量达到 10 个。这种情景下无线 Mesh 网络容量的瓶颈不在于无线 Mesh 网本身，而在于有线出口的带宽。只要有足够的有线出口，随着 AP 的增加，每个 AP 的容量都可以保持稳定，并能增加系统容量。

4．三种模式容量对比

图 6-20 是三种模式基于 802.11 b/g 协议下每个 AP 的容量对比，传输速率 54Mbps。

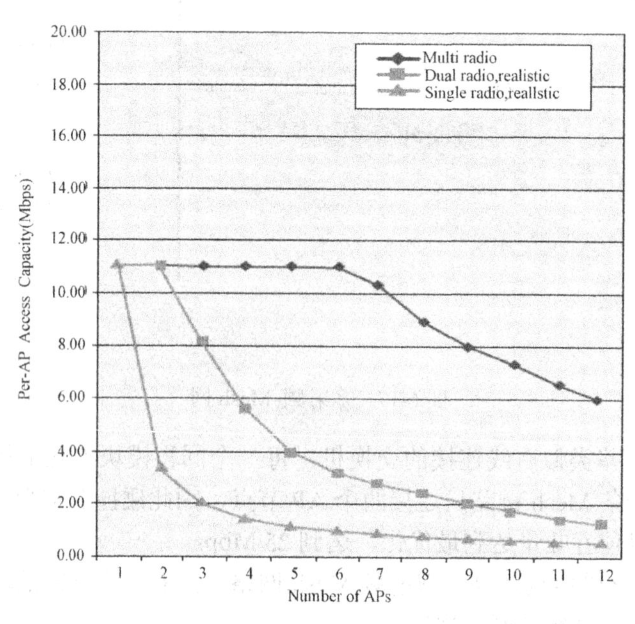

图 6-20 三种模式下每个 AP 的容量对比

图 6-21 展示了不同 Mesh 模式下，只有一个有线出口网络的容量。其中单射频 Mesh 和双射频 Mesh 的网络容量比较接近传输速率，而多射频 Mesh 网络容量的限制是在有线出口点。在实践中意味着对于单射频 Mesh 和双射频 Mesh 的网络来说，增加 AP 数量并不能增加整个网络的容量。

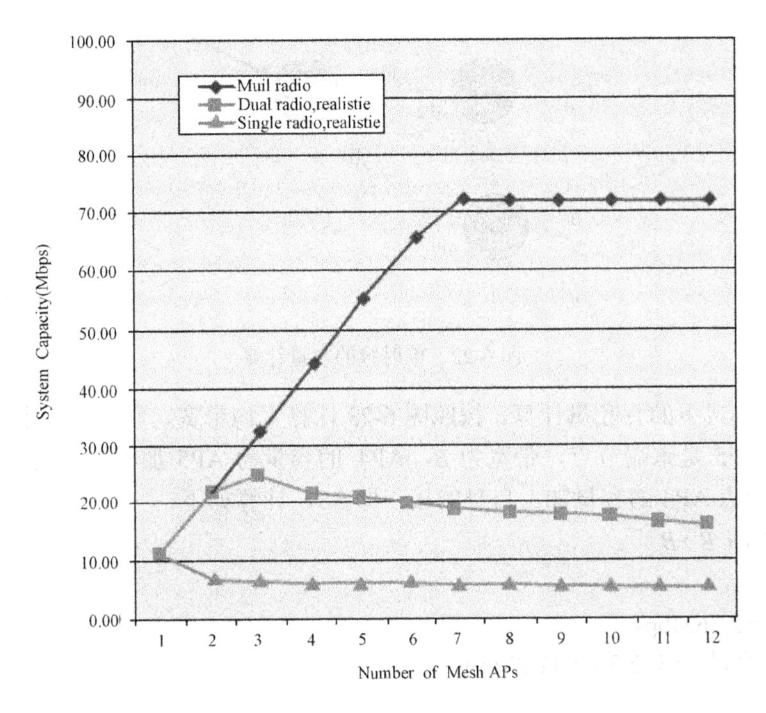

图 6-21　三种模式下系统的容量对比

5．容量计算方式

无线 Mesh 网络有峰值和平均值两种。假定网络中只有 1 个 AP 接入用户时，计算出来的是每个 AP 的峰值带宽。假定网络中每个 AP 都有用户接入时，计算出的带宽为每个 AP 的平均带宽。

（1）平均带宽计算方式

假定 2.4G 工作在 802.11b/g 混合模式，吞吐量为 11Mbps；5.8G 工作在 802.11a 模式，点对多点时吞吐量为 16.5 Mbps。

① 单射频的容量计算。按照图 6-22 计算平均带宽，假定每一个 AP 的接入带宽为 B，用 M 表示有线出口带宽，AP1 和 AP4 是末端节点，其带宽均是 B，AP2 的带宽为本身的接入加上 AP1 和 AP4 的容量，为 $3B$，节点 AP4 的带宽为节点 AP3 的带宽加上本身的带宽，计算如下：

$M=（3B+B）+2B+2B+B$

$B=M/9$

$B=11/9=1.22$Mbps

Cluster 的容量 $=4\times1.22=4.89$Mbps

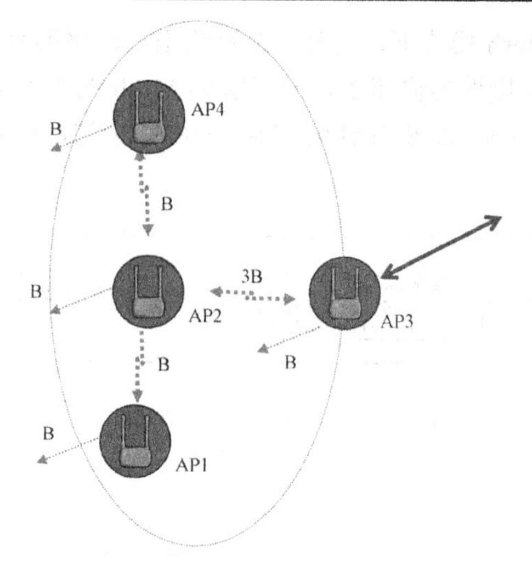

图 6-22　单射频的容量计算

② 双射频模式下的吞吐量计算。按照图 6-23 计算平均带宽，假定每一个 AP 的接入带宽为 B，AP1 和 AP5 是末端节点，带宽为 B，AP4 的容量为 AP5 加上自身的接入即 $2B$，节点 AP3 的容量为节点 AP4 的容量加上自身的接入即 $3B$，计算如下：

$M = 3B + 2B + B + B$

$B = M/7$

$B = 16.5/7 = 2.36\text{Mbps}$

Cluster 的容量 $= 5 \times 2.36 = 11.8\text{Mbps}$

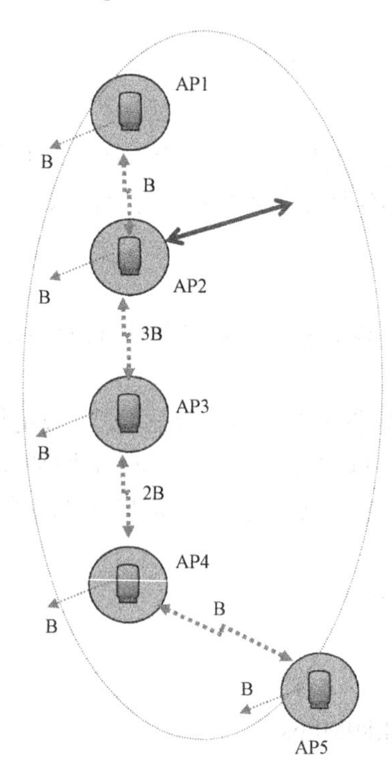

图 6-23　双射频的容量计算

（2）峰值带宽计算方式

假定 2.4G802.11B/G 模式下吞吐量为 10Mbps，5.8G 点对点吞吐量为 20Mbps。

① 单射频模式下峰值容量计算。当网络中只有 AP1 传输数据时，用户需要经过 4 跳到达有线出口，因此峰值速率为：10/4=2.5Mbps，以此类推得到其他 AP 的峰值速率，如图 6-24 所示。

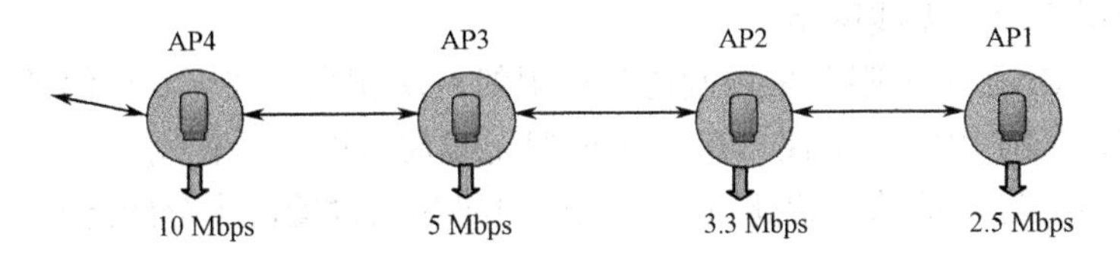

图 6-24　单射频模式下峰值容量计算

② 双射频模式下峰值容量计算。当网络中只有 AP1 传输数据时，用户需要经过 3 跳到达有线出口，因此峰值速率为：20/3=6.7Mbps，以此类推得到其他 AP 的峰值速率，如图 6-25 所示。

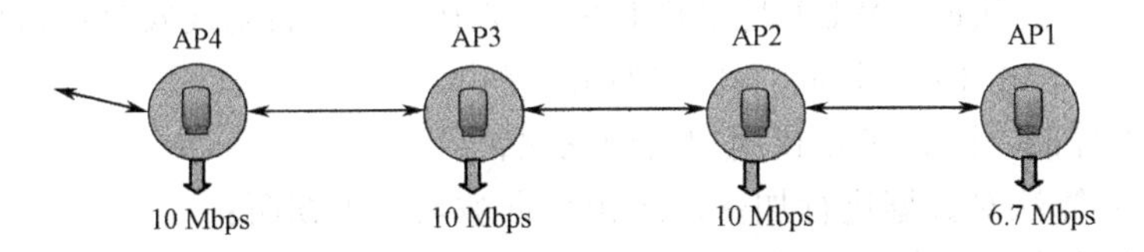

图 6-25　双射频模式下峰值容量计算

6.4　无线 Mesh 网络安全

随着无线技术运用的日益广泛，无线网络的安全问题越来越受到人们的关注。通常网络的安全性主要体现在访问控制和加密两个方面。

对于有线网络来说，访问控制往往以物理端口接入方式进行监控，输出的数据通过电缆传输到特定的目的地，一般地说，只有在物理链路遭到破坏的情况下，数据才有可能泄漏，而无线网络的数据传输则是利用微波在空气中进行辐射传播，因此只要在 AP 覆盖的范围内，所有的无线终端都可以接收到无线信号，因此无线网络的安全保密问题就显得尤为重要。

6.4.1　访问控制

利用 SSID、MAC 限制，防止非法无线设备入侵。

为了提高无线网络的安全性，在 802.11b 协议中包含了一些基本的安全措施，包括：无线网络设备的服务区域认证 ID（SSID）、MAC 地址访问控制以及 WEP 加密等技术。802.11b 利用设置无线终端访问的 SSID 来限制非法接入。在每一个 AP 内都会设置一个服务区域认证 ID，每当无线终端设备要连上 AP 时，AP 会检查其 SSID 是否与自己的 ID 一致，只有当 AP 和无线终端的 SSID 相匹配时，AP 才接受无线终端的访问并提供网络服务，如果不符就拒绝给予服务。每个 AP 可以设置特定的 SSID（可以相同），利用 SSID，可以很好地进行用户群体分组，避免任意漫游带来的安全和访问性能的问题。

另一种限制访问的方法就是限制接入终端的 MAC 地址，以此确保只有经过注册的设备才可以接入无线网络。由于每一块无线网卡拥有唯一的 MAC 地址，由厂方出厂前设定，无法更改。在 AP 内部可以建立一张“MAC 地址控制表”（Access Control），只有在表中列出的 MAC 才是合法可以连接的无线网卡，其他 MAC 将会被拒绝连接，MAC 地址控制可以有效地防止未经授权的用户侵入无线网络。

使用 SSID 和 MAC 地址限制来控制访问权限的方法相当于在无线网络的入口增加了一把锁，提高了无线网络使用的安全性。在搭建小型无线局域网时，使用该方法最为简单快捷，网络管理员只需要通过简单的配置就可以完成访问权限的设置，十分经济有效。

6.4.2 用户与 AP 之间安全加密方式

1. 基于 WEP 的加密

WEP（Wired Equivalent Privacy：有线对等保密）协议是用来设置专门的安全机制，进行业务流的加密和节点的认证。WEP 是 802.11b 协议中最基本的无线安全加密措施，由国际电子与电气工程师协会（IEEE）制定，其主要用途是：

- 提供接入控制，防止未授权用户访问网络；
- WEP 加密算法对数据进行加密，防止数据被攻击者窃听；
- 防止数据被攻击者中途恶意篡改或伪造。

WEP 加密采用静态的保密密钥，无线终端使用相同的密钥访问无线网络。WEP 也提供认证功能，当加密机制功能启用，客户端要尝试连接上 AP 时，AP 会发出一个 Challenge Packet 给客户端，客户端再利用共享密钥将此值加密后送回存取点来进行认证比对，如果正确无误，才能获准存取网络的资源。

WEP 主要用于无线局域网中链路层信息数据的保密。WEP 使用 RC4（Rivest Cipher）串流加密技术达到保密的作用，并使用 CRC-32 保证其准确性，数据的加密和解密采用相同的密钥和加密算法。WEP 使用加密密钥（也称为 WEP 密钥）加密 802.11 网络上交换的每个数据包的数据部分。启用加密后，两个 802.11 设备要进行通信，必须具有相同的加密密钥，并且均配置为使用加密。如果一个设备配置使用加密而另一个设备没有，则即使两个设备具有相同的加密密钥也无法通信。

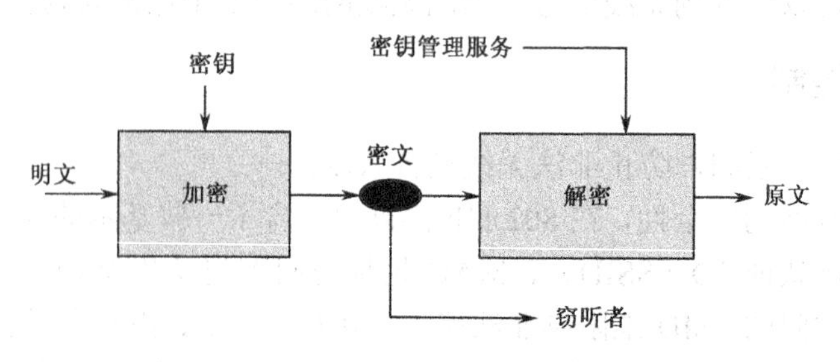

图 6-26　WEP 的加密

目前 AP 都支持 64 位或（与）128 位的静态 WEP 加密。利用 128 位 WEP 加密，使得数据在无线发射之前进行复杂的编码处理，在接收之后通过反向处理获取原数据。这种加密方式确保数据如果泄漏，也不会暴露数据的原值。64 位 WEP 也称为 40 位 WEP，128 位有时也叫 104 位。首先，这个 64 位是指系统中使用了一个 64 位二进制位长度的密码对传送的内容进行加密，所以说是 64 位的，但在设定密码时，用户只能指定其中的 40 位，其余的 24 位由系统自动产生，所以也称为 40 位 WEP。128 位 WEP 与此类似，用户指定其中的 104 位，系统产生其余的 24 位。

WEP 的设计相对简单，在推出以后，很快被发现有很多漏洞，漏洞主要有以下几点：

- 认证机制过于简单，很容易通过异或的方式破解，而且一旦破解，由于使用的是与加密用的同一个密钥，所以还会危及以后的加密部分；
- 认证是单向的，AP 能认证客户端，但客户端无法认证 AP；
- 初始向量（IV）太短，重用很快，为攻击者提供很大的方便；
- RC4 算法被发现有“弱密钥”（Weak Key）的问题，WEP 在使用 RC4 的时候没有采用避免措施；
- WEP 没有办法应付所谓“重传攻击”（Replay Attack）；
- ICV 被发现有弱点，有可能传输数据被修改也不被检测到；
- 没有密钥管理、更新、分发的机制，完全要手工配置，因为不方便，用户往往常年不会去更换。

WEP 虽有很多弱点，但仍被人们广泛使用，它非常适合对安全要求不是很高的应用环境下使用，比如在家庭、旅馆等地，WEP 提供的保护通常已足够。

2. WPA 加密

WPA 全名为 Wi-Fi Protected Access，它是因研究者在前一代的系统有线等效加密（WEP）中找到的几个严重的弱点而产生的。WPA 是 802.11i 标准的大部分，是在 802.11i 完备之前替代 WEP 的过渡方案。

由于 WEP 已证明具有不安全性，在 802.11i 协议完善前，采用 WPA 为用户提供一个临时性的解决方案。该标准的数据加密采用 TKIP 协议（Temporary Key Integrity Protocol），认证有两种模式可供选择：一种是使用 802.1x 协议进行认证；一种是被称为预先共享密钥的 PSK（Pre-Shared Key）模式。

WPA（Wi-Fi Protected Access）继承了 WEP 基本原理，由于加强了生成加密密钥的算法，因此即便收集到分组信息并对其进行解析，也几乎无法计算出通用密钥。其原理为根据通用密钥，配合表示电脑 MAC 地址和分组信息顺序号的编号，分别为每个分组信息生成不同的密钥，然后与 WEP 一样将此密钥用于 RC4 加密处理。通过这种处理，所有客户端的所有分组信息所交换的数据将由各不相同的密钥加密而成。无论收集到多少这样的数据，要想破解出原始的通用密钥也几乎是不可能的。WPA 还追加了防止数据中途被篡改的功能和认证功能。由于具备这些功能，WEP 中此前备受指责的缺点得以全部解决。WPA 不仅是一种比 WEP 更为强大的加密方法，而且有着更为丰富的内涵。作为 802.11i 标准的子集，其核心就是 802.1x 和 TKIP。WPA 包含了认证、加密和数据完整性校验三个组成部分，是一个完整的安全性方案。

（1）TKIP

WPA 通过使用 TKIP（临时密钥完整性协议）、MIC（信息完整性检查）和 802.1x 来改善数据的加密方式。

新一代的加密技术 TKIP 与 WEP 一样基于 RC4 加密算法，且对现有的 WEP 进行了改进，在现有的 WEP 加密引擎中追加了“密钥细分（每发一个包重新生成一个新的密钥）”、“消息完整性检查（MIC）”、“具有序列功能的初始向量”和“密钥生成和定期更新功能”等四种算法，极大地提高了加密安全强度。TKIP 与当前 Wi-Fi 产品相互兼容，而且通过软件进行升级就可以实现对 TKIP 的支持。

TKIP 会不断地变化和旋转加密的密钥，这样可以确保同一个加密密钥不会出现两次。TKIP 采用了 802.1x / EAP 的架构。而认证服务器在接收用户的身份证明之后，又使用 802.1x 来为运算阶段产生一组唯一的主键，又称“配对”密钥。TKIP 将这组密钥分配给客户端以及 AP，建立密钥层以及管理系统，使用配对密钥动态产生唯一的数据加密密钥，并以此加密所有用户在无线传输阶段所传输的数据封包。这些工作都会自动在后台进行。信息完整性检查（MIC）用来防止攻击者拦截、篡改甚至重发数据封包。MIC 提供了一个强壮的数学公式，其中接收端与传送端必须各自计算并比较 MIC 值。如果不符，它便假设数据已遭篡改，而该封包也会被丢弃。

为了大幅增加密钥大小、可用的密钥数目以及附加的完整性检查机制，TKIP 增加了 Wi-Fi 网络在数据编码的复杂性与困难度。TKIP 大幅提升了无线加密的强壮性与复杂性，让潜在入侵者难以入侵 Wi-Fi 网络。

（2）端口访问控制技术（802.1x）和可扩展认证协议（EAP）

802.1x 是一种基于端口的网络接入控制技术，在网络设备的物理接入级对接入设备进行认证和控制。802.1x 可以提供一个可靠的用户认证和密钥分发的框架，可以控制用户只有在认证通过以后才能连接网络。802.1x 本身并不提供实际的认证机制，需要和上层认证协议（EAP）配合来实现用户认证和密钥分发。EAP 允许无线终端可以支持不同的认证类型，而且能与后台不同的认证服务器进行通信，如远程接入拨入用户服务（Radius）。

如果没有一个外置的 Radius 服务器，就需要使用 WPA-PSK（WPA-Pre-Shared Key），然后只需要给每一个接入点、无线网关和无线站点输入一个密钥即可。一旦密钥相符，无线客户端就会被允许接入到一个无线局域网络了。

802.1x 认证过程如下：

1）无线终端向 AP 发出请求，试图与 AP 进行通信；

2）AP 将加密的数据发送给验证服务器进行用户身份认证；

3）验证服务器确认用户身份后，AP 允许该用户接入；

4）建立网络连接后授权用户通过 AP 访问网络资源；

WPA 考虑到不同用户和不同应用的安全需要，例如：企业用户需要很高的安全保护（企业级），否则可能会泄漏非常重要的商业机密；而家庭用户往往只是使用网络来浏览 Internet、收发 E-mail、打印和共享文件，对安全的要求相对较低。为了满足不同用户的需要，WPA 中规定了两种应用模式：

企业模式：通过使用认证服务器和复杂的安全认证机制来保护无线网络通信安全。

家庭模式（包括小型办公室）：在 AP 以及连接无线网络的无线终端上输入共享密钥来保护无线链路的通信安全。

3. 802.11i

在某些行业，如大型企业、银行、证券行业，其现有的网络结构比较复杂且对网络的安全性要求很高，仅使用基本的安全措施并不能完全达到其安全需求。为了进一步加强无线网络的安全性，802.11 工作组目前正在开发作为新的安全标准的“802.11i”，并且致力于考虑从长远角度解决 802.11 无线局域网的安全问题。802.11i 标准草案中主要包含加密技术 TKIP（Temporal Key Integrity Protocol）和 AES（Advanced Encryption Standard），以及认证协议 802.1x。

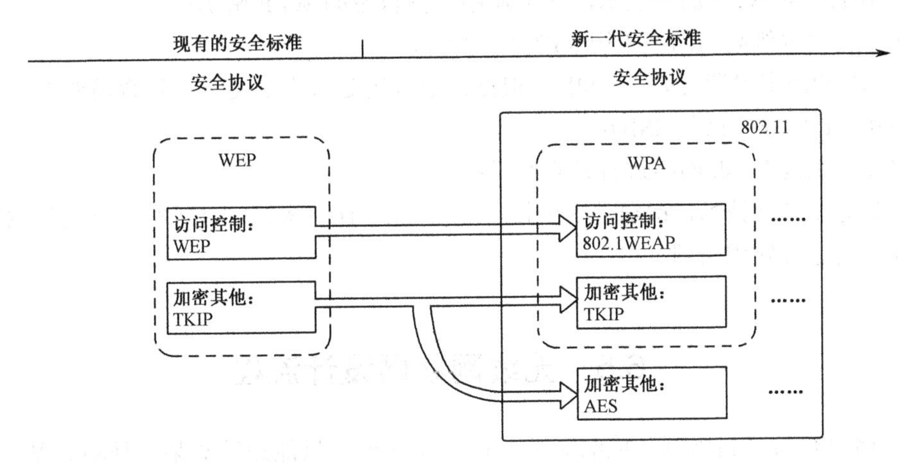

图 6-27　安全协议的推进

802.11i 中还定义了一种基于“高级加密标准”AES 的全新加密算法，以实施更强大的加密和信息完整性检查。AES 是一种对称的块加密技术，提供比 WEP/TKIP 中 RC4 算法更高的加密性能，它将在 802.11i 最终确认后，成为取代 WEP 的新一代的加密技术，为无线网络带来更强大的安全防护。

4. 国家标准（WAPI）

WAPI（WLAN Authentication and Privacy Infrastructure），即无线局域网鉴别与保密基础结构，它是针对 802.11 中 WEP 协议安全问题，在中国无线局域网国家标准 GB15629.11 中提出的 WLAN 安全解决方案，已由 ISO/IEC 授权的机构 IEEE Registration Authority 审查并获得认可。它的主要特点是采用基于公钥密码体系的证书机制，真正实现了移动终端与无线接入点（AP）间双向鉴别。用户只要安装一张证书就可在覆盖 WLAN 的不同地区漫游，方便了用户的使用。它还提供与现有计费技术兼容的服务，可实现按时计费、按流量计费、包月等多种计费方式。AP 设置好证书后，无须再对后台的 AAA 服务器进行设置，安装、组网便捷，易于扩展，可满足家庭、企业、运营商等多种应用模式。

6.4.3　无线 Mesh 的安全防范措施

1. 无线 Mesh 节点间安全

以上主要是介绍无线 Mesh 网络中 AP 与客户端之间的安全发展及现状，是无线 Mesh 网络安全的重要组成部分，但同时无线 Mesh 网络也引入了 Mesh 内部路由器之间的安全问题。

由于一个无线 Mesh 网络通常由一个供应商提供设备，所以无线 Mesh 节点 AP 之间的安全目前并没有标准。802.11s 是未来的 Mesh 标准，但并没有出台。所以通常无线 Mesh 节点之间的安全采用的是各个供应商之间的私有解决方案，彼此不兼容。

2. 用户与 AP 之间安全防范措施

无线 Mesh 网络通常会采用以下几种防范措施：

- ◆ 采用端口访问技术（802.1x）进行控制，防止非授权的非法接入和访问；
- ◆ 采用 128 位 WEP 加密技术，并不使用厂商自带的 WEP 密钥；
- ◆ 对于密度等级高的网络采用 VPN 进行连接；
- ◆ 对 AP 和网卡设置复杂的 SSID，根据需求确定是否需要漫游，是否需要 MAC 绑定；
- ◆ 禁止 AP 向外广播其 SSID；
- ◆ 定期对无线 Mesh 网络进行检查和维护；
- ◆ 跟踪无线网络技术，特别是安全技术（如 802.11i 对密钥管理进行了规定），对网络管理人员进行知识培训。

6.5 无线网状网设计流程

无线网络很容易受到周围环境的影响，很多无线模型只能是针对某一环境、某一段频率而开发的仿真模型，因此对无线网络的设计至今并没有一个固定的设计方法和格式。无线网络的设计是一项非常复杂的工作，通常都需要在现场勘察之后才能确定设计文件。本节主要阐述一般无线网络的设计流程和方法。

6.5.1 设计原则

在做无线网络规划时，需要考虑以下几个基本原则。

1. 实用性

根据用户需求设计面向应用、实效、节约成本的无线网络。网络设计的出发点以满足用户业务需求为导向，应注重实际应用，不要华而不实。

2. 安全性

由于无线信号很容易溢出覆盖范围，从而被外来者入侵，因此除了在设计网络时尽量减小发射功率外，还需要根据用户的安全需要，制定相关的安全访问策略。在无线网络建成投入使用后，需要使用一些维护工具进行定期的网络维护，以保证无线网络的安全性。

3. 可管理性

无线网络建成后，需要使用专业的网络管理软件对无线网络进行维护、升级，尤其是地域分布比较广的较大无线网络。因此，在选择无线设备时，最好选择同一厂家的设备，以便于统一管理。

对于管理软件一般要求提供对所有在线设备的管理、告警日志的分类管理、设备的远程管理、设备的远程升级等功能。

4. 可靠性

无线网络的可靠性与选择的设备可靠性有着直接的联系，在设计网络时，一方面应选取可靠性高的产品，另一方面要进行合理的网络架构设计和可靠的冗余备份设计，使得无线网络具有良好的自愈能力。

理想的情况是，任何一个连接的失败都不应该导致客户与网络之间通信进程的丢失。自动绕过故障设备启用备份线路的工作应该在极短的时间内完成，这个时间的间隙应该足以把对当前通信进程的影响降低到最小程度。这个间隔时间被称为“收敛时间”，可根据网络拓扑结构变化的时间长度来确定（如一个连接的丢失），直到网络上的每一台设备都知道这个变化。一个设计良好的网络总是一直保持较低的收敛时间。

无线网状网本身具有一定的网络自愈能力，因此在设计网络时可以通过增加有线出口来提高网络的可靠性。

5. 可扩展性

随着用户对无线网络依赖性的增加，用户数量会越来越多，业务类型也会增多，那么无线网络就面临扩容问题。在设计网络结构时，要留出一定的余量，采用大容量、具有扩展能力的设备进行主架构的设计，以便日后的网络扩展。

一个具有可扩展性的网络能够充分支持网络的扩容，不需要进行重大的重新设计。在用户数量的增长方面，网络节点或者站点的数量必须能够满足可能增加的新的应用程序和这些应用程序可能消耗更多带宽的需求。基础的网络拓扑结构和使用的技术不必为了容纳这些变化而进行重新设计。新的用户和节点可以用一个简单的构建模块的方式添加到一个可伸缩的网络中。

6. 标准化性

无线网状网设计时应尽量采用国际标准化、兼容性及互操作性高的设备，避免在使用中出现兼容性不好，用户使用不稳定的现象。

7. 技术先进性

无线的标准在不断地完善，无线的技术也在不断地更新，因此尽量采用最新标准和技术的产品，给未来发展留出余地。

6.5.2　设计前的准备工作

如图 6-28 所示，任何网络设计都是从获得需求开始的，因此用户需求描述是网络设计的第一阶段。在这个阶段需要收集用户预期业务类型、服务、数量等信息。由于该阶段存在某些非常耗时的因素，因此该步骤可能是网络设计中所需时间最长的几个步骤之一。

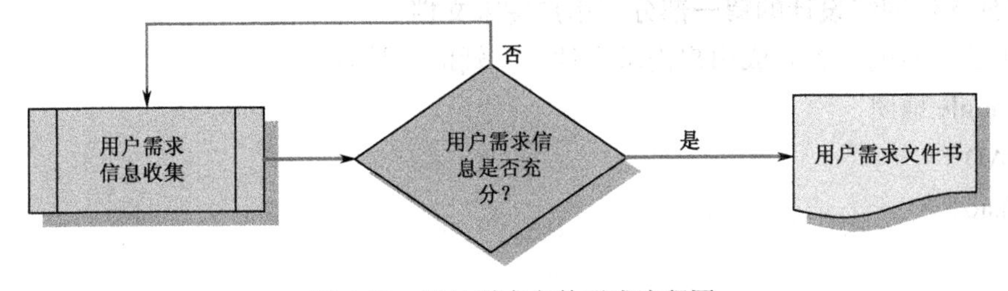

图 6-28　设计需求文件形成流程图

1. 需求信息收集

需求信息是明确设计网络的依据，包括以下内容：

- ◆ 业务类型及应用：确定用户预期应用的业务种类，如数据业务、语音业务和视频业务；
- ◆ 服务等级（QoS）：用户不同业务类型是否有服务等级的区别，不同类用户之间是否也有服务等级的区别；
- ◆ 频率使用问题：用户是否具有频率使用的权利；
- ◆ 用户带宽要求：用户对带宽的基本要求；
- ◆ 用户数量：无线网络覆盖范围内的用户数量；
- ◆ 覆盖范围：用户要求覆盖的区域；
- ◆ 有线出口位置及数量：用户提供的有线出口位置及可能数量；
- ◆ 可能的安装位置及供电情况；
- ◆ 安全认证要求；
- ◆ VLAN 划分要求；
- ◆ 信号强度，SNR 要求；
- ◆ 未来扩容的可能性；
- ◆ 投资预算：用户的成本控制要求；
- ◆ 其他附加信息。

2. 当前网络信息

如果用户需要的是一个新网络设计，则可以跳过此步，如果用户已有网络则需要了解当前用户网络信息，为了消除或矫正新建网络中的潜在风险，具体包括以下内容：

- ◆ 网络体系结构：当前用户所用网络的拓扑图；
- ◆ 网络设备：当前网络中所用的设备；
- ◆ 应用：用户的业务类型；
- ◆ 带宽：出口带宽和带宽分配方式；
- ◆ 扩展：网络的扩展性和兼容性。

3. 现场信息确认

- ◆ 楼房长度、高度、覆盖区域；
- ◆ 房屋衍射、反射等；
- ◆ 安装高度、安装位置；
- ◆ 电源位置。

4. 形成无线网络设计的第一部分—用户需求文档

根据上面三步的内容完成用户需求文件书。辅助工具有：

- ◆ Google 地图
- ◆ CAD
- ◆ Visio

6.5.3　设计步骤

1．初步设计

根据用户需求描述，结合地图工具进行初步方案设计。流程如图 6-29 所示：

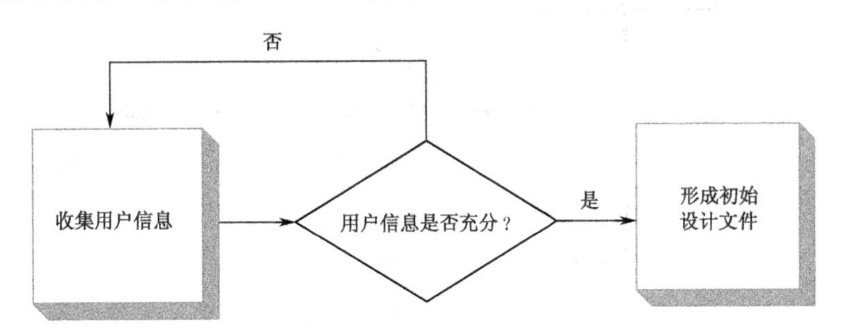

图 6-29　初步设计流程图

2．现场场勘

根据初步形成的设计文件，进行现场场勘。流程如图 6-30 所示：

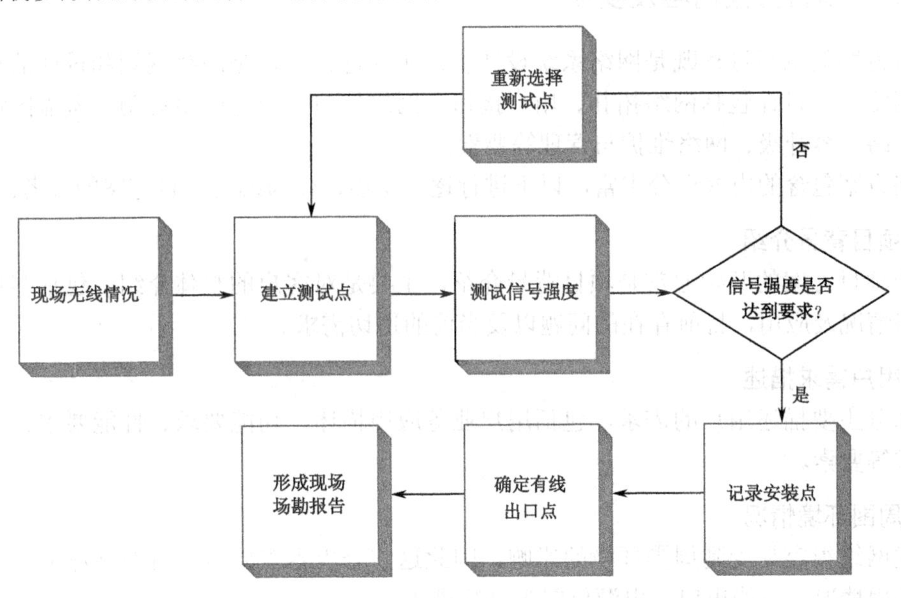

图 6-30　现场场堪流程图

现场场勘的目的:

- ◆ 测试噪声和潜在干扰；
- ◆ 验证初步设计的覆盖要求；
- ◆ 确定安装位置和有线出口。

3．形成最终设计文件

根据现场场勘情况，更改初始设计文件，并不断与用户沟通，直至形成最终设计文件见图 6-31。

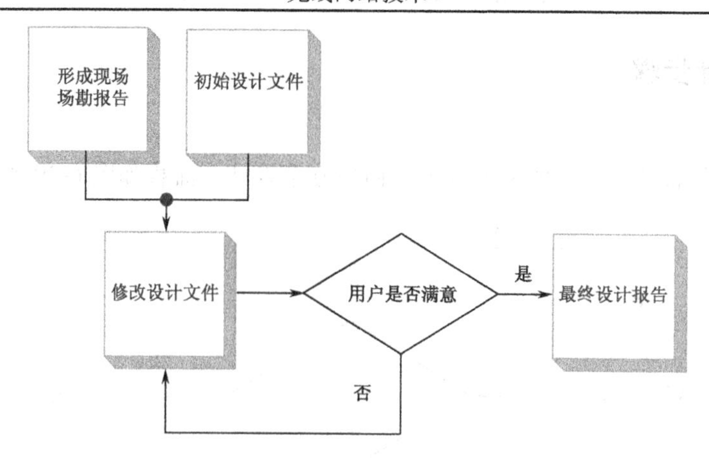

图 6-31 设计报告形成流程图

6.6 项目方案的编写

6.6.1 项目方案内容及要点

项目方案的编写过程既是网络系统设计和说明的过程，也是网络规划和设计的重要组成部分。网络系统设计包括网络拓扑、用户接口、网络接口、业务应用说明、覆盖区域、应用协议、网络扩容升级、网络维护与管理等要素。

网络方案包含的内容十分丰富，以下进行逐一论述，作为编写项目方案的参考。

1. 项目背景介绍

一个项目方案的开始通常是项目背景介绍，主要是对客户的整体介绍，包括客户类型，现有网络情况及应用，目前存在的问题以及当前的迫切需求。

2. 用户需求描述

这部分主要描述用户的需求，包括用户业务应用描述、功能要求、性能要求、无线覆盖范围要求等要素。

3. 周围环境情况

无线网络很容易受到周围环境的影响，因此这部分内容需要对现有网络环境、周围的无线设备使用情况、有线出口、电源位置等进行描述。

4. 网络方案设计

网络方案设计是方案中最重要的部分，主要包括网络方案的描述、网络拓扑图、业务应用设计、覆盖设计、容量设计、频率设计、安全设计、QoS 设计、管理方式和安装方式等内容。

这一部分须详细描述如何解决用户的应用问题，是否能够满足用户需求，以及网络的主要功能、网络的日常管理、设计中使用的硬件、软件和安装维护问题等。

5. 项目实施计划

在网络设计方案编写完后，应制定该方案的实施进度计划。这个进度计划主要包括实施前准备工作说明、现场场勘的测试、实施工作的流程说明、网络设备的安装调测过程、项目的推进时间表、网络的测试、验收等具体安排以及相关负责人的联系方式。

现场场勘工作对于整个工程的进度和质量尤为重要，因此对于现场勘察工作需要制定详细的测试计划，以便快速、有效地勘察测试，保证网络设计达到要求。

6. 网络维护和培训

这部分主要描述售后服务方式、产品升级、设备保修流程、相关的技术文档以及对用户的培训安排等内容。

7. 设备及工程报价

设备及工程报价是用户最关心的内容，这部分主要包括主设备描述及价格、配件描述及价格、软件描述及价格、工程安装、督导费用等内容。表 6-7 为一个工程报价模板。

表 6-7　某工程报价单

方案名称				单位：人民币（元）	
编号	产品内容及描述	数量	价格		产地
			单价	总计	
1	主设备				
1.1		0	￥0.00	￥0.00	
1.2		0	￥0.00	￥0.00	
1.3		0	￥0.00	￥0.00	
	小计			￥0.00	
2	网管系统				
		0	￥0.00	￥0.00	
	小计			￥0.00	
3	安装配件				
3.1		0	￥0.00	￥0.00	
3.2		0	￥0.00	￥0.00	
	小计			￥0.00	
4	服务				
4.1	工程督导费（设备总价的 8%）	8%		￥0.00	
合计		￥0.00			

6.6.2 项目方案编写实例

现代公寓楼及雪峰商务楼的无线覆盖建议书

1. 项目背景

义乌位于浙江省的中部，市区面积约1105平方千米，总人口约91.3万。义乌是中国小商品贸易中心，为了适应国内外市场发展趋势，满足不同国际客户对信息便利性和快捷性日益增长的需求，同时为了增加竞争力，吸引更多的客户，业主提出对义乌现代公寓楼及雪峰商务楼进行全部无线覆盖的要求。

现代公寓楼及雪峰商务楼目前只有有线宽带接入，不能满足客户的移动办公需求。

2. 用户需求描述

本方案要求覆盖的区域是义乌市现代公寓楼及雪峰商务楼，无线网络覆盖初期为商务楼所有的房间提供宽带上网服务，后期可能为了安全增加一些视频监控点及Wi-Fi语音服务。

3. 现场条件

现代公寓楼: 长51米，宽34米，楼高24层。

雪峰商务楼: 东西长70米南北长50米的一个拐角楼，楼高19层。

现代公寓楼周围具有有线出口。

楼的周围有一些4～6层的矮楼，可以提供220V交流电源。

4. 方案设计

本方案采用Belair公司先进的Mesh无线网状网产品，为用户随时随地提供无线宽带数据、视频和语音业务，利用无线设备的优势可以较小地投入，分期、迅速地搭建起城域宽带无线网状网络，扩大了运营商的业务范围，提高了运营商的市场拓展能力，Belair先进独有的Mesh技术支持用户移动宽带业务，可以为政府的安全监控、数字化城市、交通监视、公安信息随时录入、远程卫生医疗、消防、公交、应急灾难通信等行业提供专业的服务，Belair的产品安装、调试简单，并具有电信级管理和维护系统。

（1）设计原则

◆ 基于公寓及商务楼周边的通信网络，有线出口已经在公寓及商务楼的周围，可以设置较多的有线出口以提高网络的可靠性，同时减少无线设备的投资；
◆ 从室外向室内进行无线覆盖；
◆ 设备布放位置尽量选取在相对较低的位置；
◆ 对于网络服务，可以提供小区私网和公网分开的VLAN设置。

根据上述设计原则，设备布放位置如图6-32所示，图中圆点表示室外设备。

现代公寓：Building2

雪峰商务楼：Building1

有线出口：Egress1，Egress2，Egress3

（2）2.4G接入覆盖说明

图中扇形表示2.4G接入覆盖方向。

本方案中所有AP天线的角度均选择65°×65°，8dBi 内置定向天线。

图 6-32　设备布放俯视图

1#楼，覆盖平面图如图 6-33 所示。由于 1#楼比较高，因此需要将 AP6 放在距楼约 70 米的六层楼上进行北侧和东侧覆盖，西侧、南侧通过距楼 70 余米的红太阳律师楼上的 AP5 进行覆盖。再根据实际测试和带宽需求可能会在正北方和正南方增加 2 个 AP 的覆盖。

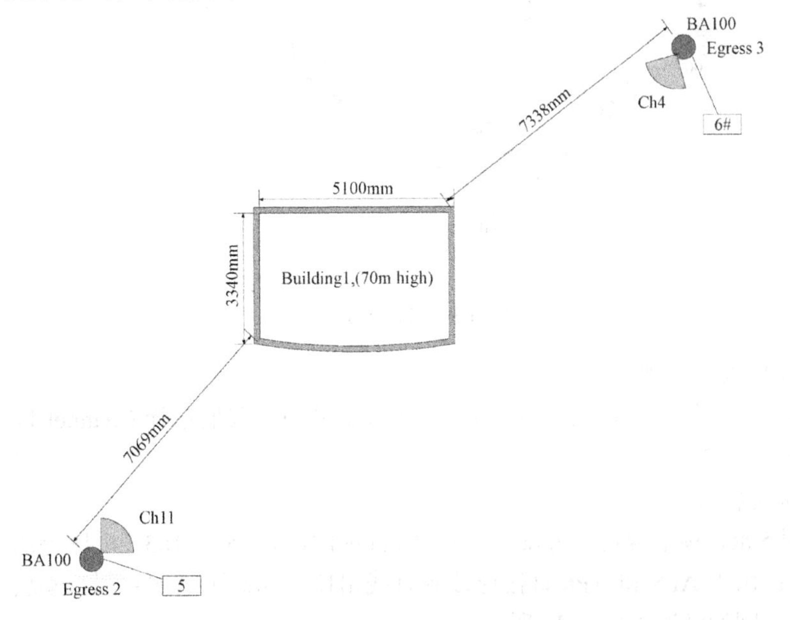

图 6-33　1#楼覆盖方案

2#楼，覆盖平面图如图 6-34 所示。由于楼房的南侧房间比较分散，所以在南侧需要 2 个 AP 进行覆盖，AP3、AP4 分别放在距楼约 60 米的住宅楼上；楼房东侧和北侧的房间比较集中，所以分别用 AP1、AP2 进行覆盖，由于受到安装位置的限制，AP1 距楼 70 米，AP2 距楼 70 米。

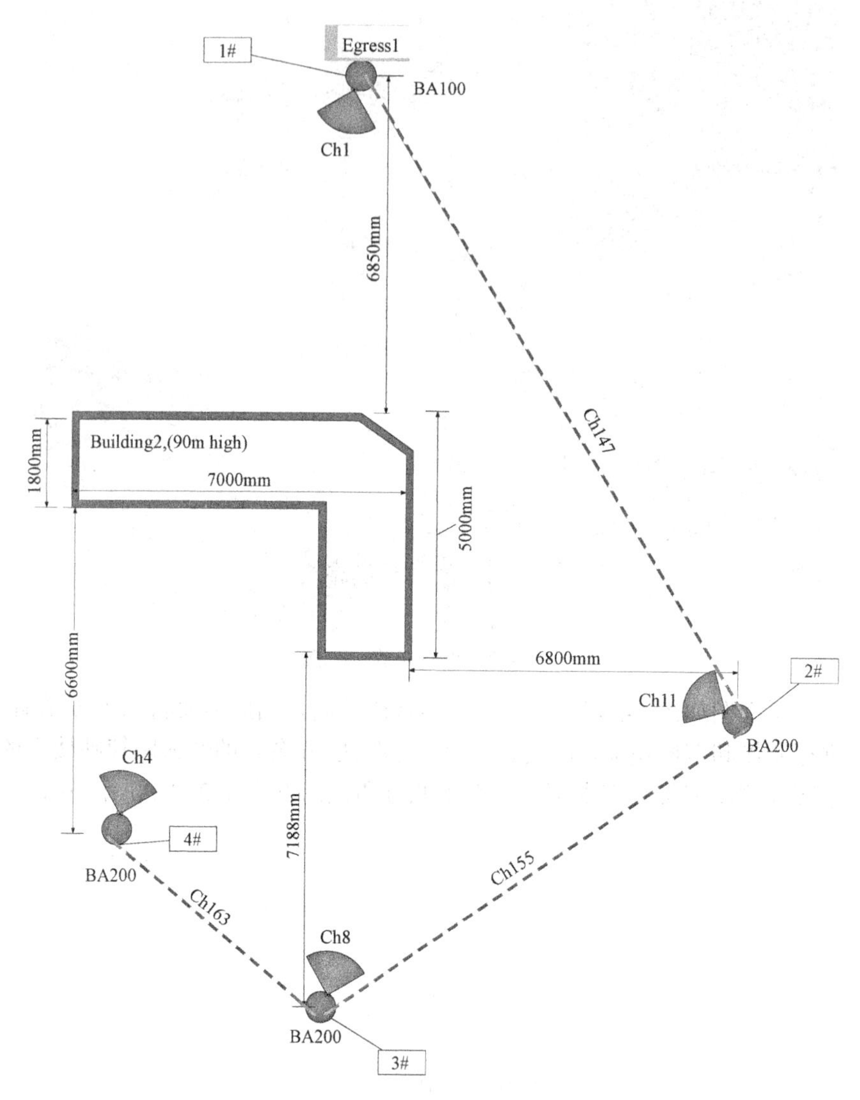

图 6-34　2#楼覆盖方案

（3）2.4G 接入频率规划

根据我国 2.4G 频率规划从 Channel 1 到 Channel 13，我们选择 Channel 1，4，8，11，规划如图 6-33 和图 6-34 所示。

（4）回程频率规划

根据我国 5.8G 频率规定，方案中选定 Channel 147，155，163 为回程频率。

◆ 1#楼：由于 AP5 和 AP6 直接连接到有线出口，因此不需配置回程模块。

◆ 2#楼：回程链路如图 6-34 所示。

图中虚线为回程点到点连接。

回程链路说明：

AP1#至 AP2#使用 Channel 147；

AP2#到 AP3#使用 Channel 155；

AP3#到 AP4#使用 Channel 163。

（5）网络拓扑

系统网络拓扑图如图 6-35 所示。

系统拓扑说明（假定 2.4G 为 802.11b 模式）：

为了增加带宽，将 AP1#、AP5#、AP6# 设为有线出口点。

AP1#、AP2#、AP3#、AP4#之间为 5.8G 点到点的回程链路连接。

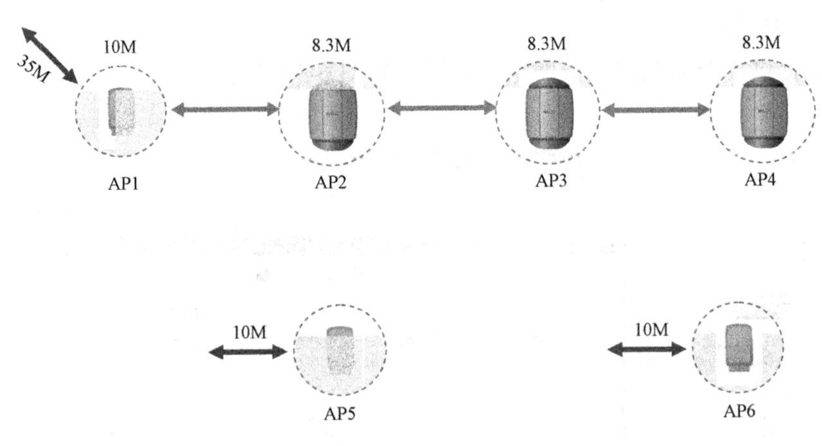

图 6-35　系统网络拓扑

（6）容量计算

根据网络拓扑图计算网络的峰值最大容量（如图 6-35 所示）。

（7）安全策略

◆ 全面实现 802.11i 协议；
◆ 接入端的用户隔离保护；
◆ 基于身份认证的网络接入控制；
◆ 安全的端到端数据传输保护；
◆ 安全的网络配置和管理。

结合了各种安全措施和认证手段后的无线网络具有强大的安全性能，能够有效地防止攻击，保护网络数据的传输安全。

（8）网络管理

网络管理系统 BelView NMS 是基于 Client/Server 的，运行在安装 Window XP 、Solaris 或 Linux 系统的 Intel Pentium 计算机上，网络管理服务器使用 SNMP，可以本地也可以远程管理节点，客户端可以远程与服务器操作。

BelView NMS 的主要功能包括：

◆ 网络监视；

◆ Layer 1 拓扑；
◆ Layer 2 拓扑；
◆ 地图输入；
◆ 统计分析；
◆ 网络节点的自发现；
◆ 物理拓扑的发现（BRM link）；
◆ VLAN 的发现；
◆ Spanning Tree 的发现；
◆ 链路和节点的告警；
◆ Processing of device traps；
◆ 节点软件升级。

网管系统提供一个完全的当前网络状态图，如图 6-36 所示：

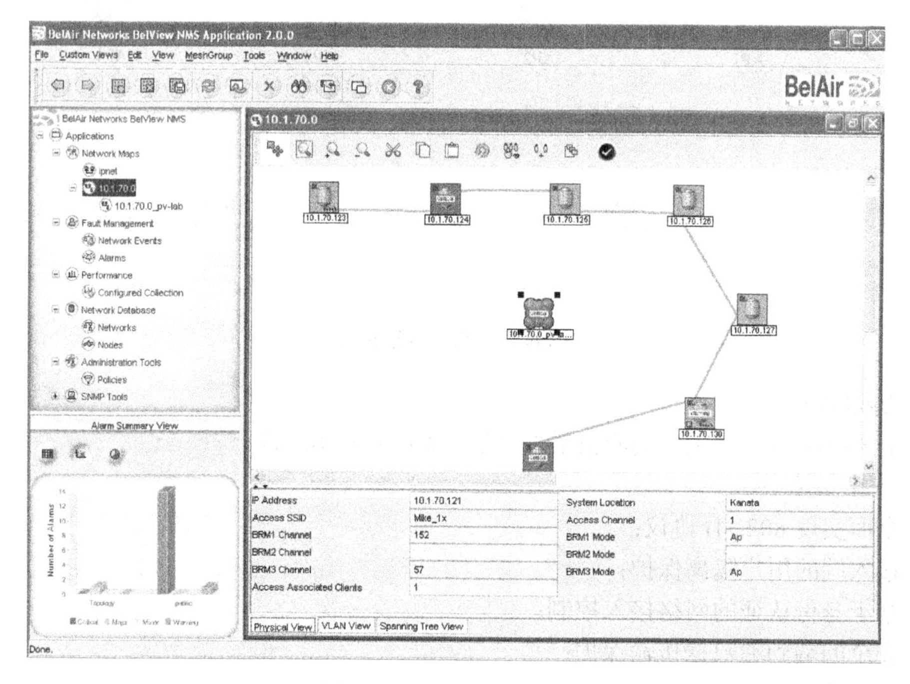

图 6-36 当前网络状态图

（9）安装方式

根据现场条件，均采用在周围矮楼屋顶抱杆安装方式。

（10）组网特点

◆ 提供现代公寓和雪峰商务楼的全覆盖，保障稳定的用户带宽；
◆ 增加有线出口，减少 Back Haul 链路从而有效降低成本；
◆ 所有室外节点均可安装网络摄像头。

（11）设备配置

表 6-8　设备配置

节点编号	型号	设备描述			备注
		回程天线	回程天线 倾斜角度/增益	接入天线 倾斜角度/增益	
1	BA100	1	0°/10.5db	+9°/8db	
2	BA200	2	0°/10.5db	+9°/8db	
3	BA200	2	0°/10.5db	+9°/8db	
4	BA200	1	0°/10.5db	+9°/8db	
5	BA100	——	——	+9°/8db	
6	BA100	——	——	+9°/8db	

5. 实施计划

表 6-9　实施计划

项目名称：						
编号	任务	负责人	7 月	8 月	9 月	10 月
1	现场勘察		√	√		
2	修改设计文件			√		
3	确定设计文件			√		
4	现场安装				√	
5	验收					√

6. 服务、维护和培训

为客户提供及时、周到的本地化的技术支持和服务。内容主要包括：

（1）特色的支持内容

◆ 24 小时售前、售后电话支持；

◆ 公司参观，增进相互了解；

◆ 与技术专家面对面技术探讨；

◆ 组织国内样板点参观。

（2）及时响应需求

◆ 实地考察用户项目，为用户量身定制方案；

◆ 针对用户提案，定制软硬件系统，满足用户特殊需求。

（3）工程项目服务

◆ 厂商技术专家现场安装、调试；

◆ 重大应用现场，厂商工程师亲临职守；

◆ 远程故障排查和故障修复。

（4）快速应急处理

◆ 快速到货通道；

- 备品备件快速直送；
- 备机提供。

（5）技术培训

- 完善的技术培训体系，为客户提供全中文培训资料；
- 根据客户需求，定期或临时安排技术专题培训。

7. 设备及工程报价

略。

6.7 无线 Mesh 网络验收

无线 Mesh 网络安装调试完后，需要与用户一起对网络进行检测，称为工程验收。验收的依据是双方确定的验收测试文件，双方依据文件中的各项指标一起进行测试和记录。验收的目的是为了验证之前的设计文件的准确性和与用户业务需求的满意匹配度。

验收完成后，双方要签署竣工报告。竣工报告通常包括以下几项：设计文件一份、设备到货验收单一份、验收测试报告一份、系统维护手册一份。

6.7.1 验收内容

目前大部分用户在无线网络部署完成后，只是对无线信号强度进行测试，这种单一的测试不能充分反映整个无线网络的性能，很多时候无线信号很强，但还会经常丢包，加上缺少无线网络部署的详细文档，这样就会增加用户的维护成本和排除故障时间。

无线网络工程验收内容的确定是非常重要的，要准确反映无线网络的性能，通常包含以下几个测试项目：

- 信号强度
- 信噪比
- 吞吐量
- 丢包率
- 延时、抖动
- 有无信号盲区

对于网络安全问题，目前无线 Mesh 设备都支持 802.1x 协议，具有防止入侵 AP 功能，只要别忘记进行安全设置就可以了。

6.7.2 验收报告的编写

根据验收测试项目编写验收报告。一般包括测试项目、双方测试人、测试时间、测试地点及双方人员签字等内容。

6.8 解 决 方 案

由于无线网状网低成本、高带宽、安装灵活、容易维护、品种丰富、价格低廉，使其以极大的优势被广泛地应用在欧洲、美洲、新加坡、香港、台湾等国家和地区，而我国大陆则是刚刚起步，仍处在探索阶段。

近年来，北京、上海、武汉、深圳、天津等城市都规划了无线城市建设，目前在一些经济发达城市包括北京市均开始把无线 Mesh 宽带接入规划和实施提上日程。在城市特定区域、复杂街区、办公区、家庭内、企业和公共场所等诸多领域无线 Mesh 都具有广阔的应用前景，具体的应用有以下几个方面。

1．构建政府无线网络平台

为了吸引投资，增加城市的活力，给游客或外来商务人士提供更便利的信息获得渠道，越来越多的国家开始部署城市无线网络。美国第一个在全城部署 Wi-Fi Mesh 通信网的城市是费城。正式运营包月费为 20 美元，部分弱势用户可获得 10 美元的特惠，用户在公园和公共场所使用时全部免费。目前美国全城部署 Wi-Fi 的城市越来越多，如依里诺依州的芝加哥市、加州的旧金山、俄亥俄州的克里夫兰、明尼苏达州的明尼波里斯和宾西法尼亚州的匹兹堡等大都市都在布设之中。新加坡则是极力想把自己打造成为一个 Wi-Fi Mesh 城市，力图由此促进经济的发展，提高社会信息化程度。从 2007 年开始，新加坡 3 家无线运营商在新加坡所有公共区域提供至少为期两年的免费无线接入服务，最高速度可达 512Kbps。在未来两年内，在中心商业区、市区购物带、市中心以及建屋发展局、镇中心等高人口密度公共区域增设热点。

政府的无线网络平台，主要是为市民和城市来访者提供各种免费的信息资源，因此通常会在城市商业点、旅游点、公园等场所提供免费网络接入服务。

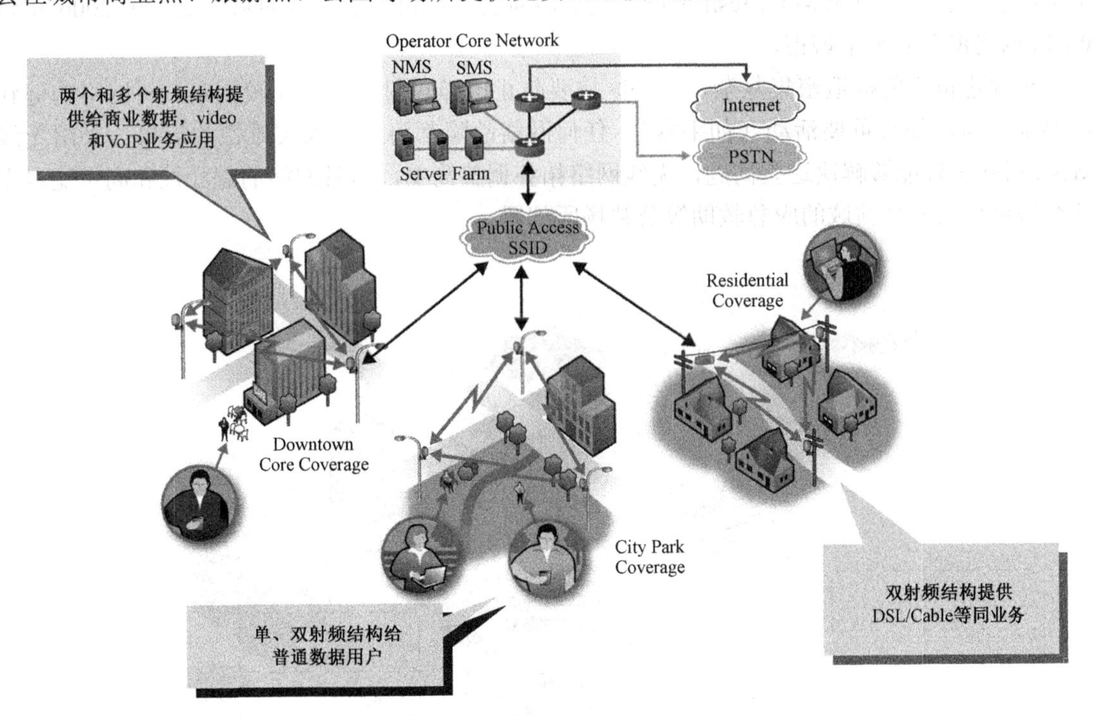

图 6-37　802.11 多种无线 Mesh 网络应用

2．校园无线 Mesh 网

校园无线网络有自己的特点：一是地域范围大、用户多而且通信量大；二是网络覆盖要求高，网络必须能够实现室内、室外、礼堂、宿舍、图书馆、公共场所等之间的无缝漫游；

三是负载平衡非常重要，当学生集中在某地同时使用网络时很容易发生通信拥塞。使用无线Mesh组网，很容易调整节点数量和位置，实现网络升级，而且能够实现室内外的无缝漫游。

3．城市公共安全及应急网络

城市是人口、产业、财富高度聚集的地区，是现代社会经济活动最集中、最活跃的核心地域，是现代社会人们生活和生产的主要场所。随着我国城市化水平的逐步提高，城市的规模与数量都在快速增长，城市所聚集的人口和积累的财富使城市的重要性日趋明显，与此同时，在安全方面城市也面临着空前的挑战。自然灾害频率和强度的增加，各类事故以及恐怖主义的威胁对城市预防灾害及应付突发事件的能力提出了新的要求。在突发性和难预见的灾难面前，公共通信体系是脆弱的，那么我们如何进行应急救助？我们如何能够得到现场的真实资料呢？

值得一提的是，2005 年秋强热带风暴几次袭击墨西哥湾的露易斯安那、密西西比和德克萨斯等州时，Wi-Fi Mesh 都起到了不可替代的作用。当时无论固定电话设施还是移动通话施备都遭受了严重损坏。在受灾地区恢复通信的过程中，Wi-Fi 作出了很大贡献。T-Mobile、Wayport、SBC 和麦当劳等对灾区 Wi-Fi 用户提供了免费的服务。Intel 公司还向灾区的避难所免费提供了笔记本电脑和热点设备，在保障通信方面发挥了重要作用。在受灾最重的露易斯安那州的新奥尔良市，主持救灾的政府机构为了通知被疏散人口返回和保障他们的就业，在市中心建立了免费的 Wi-Fi Mesh 网络。此后政府尝试在市中心部署的基础上，在 2006 年将 Wi-Fi 网络覆盖到整个城市。

医院建筑物的构造密集复杂，一些区域要防止电磁辐射，布线比较困难，对网络的健壮性要求很高，如有重要活动（如手术），任何网络故障都将会带来灾难性的后果。采用无线Mesh组网正好能够解决这些问题，无线网络拓扑调整简单，而且网络的健壮性和高带宽也更适合城市公共安全领域的应急救助等公共场所部署。

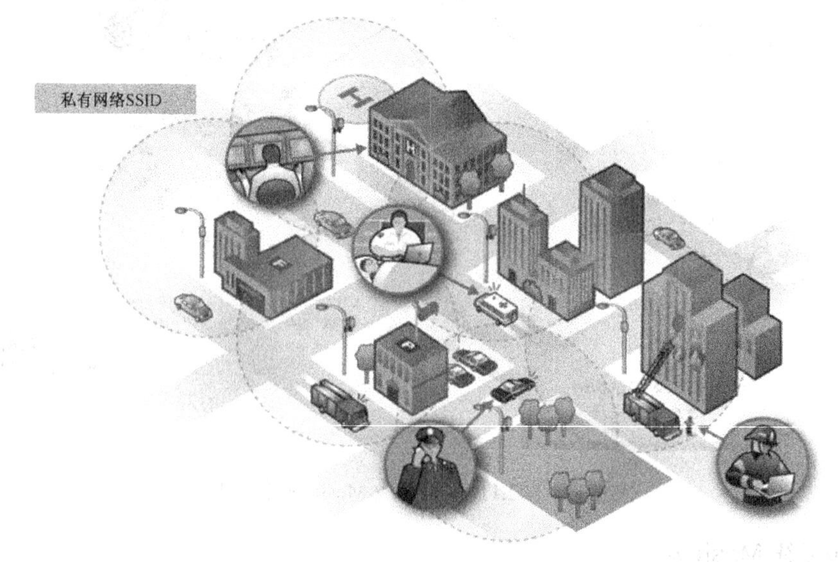

图 6-38　政府无线应急应用

4．旅游休闲场所应用

无线 Mesh 非常适合那些地理位置偏远布线困难或安装网络成本较高，但又需要为用户提供宽带无线 Internet 访问的地方，如旅游场所、度假村、汽车旅馆等。无线 Mesh 能够以最低的成本为这些场所提供宽带服务。

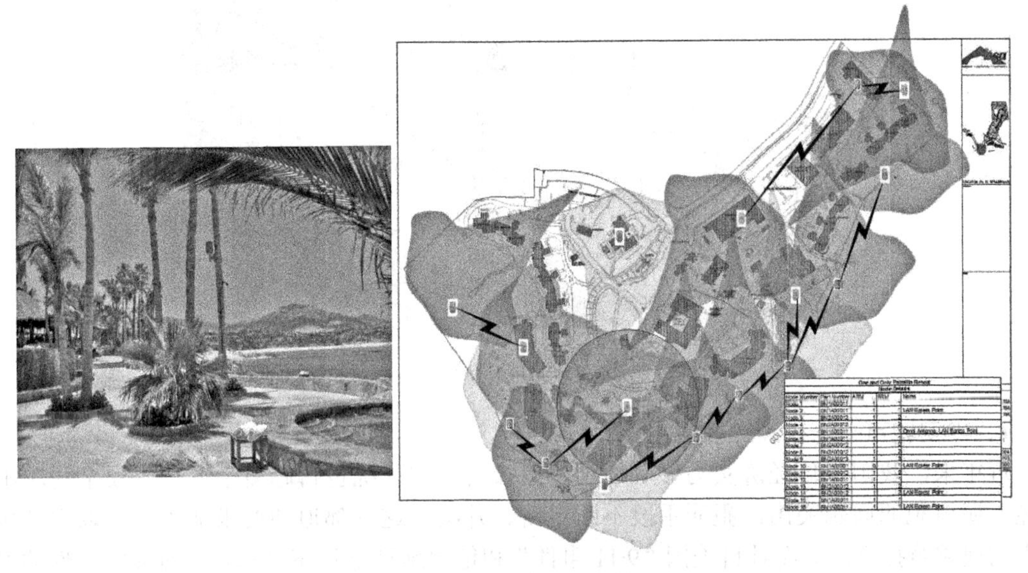

图 6-39　海滨无线应用

5．适合需要快速部署或临时安装的场所

对于那些需要快速部署或临时安装的地方，如展览会、交易会、灾难救援等，无线 Mesh 网络是最经济有效的组网方法，可以将成本降到最低。

图 6-40　娱乐场所无线应用

6．行业无线分布式网络

对于交通、银行、港口、机场等行业的网络部署，无线 Mesh 有其很大的优势。首先，不需要租用运营商的线路带宽，每月付租金；其次，可以自己部署，加快网络建设。

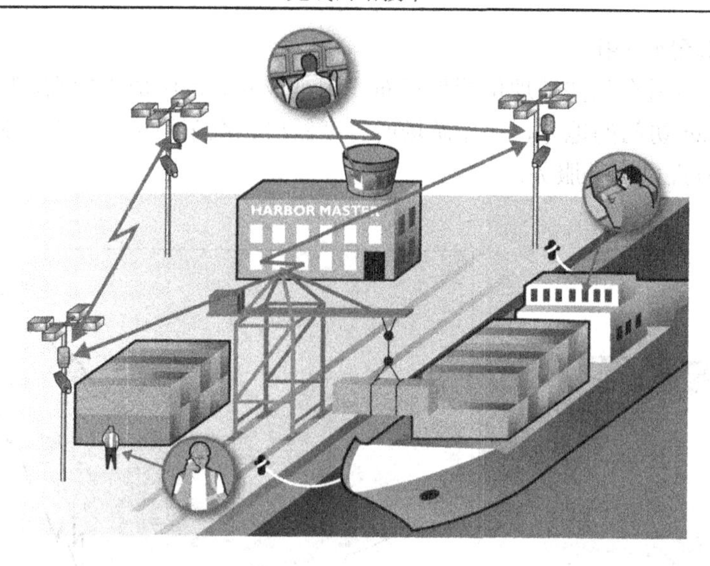

图 6-41　港口无线应用

7．平安城市——视频监控应用

近年来，我国整体经济实力显著增强，但社会治安状况也日趋复杂，公共安全问题不断凸显，城市犯罪问题突出，犯罪手段不断更新、升级。这些都迫切要求加快发展以主动预防为主的视频监控系统。而且自美国“9·11 事件”和伦敦地铁爆炸案之后，应对突发事件的城市应急防范系统成为新的安防建设热点。

2005 年 9 月中国公安部正式启动城市联网报警与监控系统建设（3111 工程），将在全国范围内，在省、市、县三级开展报警与监控系统建设试点工程，推动“平安城市”的建设步伐。目前各主要城市如北京、广州、深圳、杭州已经开始加快建设城市的视频监控系统。无线 Mesh 网络的灵活性、易扩展性、可靠性以及高带宽都为平安城市提供了可靠的保证。

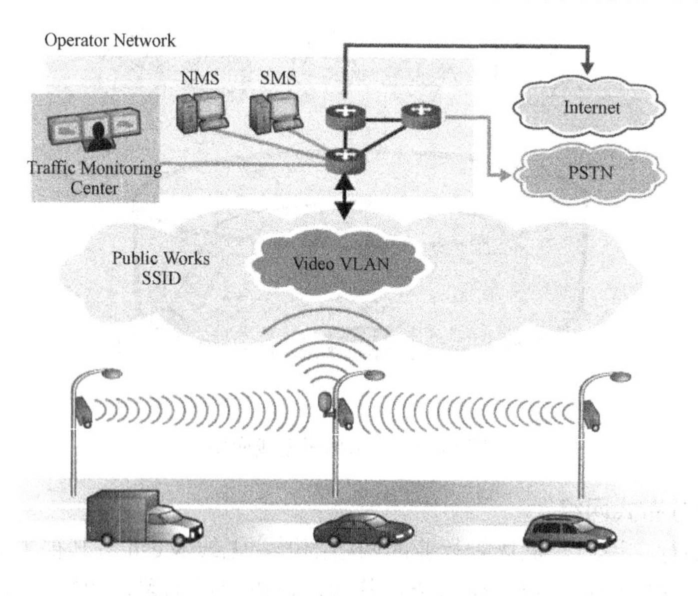

图 6-42　无线数字城市应用

6.8.1　街道无线覆盖模式设计要点

1．覆盖模式

对于街道类型的覆盖模式通常采取 2.4G 全向天线的方式，覆盖半径约 200 米，由于使用无线宽带的客户通常是在街道上或旁边的店铺内，因此安装高度不宜太高，6 米左右即可。

2．参数设定

表 6-10　参数设定

类型	工作模式	峰值吞吐量（Mbps）	备注
5.8G	点对点	24	
5.8G	点对多点	16.5	RTS-CTS 协议
2.4G	802.11g 点对多点	22	
2.4G	802.11b/g 点对多点	11	RTS-Self 协议

说明：工作在 5.8G 点对多点模式下，为了避免碰撞，需启用 RTS-CTS 协议，这样降低了链路吞吐量。同样在 2.4G 点对多点模式下，启用 RTS-Self 协议，也降低了吞吐量。图 6-43 为在不同模式下，相同速率时的吞吐量的变化。

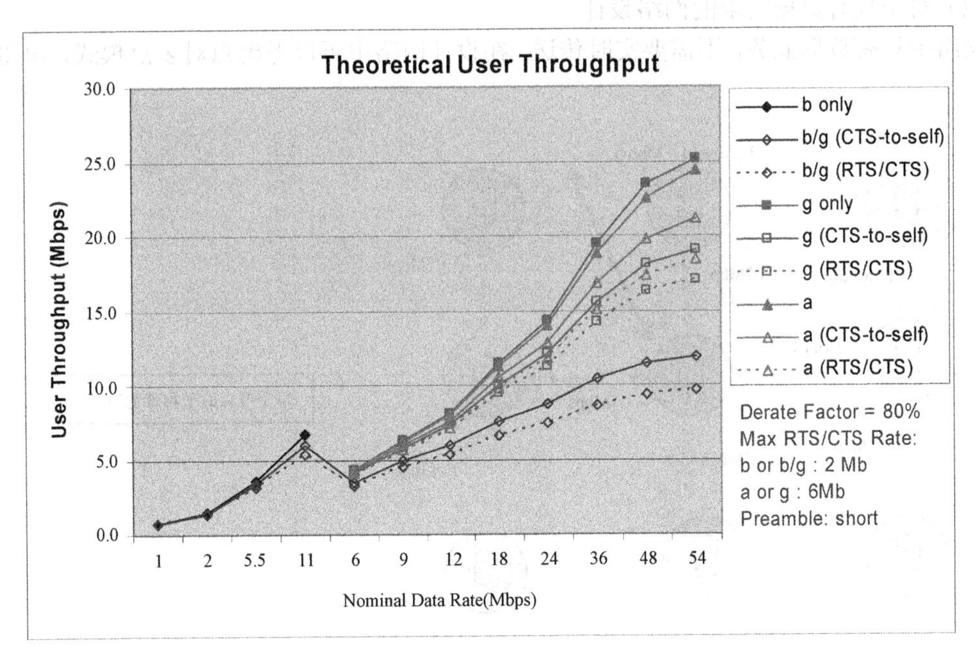

图 6-43　吞吐量和速率的关系

3．节点均布的方式

对于假定的 1 平方公里的无线覆盖，采用节点均布的方式。

（1）对于语音、视频和高速数据需求的网路设计为了满足语音、视频和高速数据需求，在设计网络时，建议采用点对点链路模式，网络拓扑如图 6-44 所示。

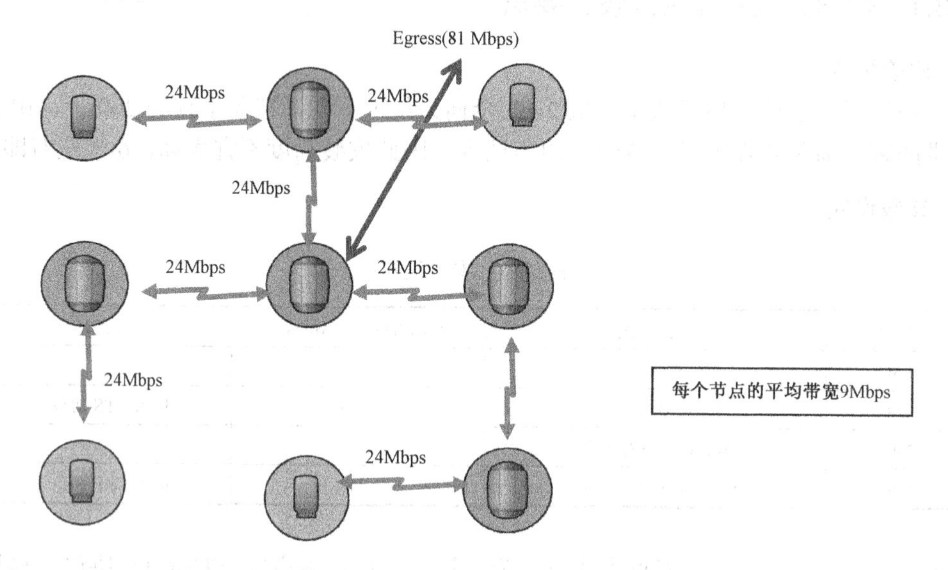

图 6-44　多媒体业务的综合接入

（2）对于只有数据需求的网络设计

网络中只有数据业务，不需要实时传送，在设计网络中可以考虑点对多点模式，如图 6-45 所示。

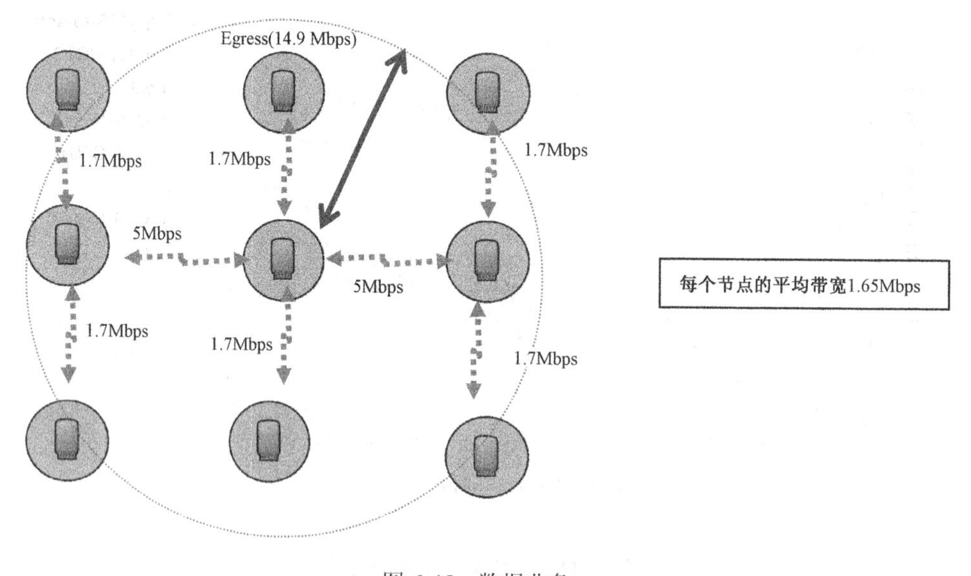

图 6-45　数据业务

（3）低成本、低速数据网络设计

为了降低成本，满足低速数据要求，可以采用 2.4G 多点对多点模式，如图 6-46 所示。

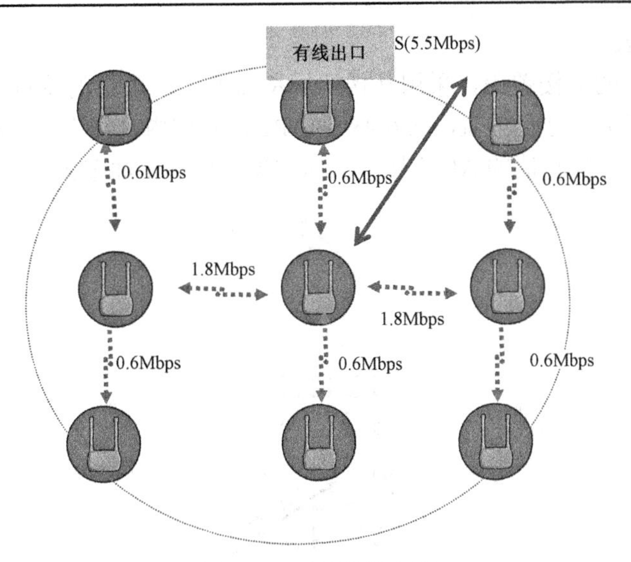

图 6-46　低速数据应用

6.8.2　楼宇无线覆盖模式设计要点

1. 概述

建筑物的覆盖采用定向天线覆盖方式，无线 AP 信号穿透建筑物的窗户到室内，通常采用 65°×65°的天线，其覆盖范围为长 80 米，高 80 米的区域。

对于 AP 的安装位置可以根据实际情况进行选择：AP 的放置位置可以放在楼高的 1/3 处以下，倾斜向上覆盖；也可以放置在 1/3～2/3 楼高处，选择没有倾斜直接覆盖；还可以选择放置在 2/3～3/3 楼高处，向下倾斜覆盖，但由于设备的位置比较高，要注意频率规划，避免干扰。

2. 狭长楼的覆盖

对于狭长两侧有玻璃窗户的楼宇做无线覆盖，可以采取两侧覆盖的方式，如图 6-47 所示，AP1 和 AP3 连接到有线出口，AP1 与 AP2 通过 5.8G 回程连接，AP2 覆盖楼的一侧，同理，AP4 与 AP3 通过 5.8G 回程连接，AP4 覆盖楼的另一侧，这样就实现了对整个楼宇的覆盖。这种从室外覆盖室内的方式比较简单，而且覆盖成本低。

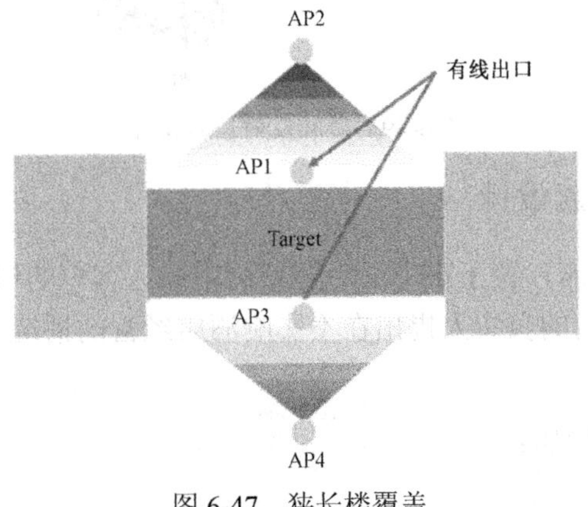

图 6-47　狭长楼覆盖

3. 方形楼的覆盖

对于四周有窗户的塔楼覆盖，采用从楼四周覆盖方式。塔楼的特点是四面全有房间，因此需要将塔楼的四周全部进行覆盖，图 6-48 中 AP1 接到楼内有线出口，然后通过回程与 AP2 连接，AP2 再通过回程与其他的 AP 连接，从而实现塔楼的全面覆盖。

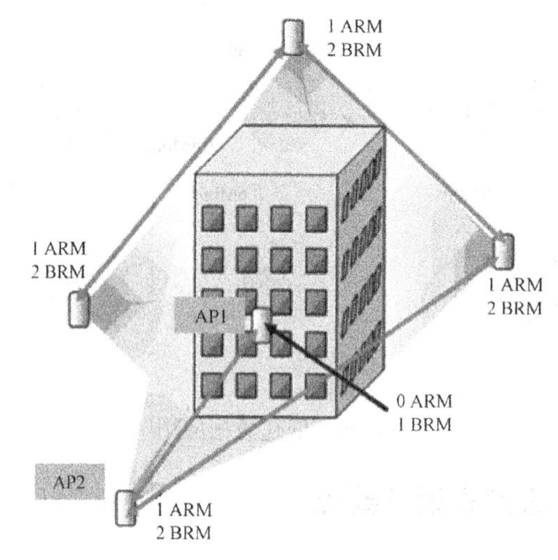

图 6-48　四方形塔楼

4. 邻近楼群的覆盖

楼群的覆盖是比较麻烦的，既要考虑全面覆盖，还须考虑干扰和频率复用的问题。通常会根据楼群间隔，借用反射信号覆盖从而达到覆盖要求，这样可以既节约投资又实现了频率复用，如图 6-49 所示。

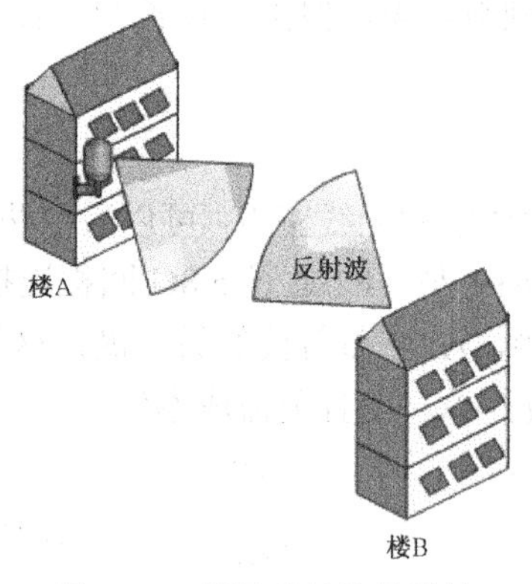

图 6-49　楼间反射信号覆盖

6.8.3　酒店无线覆盖设计

Radission 是一个老酒店，位于市中心，随着酒店商务客户的增加，越来越多的客户提出无线上网的要求，因此酒店的负责人提出在不影响酒店经营的情况下，实现无线宽带接入。

1. 用户现场描述：

- ◆ 11 层楼高的市区酒店；
- ◆ 每层 23 个房间；

- 45 m（145 feet）宽，25 m（80 feet）深；
- 砖混结构的建筑；
- 有线出口在 3 层；
- 酒店后面紧邻一个高楼，没有安装位置；
- 酒店东边不需要覆盖。

2．网络要求

- 实现高速上网；
- SNR > 15 dB。

3．初始设计

难点：酒店后面紧邻一个高楼，没有安装位置，因此采用反射信号覆盖方式。见图 6-50。

图 6-50　酒店后面紧邻高楼

根据前面的设计原则，用 3 个 AP 就可以全部覆盖这个酒店的 3 个侧面，但由于有线出口点位置的限制和安装地点限制，因此采用了 4 个 AP 进行覆盖，2 个有线出口点，如图 6-51 所示，由于酒店紧邻另一座大厦，致使 AP1 没有安装位置，因此将 AP1 安装在酒店自身的墙上，利用反射信号覆盖方式覆盖酒店的一侧，并直接与有线连接。AP4 和 AP3 覆盖酒店的另外两侧，通过回程方式与 AP2 连接，AP2 再连接到有线出口。初始设计完成，接下来的工作是现场勘察测试。

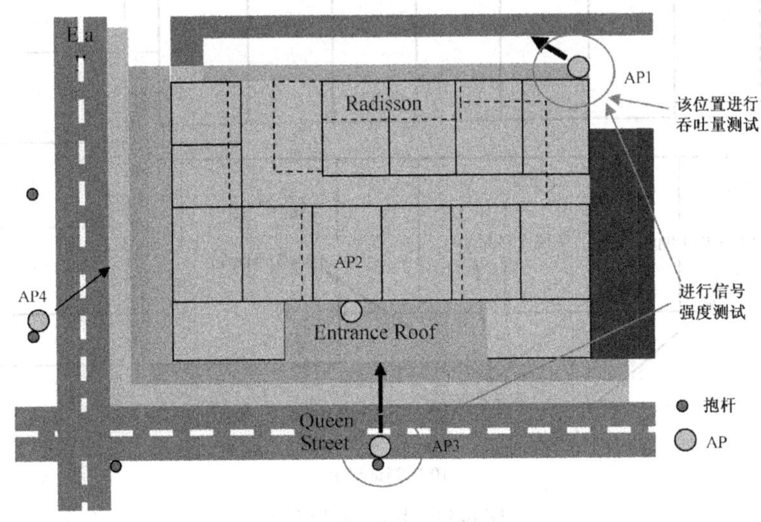

图 6-51　无线规划图

4．现场场勘测试

把 AP1 和 AP3 设置在设计的位置，进行现场测试，场勘测试结果如图 6-52 所示。由于 AP4 与东部房间的距离与 AP3 类似，因此可以不用测试。

SNR 的测试在 2, 4, 8, 10 和 11 层，一般测试覆盖最两边的房间和中间的房间，每个房间测试 3 个位置点，一个在窗户边，一个是房间的中间点，一个是房间随意的一个位置点。用 Network Stumbler 测试。吞吐量测试的位置一般选在房间中间的位置，用 Q-Check 软件测试。

测试记录如下：

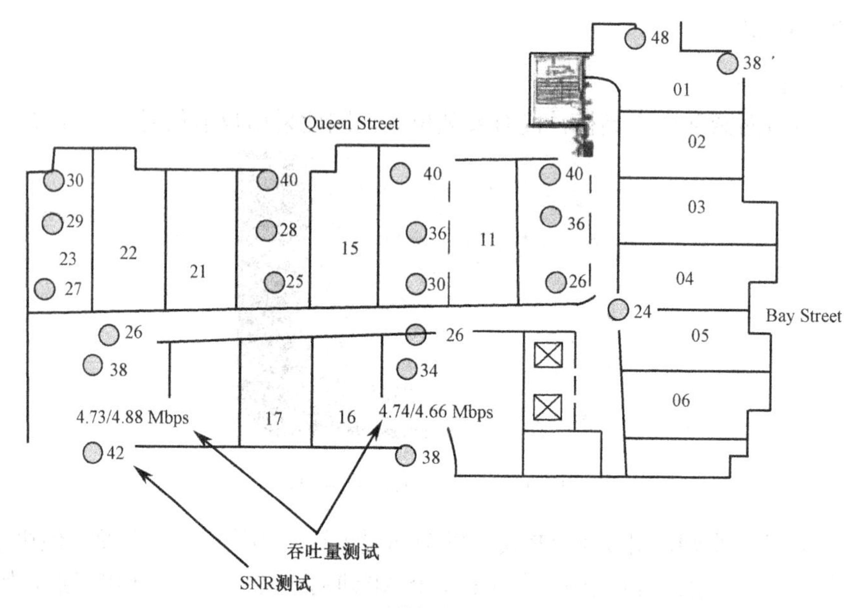

2 层测试记录

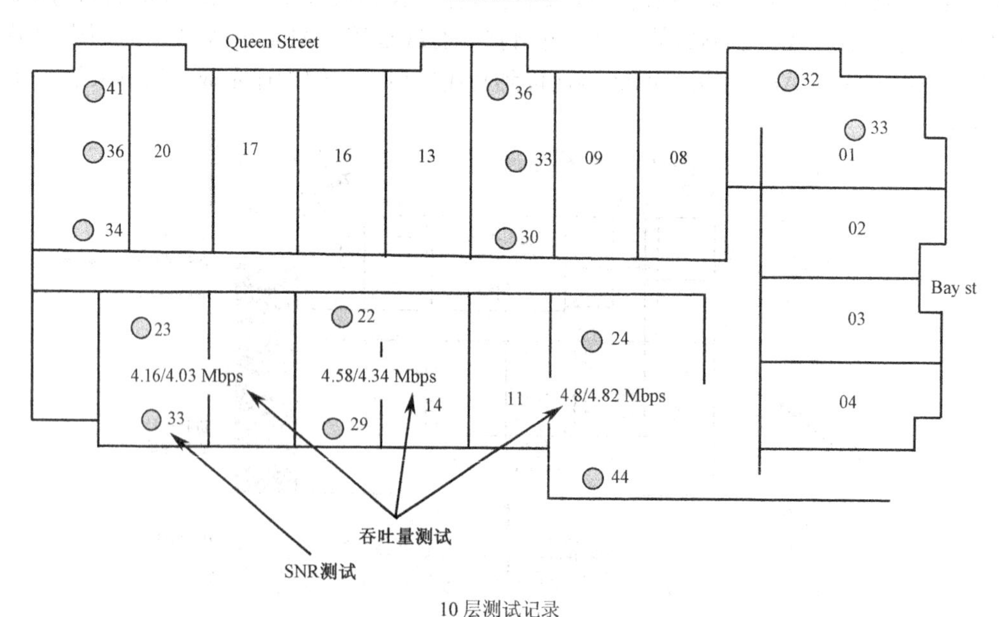

10 层测试记录

图 6-52　场勘测试记录

5．场勘后数据输出

（1）两个有线出口

（2）AP2 的位置从原设计的位置改到酒店西侧

（3）设备安装位置及配置

① AP1：只有接入模块，
有线连接，
墙面安装。

② AP2：只有回程模块，
有线连接，
墙面安装。

③ AP3：接入 ＋ 回程，
回程与 AP4 连接，
抱杆安装。

④ AP4：接入 ＋2 个回程，
回程与 AP2 连接，
抱杆安装。

根据场勘后的数据，更改初始设计方案如图 6-53 所示。

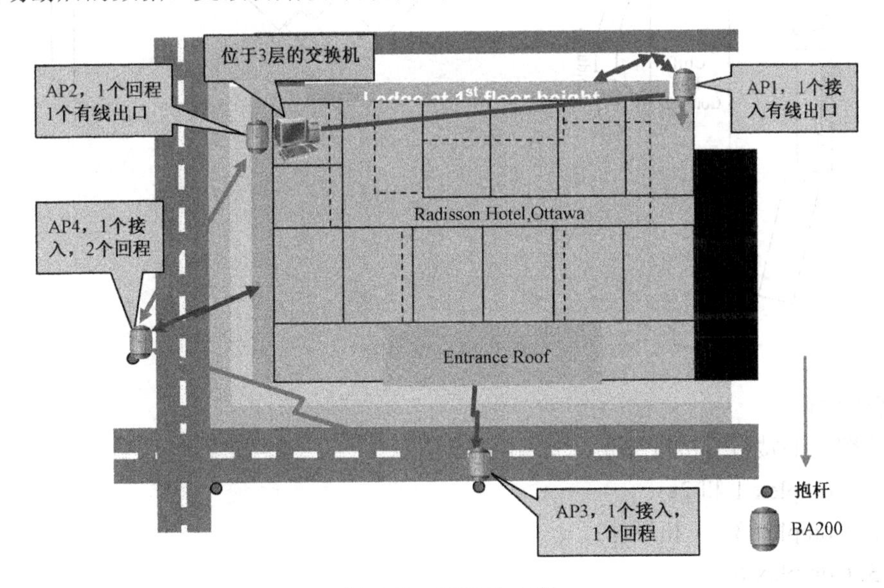

图 6-53　新设计方案

与用户沟通更改后的设计方案，确定没有问题，即完成了酒店的无线覆盖设计。

6.8.4　校园覆盖

为了便于学生、老师获取数据、信息，便于对学生管理和增加视频监控点，学校决定在校园里进行全部无线覆盖。

1．需求描述

要求实现覆盖区域的上网和一部分视频监控。覆盖范围包括：

- ◆ 6 个楼群（Building Complexes）
- ◆ 大厅
- ◆ 舞厅
- ◆ 几个餐厅

Building Complex 1：1 个楼，2 层，1 侧要求覆盖 20 个房间；

Building Complex 2：2 个楼，5 层，1 侧要求覆盖 110 个房间；

Building Complex 3：2 个楼，6 层，2 侧要求覆盖 200 房间；

Building Complex 4：2 个楼，6 层，1 侧要求覆盖 84 房间；

Building Complex 5：1 个楼，1 层，4 侧要求覆盖 11 个房间；

Building Complex 6：3 个楼，4 层，1 侧要求覆盖 104 个房间。

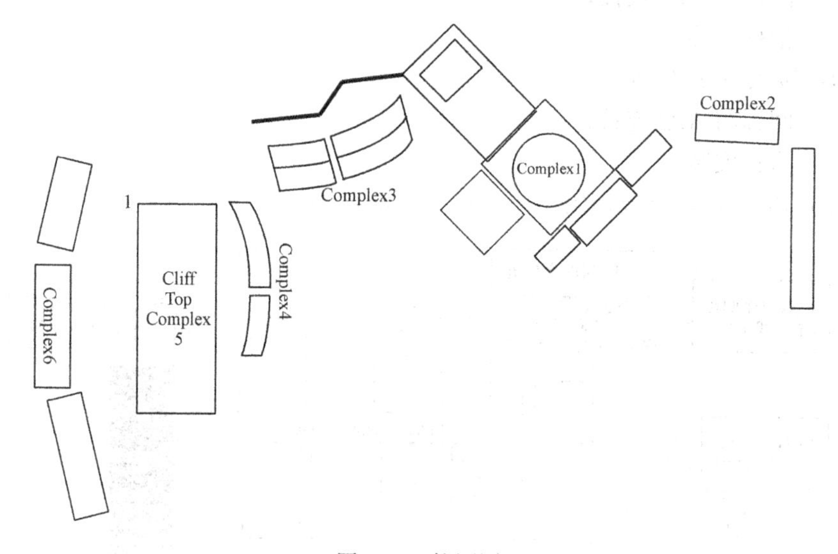

图 6-54　校园图

2．初始设计

把需要覆盖的楼群分成 3 个区，如图 6-55 所示。

Zone 1: Complex 1 和 2；

Zone 2: Complex 3、4 和舞厅；

Zone 3: Complex 6。

Complex 5 的覆盖通过 Zone 3 的反射信号和 Zone 2 信号的直接覆盖。

安装位置的选择：

- ◆ 棕榈树、低的屋顶和花园中间的空地；
- ◆ Zone 3 区内没有合适的安装位置，需要立杆；
- ◆ 信道 Channel 7 已经被使用。

根据需求描述和校园建筑物位置图，进行初始设计，如图 6-55 所示。

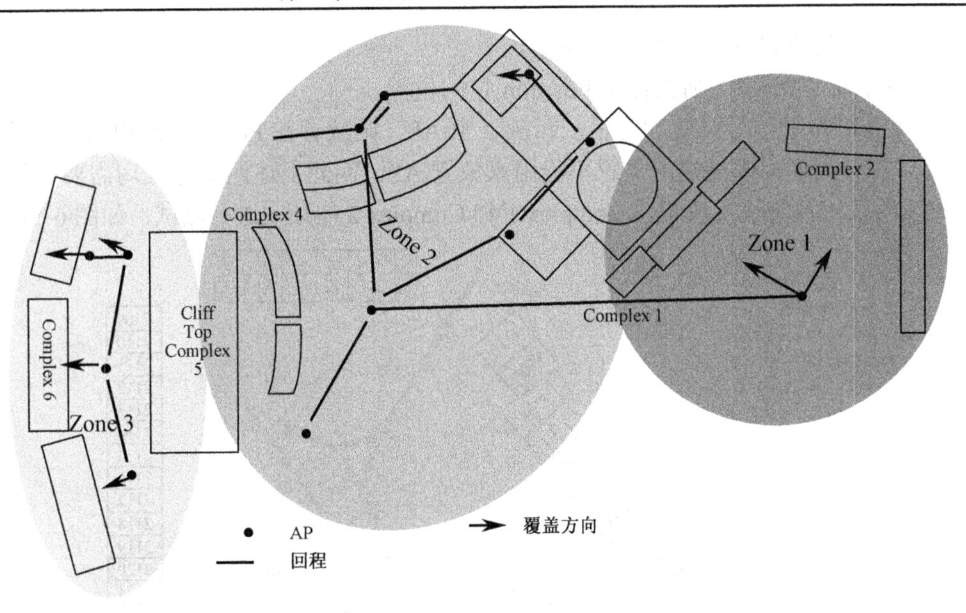

图 6-55　初始设计

3．站址勘察

把 BA200 放在 Complex 1 和 2 之间的棕榈树上，然后用笔记本进行测试，测试记录格式如下：

<房间号> <信号强度>/<背景噪声>

测试结果如图 6-56 所示。

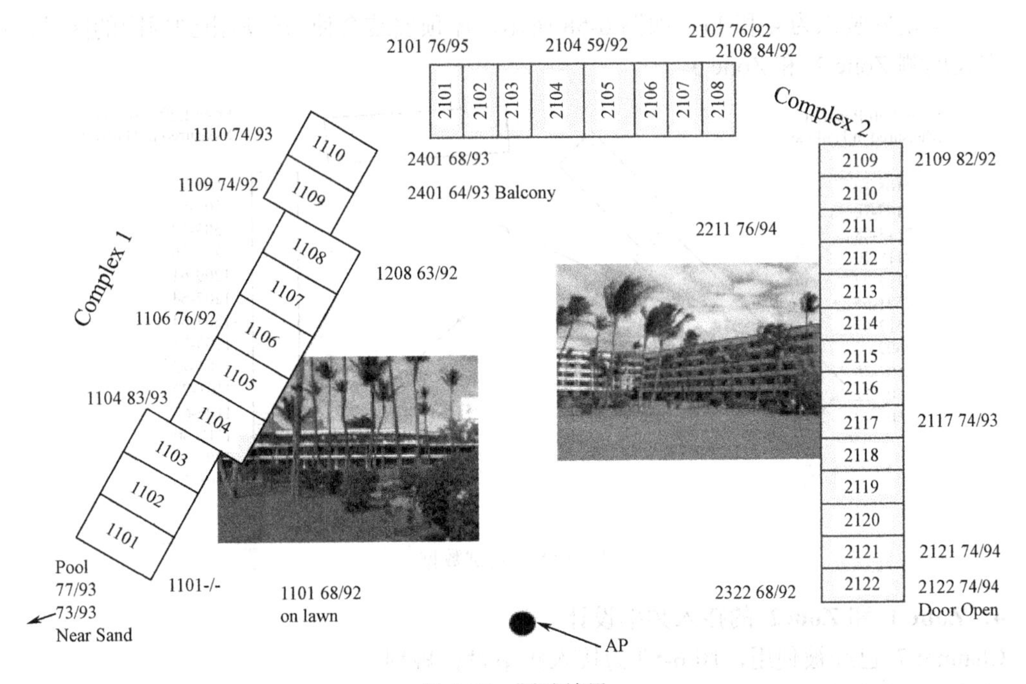

图 6-56　测试结果

设备初始安装位置方案如图 6-57 所示。

1. 如果部署 1 个 AP，则放置在 Position 1 的位置。

2. 如果为了增加信号强度和容量，布放 2 个 AP，则放置在 Position 2 和 3 的位置。

通过与客户沟通，棕榈树的位置不能用来放置 AP，因此上述两个方案均需要修订。用户同意房顶安装，因此将设备放置在 Complex 1 和 Complex 2 屋顶上进行测试，如图 6-57 所示。

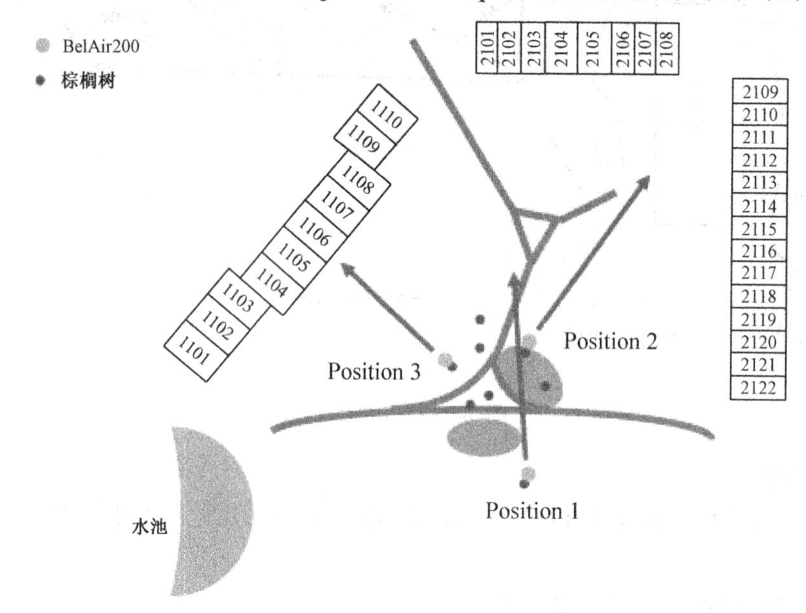

图 6-57　安装位置图

最后确定安装点为 4 和 11，如图 6-58 所示，屋顶安装会使信号溢出到周围的区域。用同样的方式勘测 Zone 2 和 Zone 3。

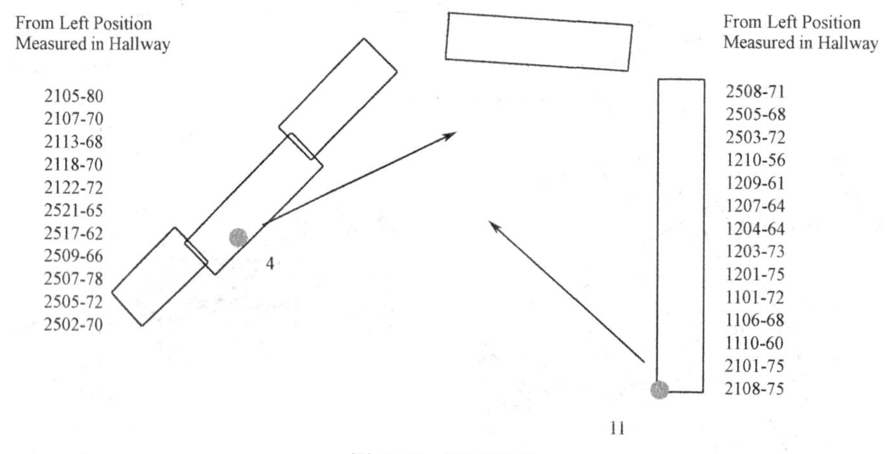

图 6-58　测试数据

4. Zone 1 和 Zone2 的接入频率设计

Channel 7 已经被使用，图 6-59 为接入频率设计规划。

括号外面的数字是接入信道（如果 Channel 7 没被使用）；括号里面的数字是接入信道（如

果有 Channel 7 被使用）。

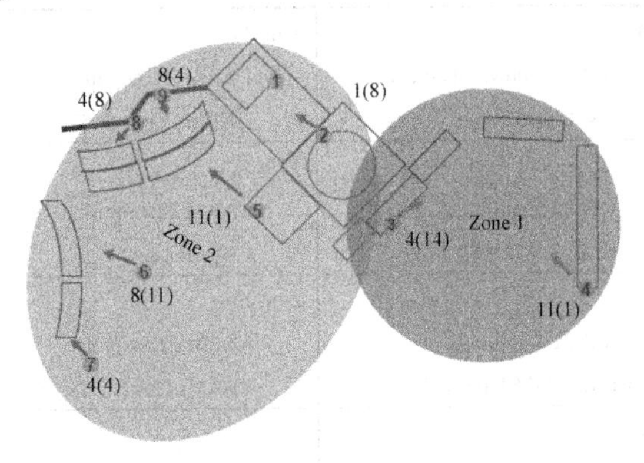

图 6-59　接入信道规划

5．回程信道设计

根据设计原则，回程信道的选择如图 6-60 所示。

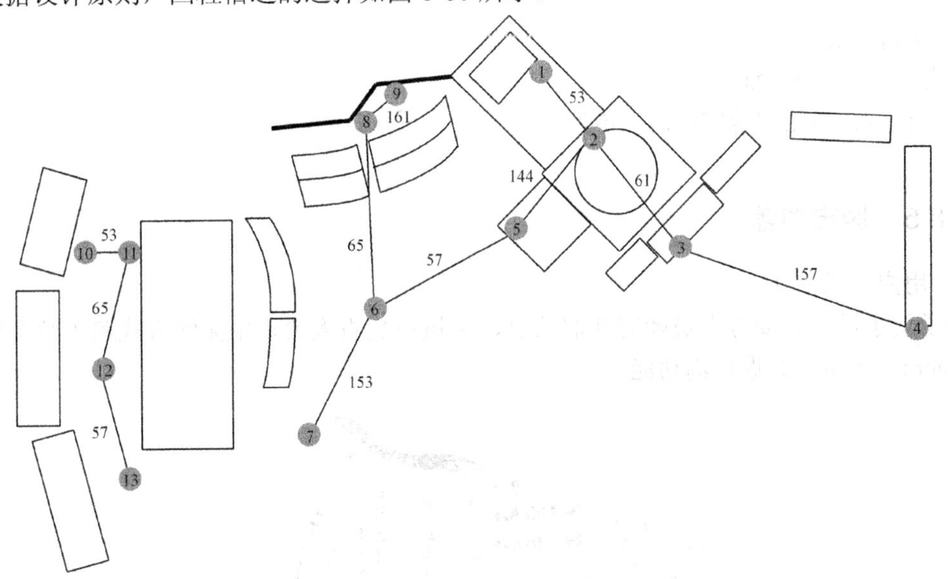

图 6-60　回程信道规划

表 6-11　设备配置

Unit 1 1 BRM Ch#53	Unit 8 1 ARM 22.5 uptilt 2 BRMs Ch#65, 161
Unit 2 1 ARM 0 tilt antenna 3 BRMs Ch# 53,61, 149	Unit 9 1 ARM 22.5 uptilt 1 BRMs Ch# 161
Unit 3 1 ARM 0 tilt antenna 2 BRMs Ch# 61, 157	Unit 10 1 BRMs Ch# 53

续表

Unit 4 1 ARM 22.5 downtilt antenna 1 BRM Ch#157	Unit 11 1 ARM 22.5 uptilt 2 BRMs Ch# 65, 57
Unit 5 1 ARM 22.5 uptilt 2 BRMs Ch#149, 57	Unit 12 1 ARM 22.5 uptilt 1 BRMs Ch# 57
Unit 6 1 ARM 22.5 uptilt 3 BRMs Ch# 57, 65, 153	Unit 13 1 ARM 22.5 uptilt 3 BRMs Ch# 57, 65, 153
Unit 7 1 ARM 22.5 uptilt 1 BRM Ch#153	

6．电源设计

电源要求：220V AC。

电源位置：与用户确定可能的电源位置。

6.8.5　城市覆盖

1．用户需求描述

为了便于游客和商务人员随时获取信息，某城市负责人要求用无线方式覆盖整个街道，实现 Internet 浏览、数据传输功能。

图 6-61　城市布局

2．初始设计

采用四个接入信道模式，隔行形成 Mesh，所有的接入天线方向一致。

图 6-62　初始设计方案

3．接入信道设计

采用 Channel 1，4，8，11 模式做接入覆盖。

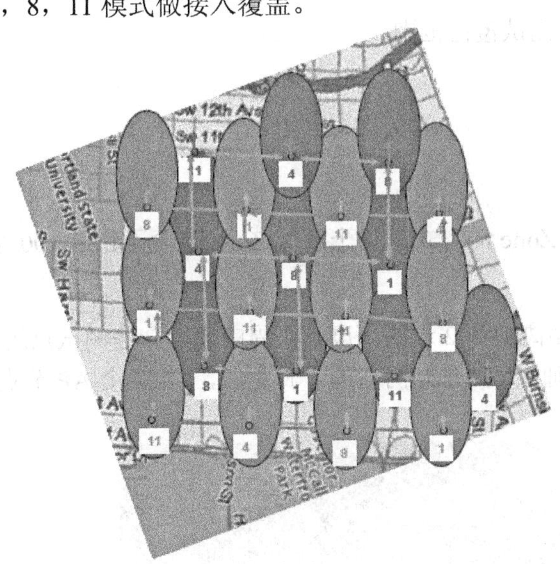

图 6-63　接入信道设计

4．回程信道设计

采用 2 组 8 个信道方案，每组 4 个信道：

- ◆ Channels 53, 57, 61 和 65（UNII 2）
- ◆ Channels 148, 152, 156 和 160（UNII 3）

5．部署阶段安排

网络的部署分成几个阶段。初始阶段是站址勘察，确定设计是否能全面地覆盖用户区域，然后安装 4 个节点，验证设计是否可行。一旦设计得到确认，将很容易进行部署安装，每个 Zone，可以部署近 100 个节点。

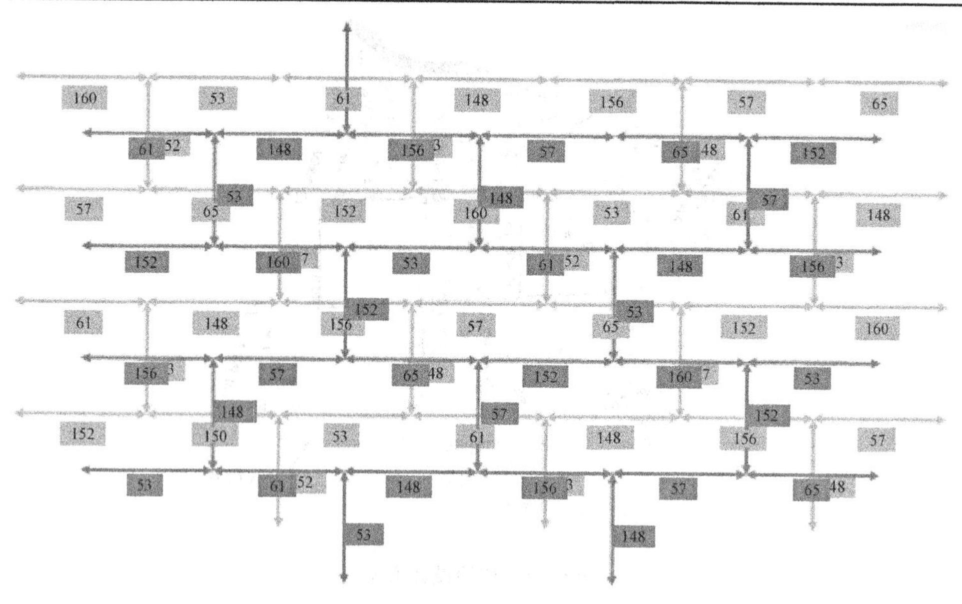

图 6-64　回程信道设计

1）设计确认

◆ 安装一个 AP，测试覆盖范围；

◆ 1 天。

2）安装 4 个 AP

测试几个星期。

3）网络部署

网络部署按照区域 Zone 的方式，每个区域 Zone 包含不超过 100 个节点。

6．站址勘察

把 BA100 安装在距离地面 2 米的高度，在周围选取一些测试点进行信号强度的测试。测量表明，连续覆盖可以通过双 Mesh 网络的方式完成，用 22 个 AP 节点覆盖 1 平方哩（260 公顷）。

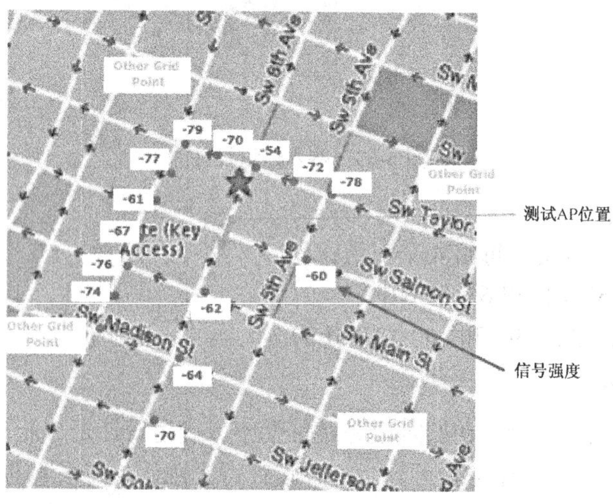

图 6-65　安装示意图

总　　结

每一个无线 Mesh 网络的部署都是不同的，而且会面对不同的现场环境挑战，上述描述为无线 Mesh 网络设计和实施提供了一些指引，每个项目的具体实施都将会根据现场条件有所改变。

思　考　题

1．街道无线覆盖模式设计：要求在一平方公里范围内，实现无缝覆盖，为用户提供数据业务、视频业务，语音业务，根据不同的业务类型，设计三种网络拓扑模式，画出网络拓扑图确定设备类型。

2．用 4 台 AP 设备搭建一个无线 Mesh 网络组网图，一个有线出口，组网模式可任意选择。

3．用 9 台 AP 设备搭建一个无线 Mcsh 网络组网图，一个有线出口，组网模式可任意选择。

4．根据题图 6-1 中给出的参数，计算链路。

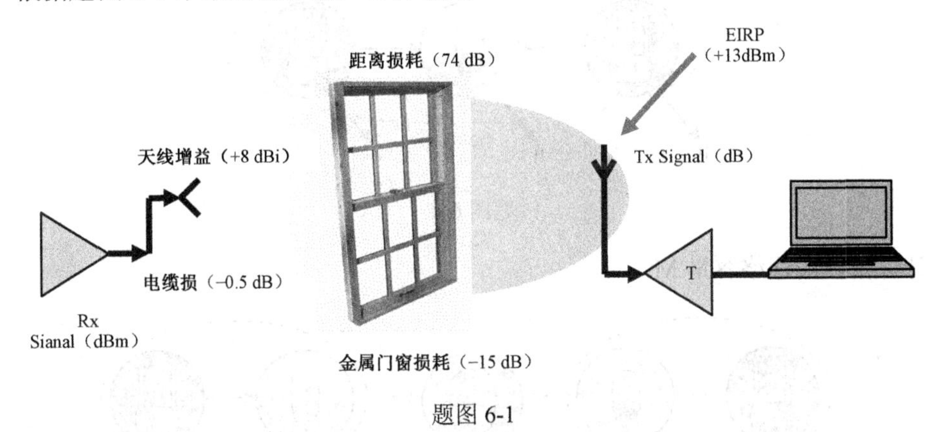

题图 6-1

5．使用 Channel1，6，11 设计下图 2.4G Cluster 的频率规划。

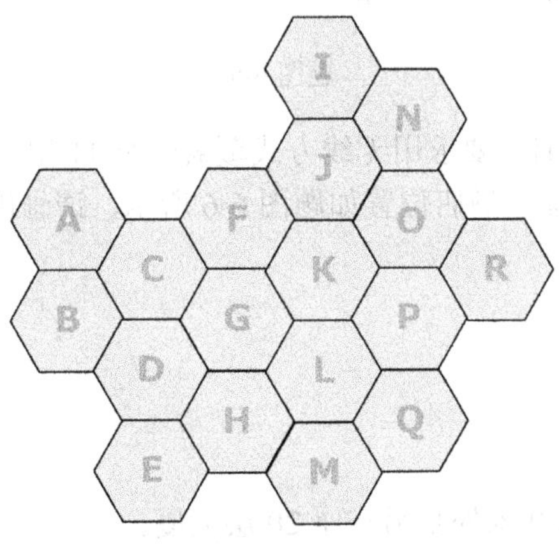

题图 6-2

6．使用 Channel 1，8，4，11 设计下面网络的接入频率规划。

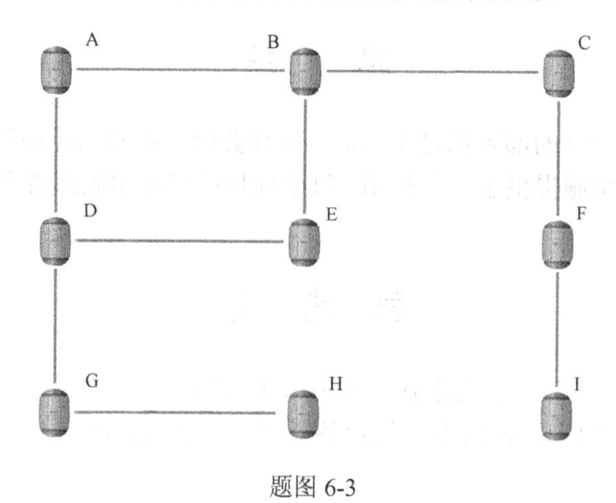

题图 6-3

7．计算下图的网络容量 M。

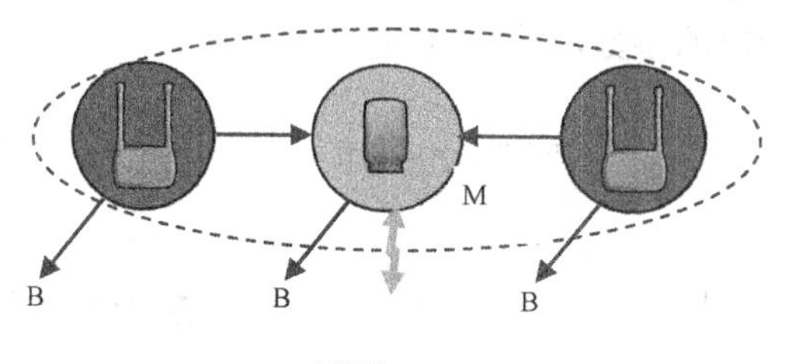

题图 6-4

8．计算下图的网络容量 M。

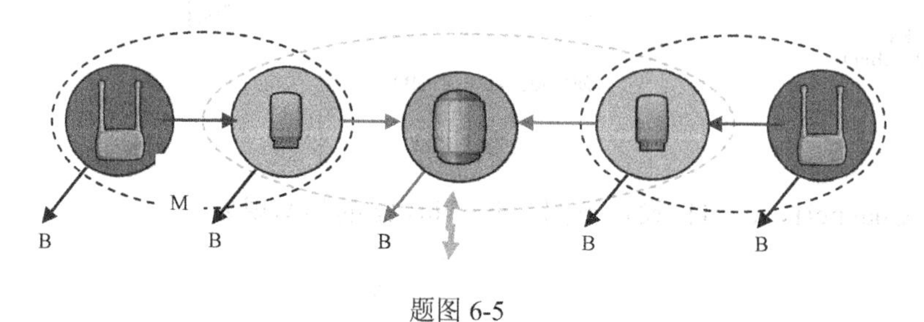

题图 6-5

9．楼宇无线覆盖模式设计：要求用无线方式覆盖一个 11 层高的酒店，实现所有房间无线上网及酒店的一部分监控功能，酒店位置如题图 6-6 所示，请画出网络拓扑图。

（1）建筑物:

◆ 11 层楼高

◆ 每层 23 个房间

◆ 45 米宽，25 米深

◆ 砖墙结构

（2）难点：酒店的后面 20 米处是另一座 20 层大厦。

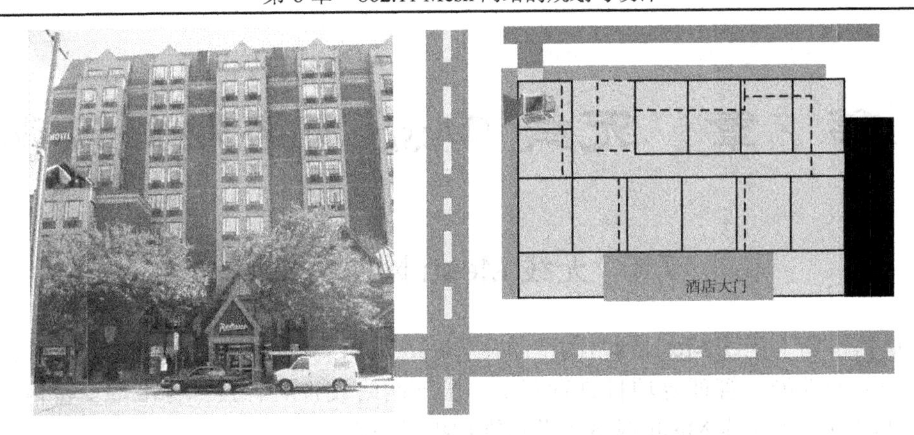

题图 6-6

10．WPA-PSK 加密测试

（1）令 AP 正常工作。

（2）STA 与待测 AP 建立关联，进行下载业务。

（3）将 AP 设置下面加密模式后（如果支持多种加密模式，需分别进行测试），观察业务。

WPA-PSK（40）密码：abcdef

WPA-PSK（128）密码：abcdef1234567

11．在 STA 上配置成对应的加密模式，重新建立连接，进行下载业务。

12．广场热点无线覆盖需求描述：要求在一平方公里范围内，实现 Wi-Fi 无缝覆盖，为普通用户提供一般数据业务，为工作人员提供优先接入服务，设计需求文件。

第 7 章　无线 *Mesh* 网络性能测试

7.1　无线 Mesh 网络性能测试

目前通信市场上无线 Mesh 网络的产品良莠不齐，因此在使用无线 Mesh 产品组网前必须对各厂家产品的性能、管理等项目进行测试，验证网络设备对各技术标准的支持情况、组网能力和功能特点，为无线 Mesh 网络建设与维护提供依据。

本节描述了无线 Mesh 网络常用测试方法及测试用例，测试内容主要包括以下几部分：接入性能测试、回程性能测试、拓扑变化测试等。在无线 Mesh 网络测试中，所有回程链路采用 802.11a 模式，所有接入采用 802.11 b/g 模式。

7.1.1　测试环境及测试用例

按照图 7-1 用 4 个 AP 搭建一个 3 跳的 Wi-Fi-Mesh 无线环境，拓扑结构图如图 7-2 所示。所有的测试项目都是在图 7-1 的基础上进行变换测试的。

使用的测试工具如下：

- 测量距离的测距工具；
- 无线测试终端（笔记本计算机）和 USB 无线网卡；
- 网络流量监测软件：NetPerSec、IxChariot Performance Endpoints；
- 场强监控软件：NetStumbler。

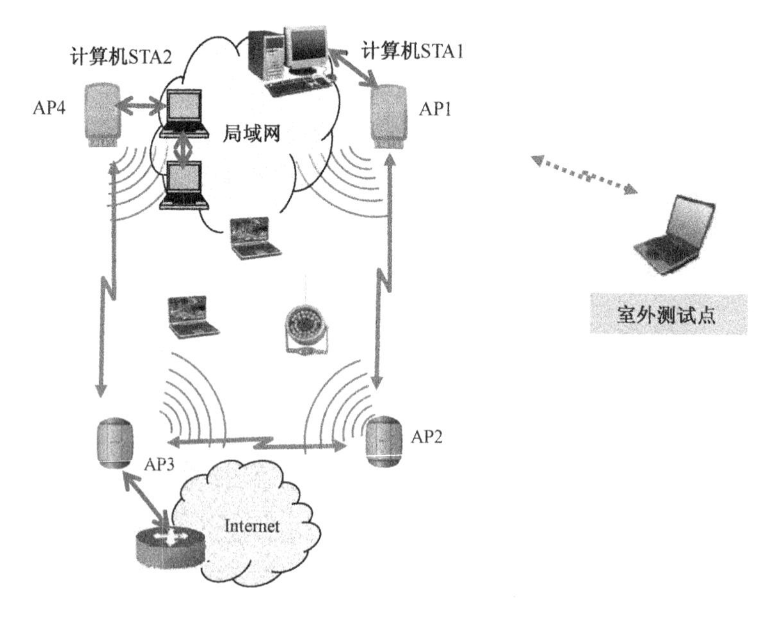

图 7-1　基本测试用例示意图

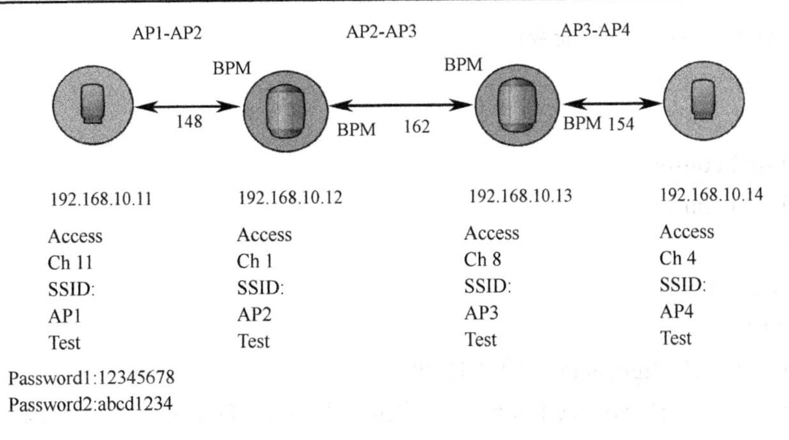

图 7-2　测试网络拓扑图

7.1.2　接入性能测试

按照图 7-3 方式连接网络， 测试接入链路性能。

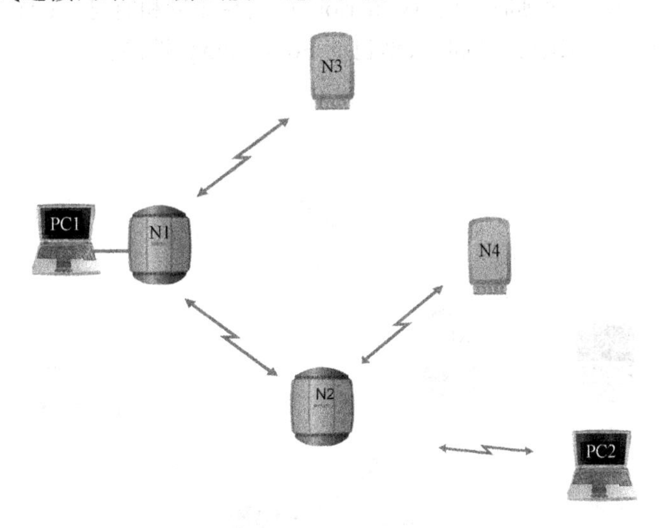

图 7-3　接入性能测试

可根据不同跳数执行如下测试步骤：

1. 设置 PC1 和 PC2 在同一子网掩码；
2. 移动 PC2 到一个合适的位置，并连接到 AP 独立的 SSID 上，Telnet 连接到节点；
3. 用 NetStumbler 测试、记录接收信号强度；
4. 用 Telnet 测试，改变根目录到 Radio：

#/ Show Arm1 clients associated

关联到 PC2 的 MAC 地址，执行：

#/ show arm1 client xx details

记录 RSSI；

5. 根据 AP 配置执行下述命令:

#/ show arm1 config

#/ show brm1 config

#/ show brm2 config

#/ show brm3 config

6. 执行:

#/ show brm1 tpc

记录 RSSI 值;

7. 用 Ping 测试到 Egress PC1 的延时和跳数;

8. 用 IxChariot Performance Endpoints 测试从 PC1 到 PC2 吞吐量，记录结果。

7.1.3 回程链路测试

1. 一跳回程性能

按照图 7-4 方式连接网络，测试回程链路的 RSSI 值，可以判定 AP 链路的性能。

用 Ping 测量到 PC1 的延时。用 IxChariot 测试吞吐量和时延，UDP 和 TCP 的 Down Stream 和 Up Stream 的测试可以判断数据包的 Forwarding 性能。

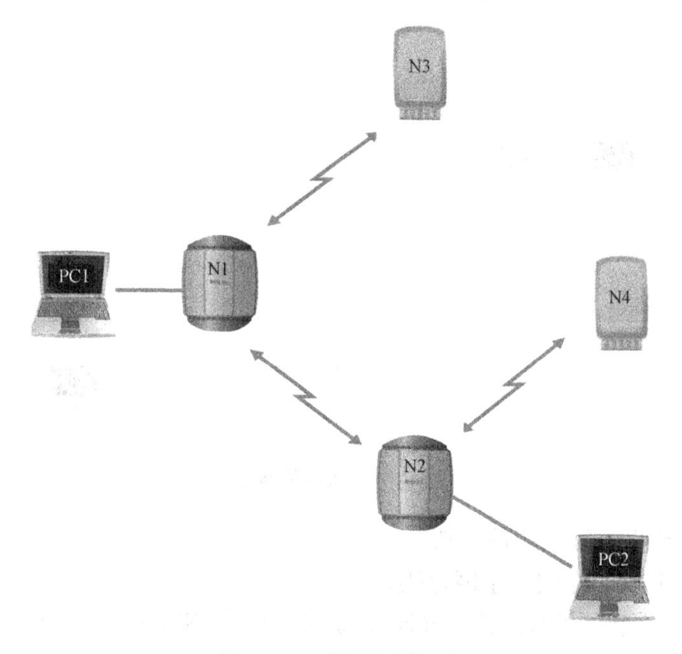

图 7-4 一跳回程测试图

2. 二跳回程性能

按照图 7-5 方式连接网络，测试回程链路的 RSSI 值，可以判定 AP 链路的性能。

用 Ping 命令测量到 PC1 的延时。用 IxChariot 测试吞吐量和时延，UDP 和 TCP 的 Down Stream 和 Up Stream 的测试可以判断数据包的 Forwarding 性能。

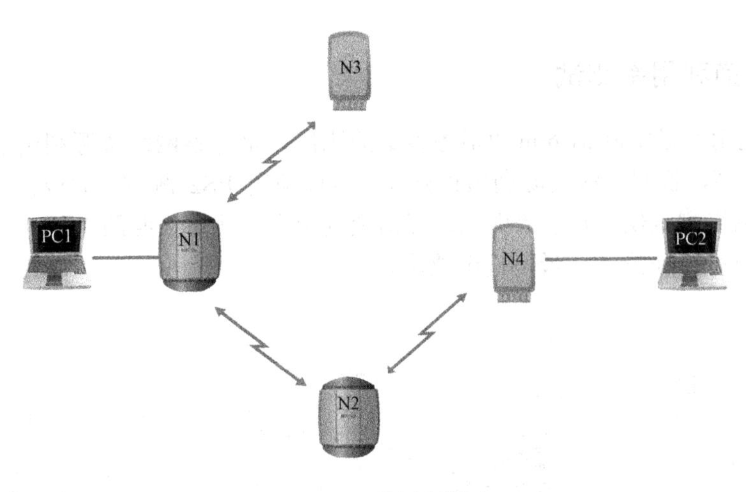

图 7-5　二跳回程测试

7.1.4　拓扑自愈测试

无线 Mesh 网络具有路由自愈功能，当无线网中某个节点发生故障时，Mesh 网会自动转向其他路由，提高了网络的可靠性。

1. 测试方法：

测试某个 Back Haul 链路故障时，网络的恢复速度。设置 RSTP 为 Enabled 状态，一个 Back Haul 为 Disable 状态。使用 Ping 命令测试从节点到 Gateway 的恢复时间。测试用例如图 7-6 所示。

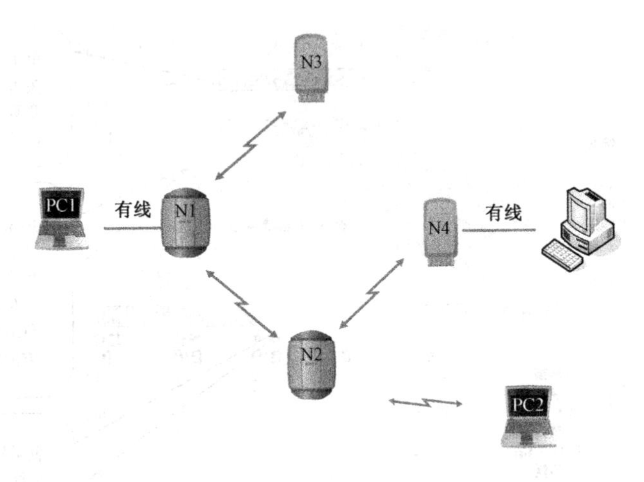

图 7-6　拓扑自愈测试图

2. 测试步骤

将 AP1 和 AP4 连接到有线出口，将 PC2 关联到 AP2，使用 Ping 命令到 PC1，然后设置它的 Back Haul 为 Disabled 状态，观察 Ping 命令的中断情况，然后重新建立连接，记录时间。

7.1.5 信道利用率测试

所谓信道利用率是实际话务量和话务容量的比值，是考察网络资源利用情况的一个重要指标，该比值越高，说明无线资源利用越充分。可以使用 ES2 测试仪完成信道利用率测试。打开 ES2 无线网络测试仪，在主界面上选择信道利用率，然后按照图 7-7、图 7-8、图 7-9 和图 7-10 的步骤进行操作测试，最后输出数据。

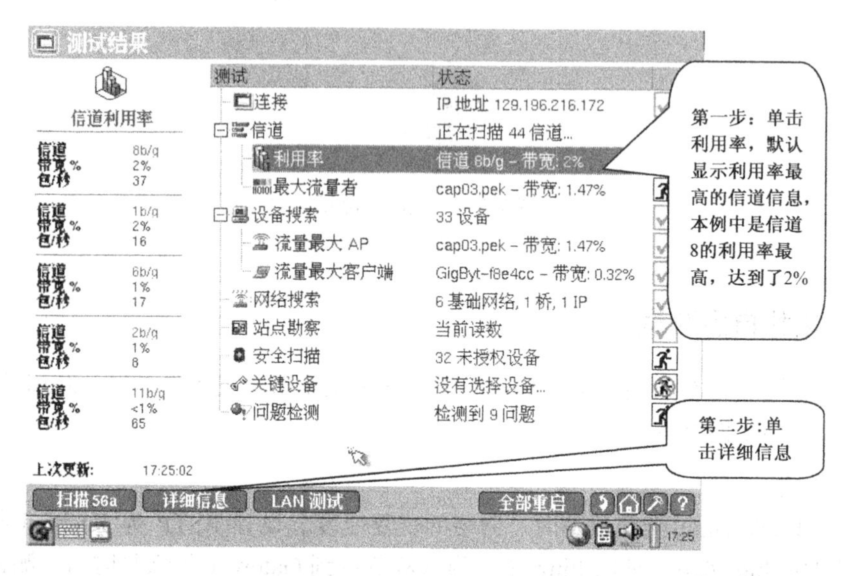

图 7-7　信道利用率测试步骤 1

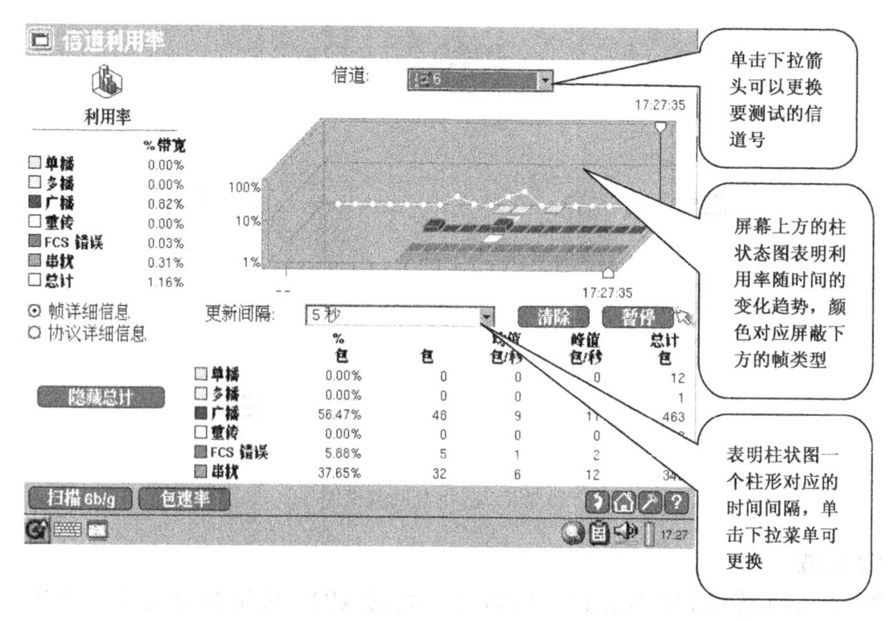

图 7-8　信道利用率测试步骤 2

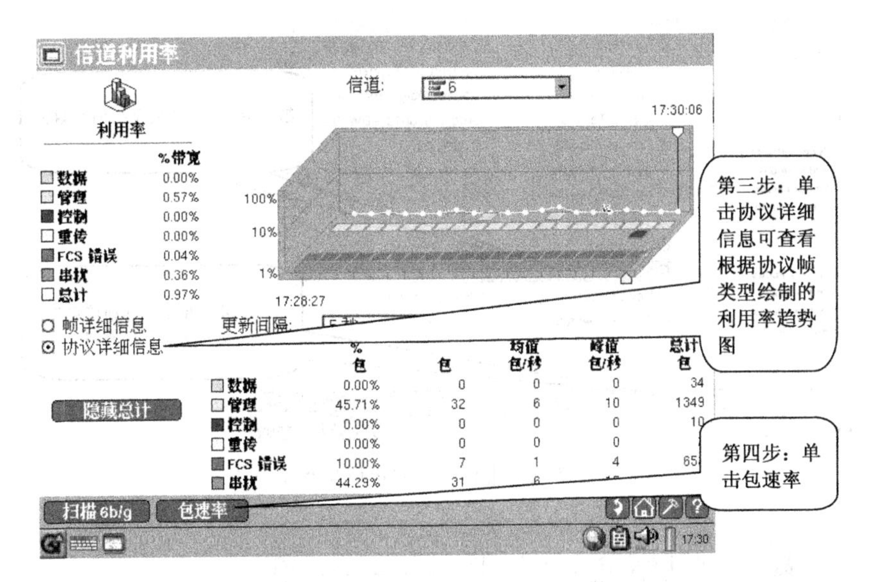

图 7-9 信道利用率测试步骤 3

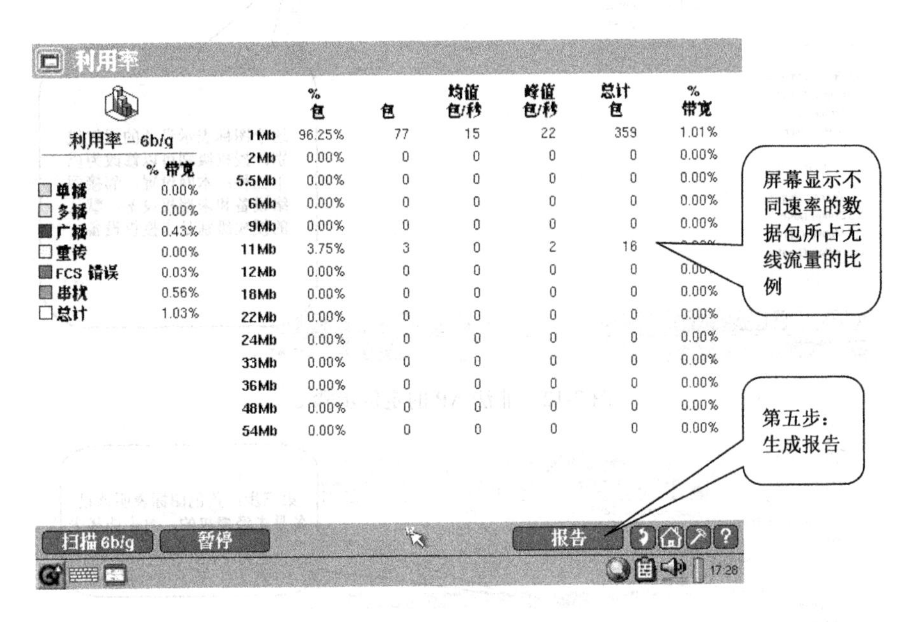

图 7-10 信道利用率测试步骤 4

7.1.6 查找未授权的非法 AP

未经授权而非法入侵的 AP，会使网络存在一定的安全隐患，在日常的无线网络维护中，我们可以利用 Fluke EtherScope 网络设备按照图 7-11、图 7-12、图 7-13 和图 7-14 的操作顺序进行非法 AP 的查找与定位。

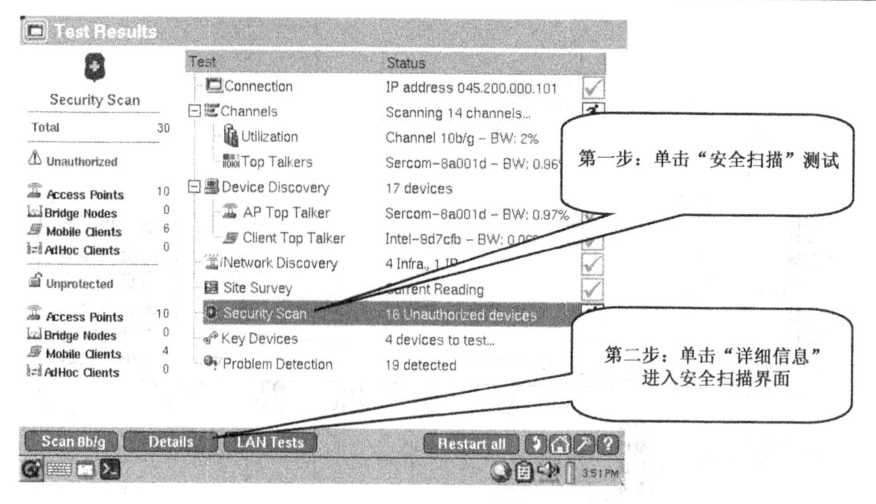

图 7-11　非法 AP 的定位步骤 1

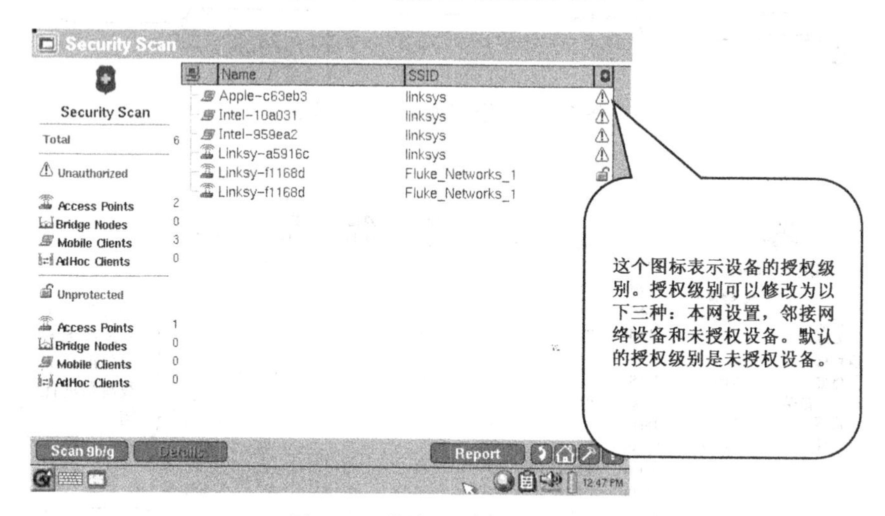

图 7-12　非法 AP 的定位步骤 2

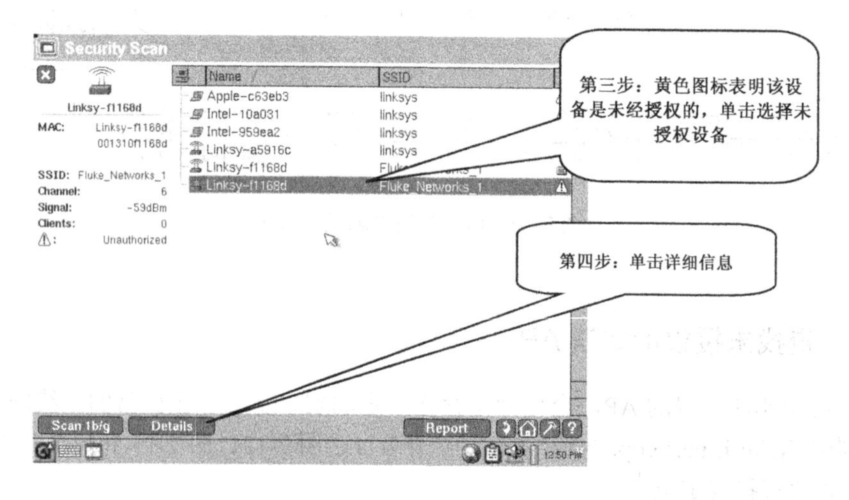

图 7-13　非法 AP 的定位步骤 3

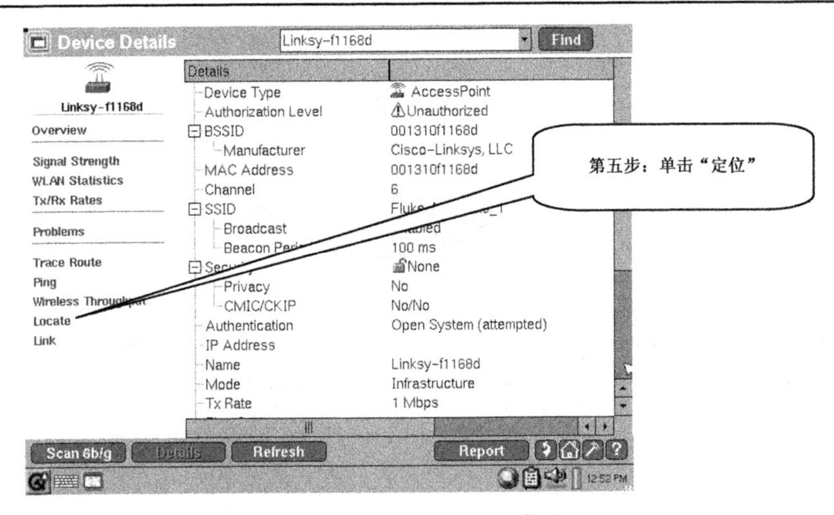

图 7-14　非法 AP 的定位步骤 4

7.2　无线 Mesh 网络常用测试工具

测试无线 Mesh 网络时需要使用一些专用的软件和工具，用于测试信号强度、SNR、覆盖范围和吞吐量等性能指标。

7.2.1　测试信号强度、SNR

工具名称：Network Stumbler 软件

测试方法：在笔记本计算机里安装 Network Stumbler 软件或其他软件，运行这个软件，走到无线覆盖区域里，记录每个测试点的位置、SNR 值和信号强度，如图 7-15 和图 7-16 所示。同时用 Ping 的方式 Ping 512Kbps 到 AP 的 IP 地址，时间 1 分钟，记录 Ping 是否有丢包及丢包率，如图 7-17 所示。

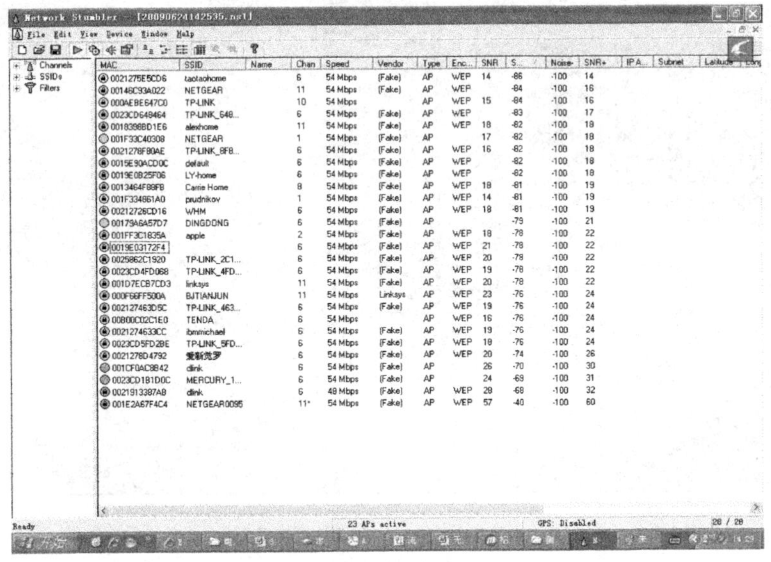

图 7-15　Network Stumbler 信号强度、SNR 测试图

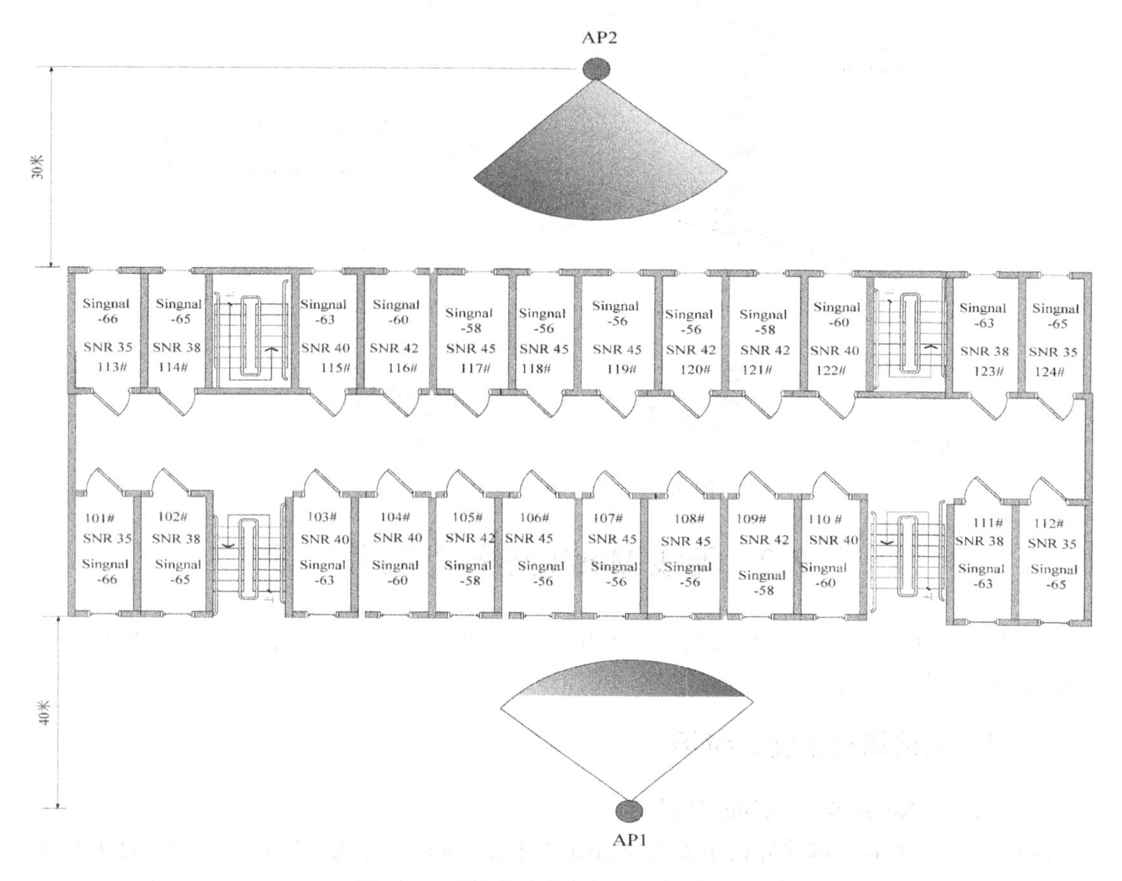

图 7-16　建筑物内信号强度、SNR 记录

```
C:\WINDOWS\system32\cmd.exe
Reply from 192.168.10.14: bytes=1024 time=50ms TTL=64
Reply from 192.168.10.14: bytes=1024 time=141ms TTL=64
Reply from 192.168.10.14: bytes=1024 time=31ms TTL=64
Reply from 192.168.10.14: bytes=1024 time=95ms TTL=64
Reply from 192.168.10.14: bytes=1024 time=27ms TTL=64
Reply from 192.168.10.14: bytes=1024 time=94ms TTL=64
Reply from 192.168.10.14: bytes=1024 time=22ms TTL=64
Reply from 192.168.10.14: bytes=1024 time=34ms TTL=64
Reply from 192.168.10.14: bytes=1024 time=167ms TTL=64
Reply from 192.168.10.14: bytes=1024 time=67ms TTL=64
Reply from 192.168.10.14: bytes=1024 time=94ms TTL=64
Reply from 192.168.10.14: bytes=1024 time=25ms TTL=64
Reply from 192.168.10.14: bytes=1024 time=84ms TTL=64
Reply from 192.168.10.14: bytes=1024 time=87ms TTL=64
Reply from 192.168.10.14: bytes=1024 time=125ms TTL=64
Reply from 192.168.10.14: bytes=1024 time=40ms TTL=64
Reply from 192.168.10.14: bytes=1024 time=140ms TTL=64
Reply from 192.168.10.14: bytes=1024 time=32ms TTL=64
Reply from 192.168.10.14: bytes=1024 time=99ms TTL=64
Reply from 192.168.10.14: bytes=1024 time=26ms TTL=64
Reply from 192.168.10.14: bytes=1024 time=99ms TTL=64
Reply from 192.168.10.14: bytes=1024 time=178ms TTL=64
Reply from 192.168.10.14: bytes=1024 time=68ms TTL=64
```

图 7-17　Ping 包测试记录

7.2.2　测试吞吐量

工具名称：IxChariot、QCheck、Ipfer 等软件。

测试方法：IxChariot 是目前世界上唯一被认可的应用层 IP 网络及网络设备的测试软件，可提供端到端多操作系统、多协议、多应用模拟测试，其应用范围包括有线、无线、局域、广域网络及网络设备；可以进行网络故障定位，用户投诉分析，系统评估，网络优化等。从用户角度测试网络或网络参数（吞吐量、反应时间、延时、抖动、丢包等）。

第一步：首先在 A、B 计算机上运行客户端软件 Endpoint，如图 7-18 所示。

第二步：被测量的机器已经准备好了，这时需要运行控制端 IxChariot，我们可以选择网络中的其他计算机，也可以在 A 或 B 计算机上直接运行 IxChariot。

图 7-18　IxChariot 界面

第三步：在主界面中单击“New”按钮，接着单击“ADD PAIR”。

第四步：在“Add an Endpoint Pair”窗口中输入 Pair 名称，然后在 Endpoint1 处输入 A 计算机的 IP 地址（本例中为 10.91.30.45），在 Endpoint2 处输入 B 计算机的 IP 地址（本例中为 10.91.30.42）。按“Select Script”按钮并选择一个脚本，由于我们是在测量带宽，所以可选择软件内置的 Throughput.scr 脚本，如图 7-19 所示。

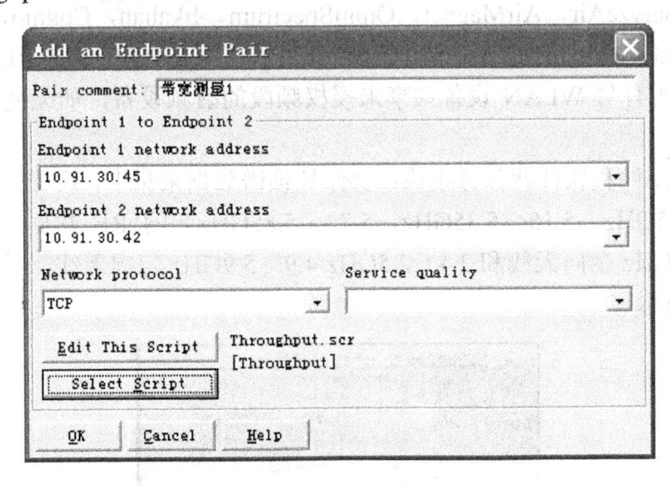

图 7-19　吞吐量测试

提示：本软件可以测量包括 TCP、UDP、SPX 在内的多种网络传输层协议，我们在测量带宽时选择默认的 TCP 即可。

第五步：单击主菜单中的“RUN”启动测量工作。

第六步：软件会测试 100 个数据包从 A 计算机发送到 B 计算机的情况。由于软件默认的传输数据包很小，所以测量工作很快就结束了。在结果中单击“THROUGHPUT”可以查看具体测量的带宽大小。图 7-20 显示了 A 与 B 计算机之间的实际最大带宽为 83.6Mbps。

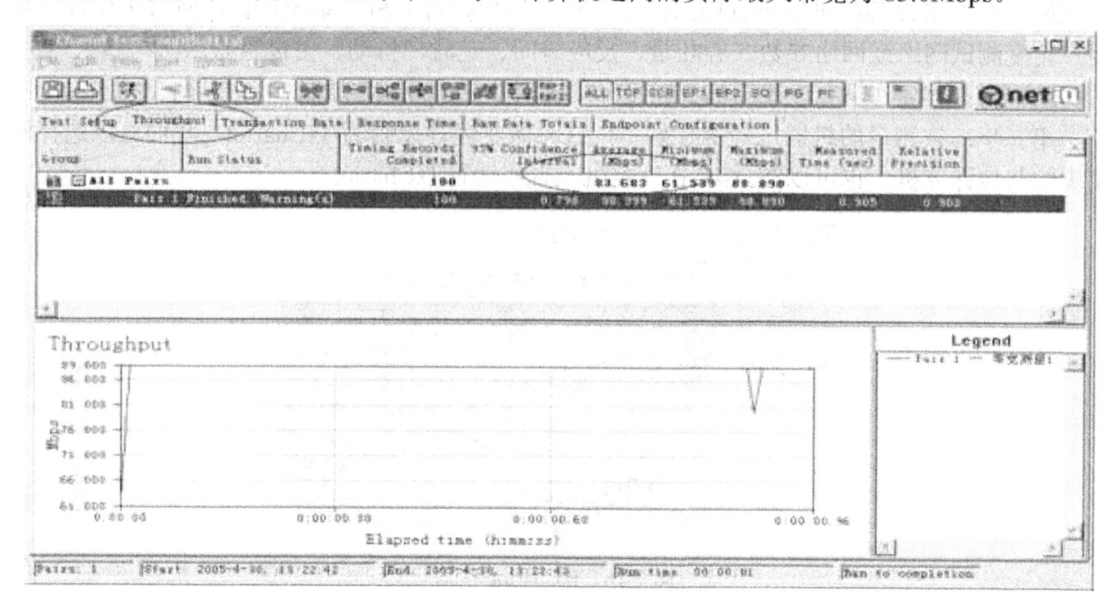

图 7-20　吞吐量记录

7.2.3　干扰测试

如果两个 AP 的信道间隔很近，就会产生邻接信道干扰。通常情况下，少量的邻接信道干扰是无关紧要的，但是如果邻接信道干扰很强也会严重地影响无线网络的性能。

测试工具：AnalyzeAir，AirMagnet，OmniSpectrum，Ekahau，Cognio，Fluke。

测试方法：AnalyzeAir（简称 AA）频谱分析仪用于监测 2.4GHz 和 5GHz 频段的射频活动。AA 可以识别所有与 WLAN 设备共享未授权频段的射频设备，如无绳电话、蓝牙设备和微波炉等。

AnalyzeAir 由硬件和软件两部分组成：硬件是频谱数据采集卡，用于采集 Wi-Fi 无线网络工作频段（2.4～2.5GHz，5.15～5.35GHz，5.72～5.85GHz）的 RF 数据。采集卡配备 2.4～2.5GHz/4.9～5.875GHz 全向天线和 2.4～2.5GHz/4.9～5.9GHz 定向天线，用于收集数据和定位设备，如图 7-21 所示。

图 7-21　AA 频谱数据采集卡

AA 软件将频谱卡采集的 RF 数据用直观的动画和图像显示在 PC 屏幕上，为用户提供 GUI（图形用户接口）如图 7-22 所示。

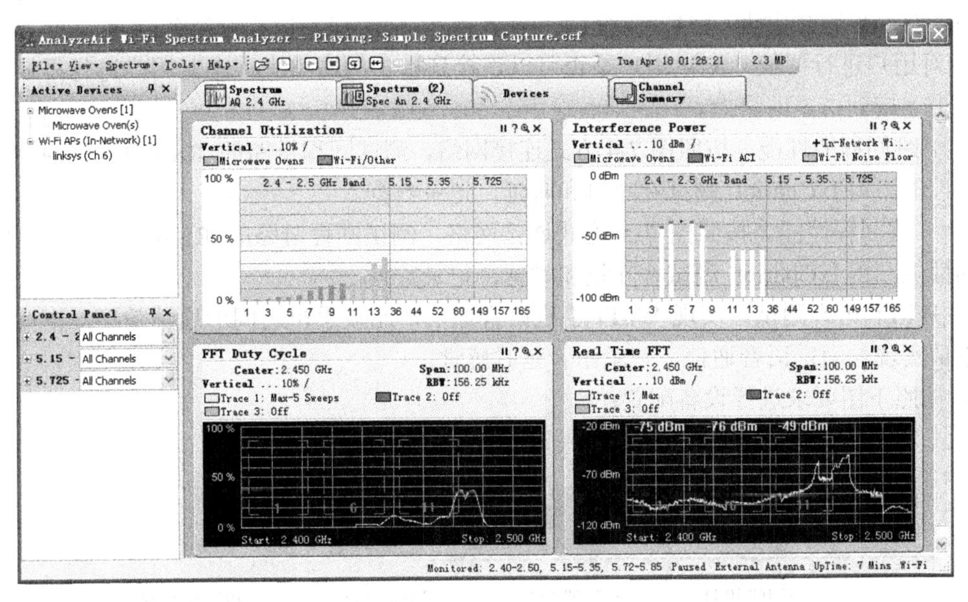

图 7-22　AA 图形用户接口

选择开始勘察的地点，通常是网络区域的一角。查看 Channel Summary 确认哪些信道有 RF 信号；查看 Devices View 确认哪些设备在产生 RF 信号，在地图上标记。设备视图如图 7-23 所示。

Devices: Currently Active

Device	Signal Strength (dBm)	Duty Cycle (%)	Discovery Time	On Time	Details	Channels Affected	Network ID
⊟ Cordless Phones [1]							
DECT-Like Base Station 5	-75.1	5	Wed Apr 05 10:26…	00:22:45	BW: 0.4 MHz	1-14	0:26:0A:DC:0A
⊟ Wi-Fi Ad Hocs [2]							
hpsetup	-83.0		Wed Apr 05 10:49…	00:00:15	Ad Hoc, Beac..	9-13	2:0C:F1:8E:1F:
WDMX1	-52.0		Wed Apr 05 10:03…	00:46:15	Ad Hoc, Beac..	9-13	2:04:23:73:E6:
⊟ Wi-Fi APs [8]							
(00:02:8A:22:33:41)	-63.0		Wed Apr 05 08:31…	02:18:15	WEP Enabled,…	1-3	00:02:8A:22:33:
(00:02:8A:9E:9A:47)	-35.0		Wed Apr 05 08:31…	02:18:15	WEP Enabled,…	4-8	00:02:8A:9E:9A:

图 7-23　设备视图

思　考　题

根据上两节对无线 Mesh 网络性能测试以及测试工具的介绍，按照任务与训练中的要求，分组完成对无线 Mesh 网络的测试工作。

1．测试无线客户端距离 AP 5 米、50 米、100 米、120 米的距离下，信号强度、SNR 值，用 Ping 的方式 Ping 512Kbps 到 AP 的 IP 地址，时间 1 分钟，记录 Ping 是否有丢包及丢包率，记录测试数据。

2．测试隔着墙、玻璃、木门、铁门等条件下的信号强度、SNR 值，记录测试数据，用

Ping 的方式 Ping 512Kbps 到 AP 的 IP 地址，时间 1 分钟，记录 Ping 是否有丢包及丢包率。

3. 测试无线 AP 经过反射后的信号强度、SNR 值，记录测试数据，用 Ping 的方式 Ping 512Kbps 到 AP 的 IP 地址，时间 1 分钟，记录 Ping 是否有丢包及丢包率。

4. 对用户进行授权，测试用户是否可以连接到指定的网络上。不对用户进行授权，测试用户可否连接到指定网络上。

5. 一跳回程的性能。按照图 7-4 方式连接网络，测试回程链路的 RSSI 值，可以判定 AP 链路的性能。用 IxChariot 测试吞吐量和时延，记录数据。

6. 二跳回程性能。按照图 7-5 方式连接网络，测试回程链路的 RSSI 值，可以判定 AP 链路的性能。用 IxChariot 测试吞吐量和时延，记录数据。

7. Wi-Fi 语音测试。实现 Wi-Fi 手机语音通信，比较手机之间的通话效果，也可以拨打固定电话实现与固定语音通信，记录语音延时感觉。

8. 按照下图要求进行设备配置：

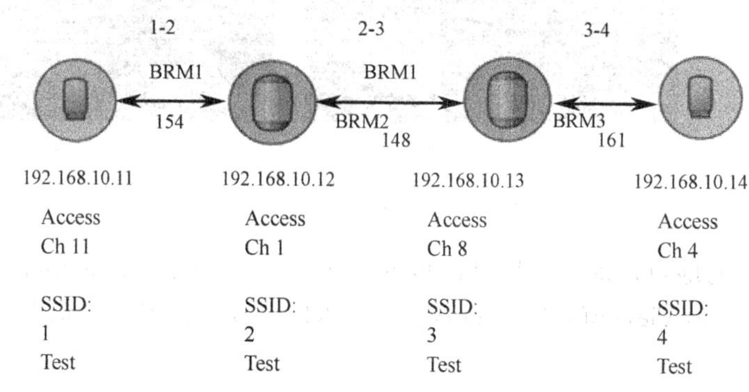

题图 7-1

第 8 章　802.11 Mesh 网络工程实施

8.1　无线 Mesh 现场场勘

现场勘察是无线网络设计过程中非常重要的环节，通过站址勘察可以为无线网络的规划设计提供科学的依据，避免资源浪费、设计缺陷，并为无线网络建设实施阶段提供详细的建设方案，以指导备货、工程施工、安装调测等环节的建设。

本节内容主要包括以下几部分：场勘流程及方法、场勘所用工具及案例分析等。

8.1.1　现场场勘流程及方法

现场场勘的目的主要是测量现场噪声和潜在干扰信号，验证初始设计的覆盖范围，确定安装位置点和有线出口位置。现场勘察的流程如图 8-1 所示。

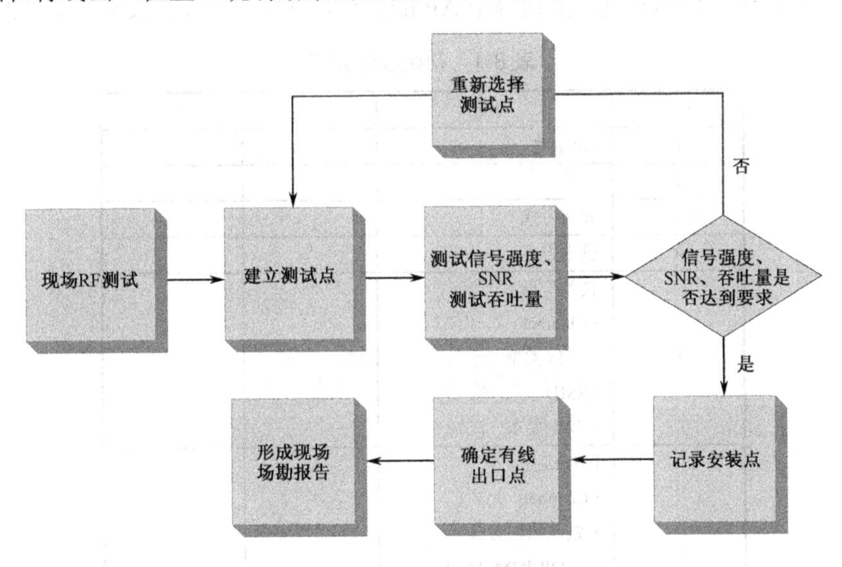

图 8-1　现场勘察流程图

第一步：现场 RF 测试主要包括对现场噪声、2.4 和 5 GHz 信道的测试，测得的信息用来确定信道、天线、功率和节点间的距离。可以提供 RF 性能测试的工具有：AirMagnet，OmniSpectrum，Ekahau，IxChariot，Cognio，Fluke 等，图 8-2 是使用 Fluke 测试工具进行干扰测试的记录。

第二步：把设备临时安装在初始设计的位置，查看节点覆盖情况，需要进行以下位置的测试：建筑物内房间四个角的信号强度、离 AP 最远点位置的信号强度以及角落处或隐藏点的信号强度。这项测试是为了验证或修订初始设计。如果测试的信号强度不够，需变换 AP 位置，重新进行测量。

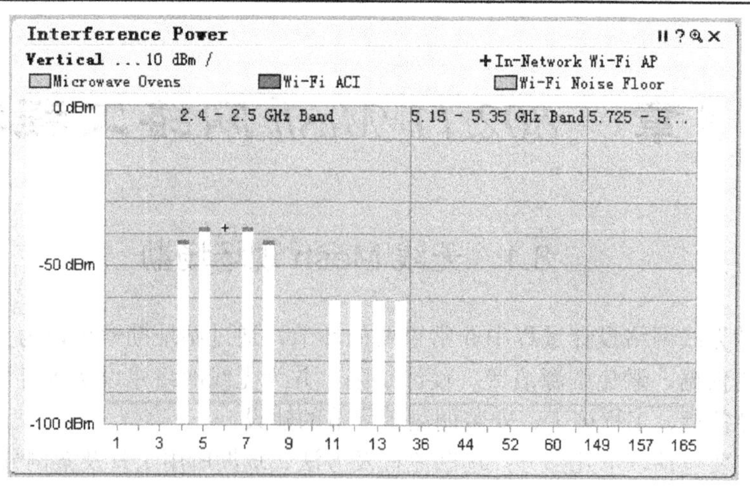

图 8-2　干扰测试图

第三步：确定合适的安装点，安装时应考虑以下因素：合适的功率，安全的安装方式，满足高度要求以及是否具有有线出口。

第四步：汇总现场场勘数据，得到每个 AP 的信息，更新初始设计文档，文档的格式如下。

表 8-1　初始设计文档

编号	项目	描述	备注
1	AP 类型		
2	位置		
3	安装方式		
4	供电方式		
5	接入信息： • Channel • 天线类型 • SSID • 安全要求		
6	回程信息： • Channels • 链路组网方式（P2P, P2M, Mesh） • 天线 • SSID • 安全要求		
7	IP • IP 地址和子网掩码 • VLAN		
8	QOS		
9	SNMP settings • Communities • 接入协议标准 • Trap destinations		

8.1.2　举例分析

1. 整体覆盖要求

图 8-3 是某个学校校园实现无线覆盖的初始设计。

整体覆盖要求：　2#教学楼的一侧，4 层；
　　　　　　　　1#教学楼两侧，4 层；
　　　　　　　　普天宾馆两侧，4 层。

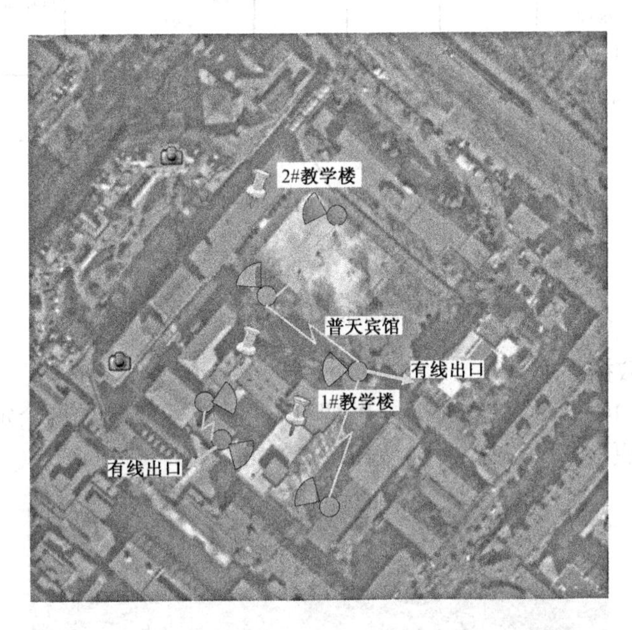

图 8-3　初始设计

2. 根据初始设计对现场进行场勘

干扰测试：启动笔记本里的 EKAHAU 软件，沿着楼的边界走，测试现场无线环境，存储数据。

信号强度、SNR 测试：把 AP 放置在设计的位置点，拿着笔记本走到各个房间测试信号强度、SNR 值，每个房间测试 3 个点：窗户附近点、中间点和最远点。一般不需要测试全部房间，只需测试距离 AP 最远的几个房间、反射覆盖的几个房间。

吞吐量测试：把一台电脑用有线连接到 AP 上，启动 Endpoint，拿着另一台笔记本走到各个房间，启动 QCheck 测试吞吐量，并记录数据。吞吐量只需测试几个房间即可，不需要全部测试。如图 8-4 所示。

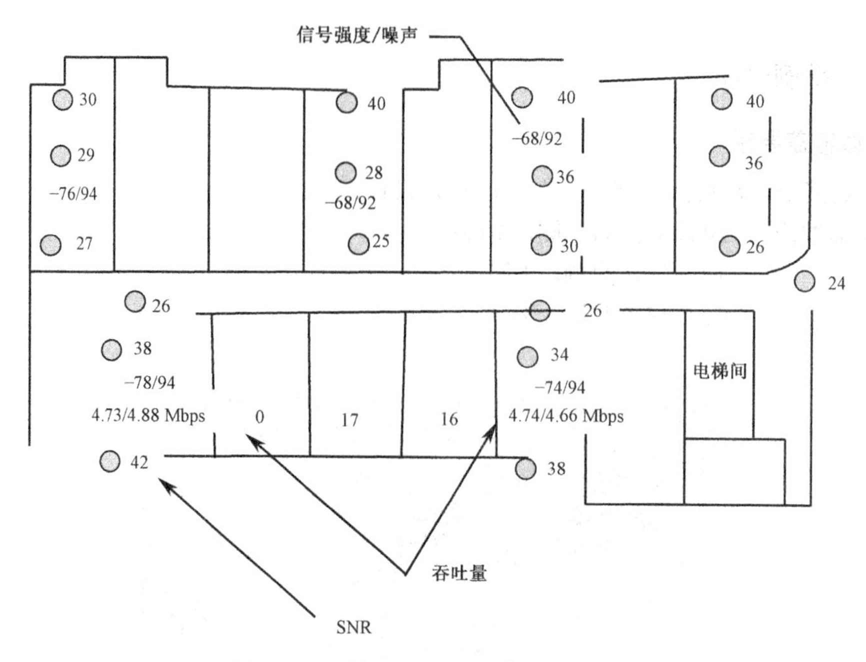

图 8-4　1#教学楼信号强度、SNR 数据

3. 场勘测试后数据整理

经过现场测试，1#教学楼只需一个 AP 即可满足覆盖，西侧的两个定向 AP 用一个全向 AP 即可完成覆盖。更改初始设计文件，如图 8-5 所示。

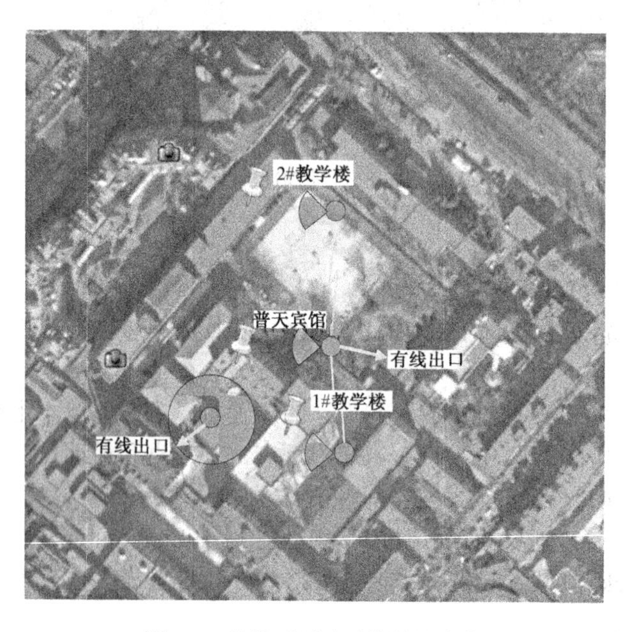

图 8-5　场勘后更改后的设计文件

4. 根据修改后的设计文件，汇总现场数据

表 8-2　现场数据汇总

编号	项目	描述	备注
1	AP 类型		
2	位置		
3	安装方式		
4	供电方式		
5	接入信息： • Channels • 天线类型 • SSID • 安全要求		
6	回程信息： • Channels • 链路组网方式 （P2P, P2M, Mesh） • 天线 • SSID • 安全要求		
7	IP • IP 地址和子网掩码 • VLANs		
8	QOS		
9	SNMP settings • Communities • 接入协议标准 • Trap destinations		

8.2　无线 Mesh 设备安装与配置

8.2.1　安全保护

1. 保护地

为了安全，每个设备在通电前必须连接到可靠的保护地。

建议：当设备安装在灯柱或电信杆上时，需要一个额外的专门接地。

2. 雷电保护

设备本身不能防止直击雷，可以防止一定的感应电压或浪涌。

对于灯柱安装，电源线最好布放在灯柱内，如果电源线布放在灯柱外，电源线须穿过一个接地的金属管。

当设备的供电是通过架空线来自远端变压器时，接地中点也要取自变压器。

对于屋顶安装，设备不可以安装在最高点，如果建筑物装有避雷针，设备须安装在避雷

针保护区域内，最好距离避雷器 10 米以上，交流电源线和以太网线应该使用独立接地的金属管。对于附加的雷电保护，设备电源连接点旁边有一个标记“GND”的螺钉，可以提供更牢固的地线连接。

当外接天线与设备的距离大于 1 米时，须在设备 1 米内的位置加装避雷器，可以连接到设备标记 GND 的螺钉上，否则采用 N 型连接器，完成接地。

如果在铁塔上安装设备，需要连接到主网络：

① 建议使用光纤接口，因为光纤接口不受雷电的影响，光纤信号可以连接到铁塔下面的本地交换机，也可以连接到 15 km 外的远端交换机。

② 如果必须是电路接口，则：

- ◆ 以太网线必须采用金属铠装电缆（如 Belden 7929Datatuff）；
- ◆ 以太网线走线必须使用金属导管；
- ◆ 金属导管须每隔 1～2 米与金属铁塔捆绑连接；
- ◆ 浪涌保护器须放置在设备端。

3. 安全指导

安装设备时，遵守以下安全指导：

- ◆ 在设备发送和接收信号时，避免移动设备；
- ◆ 按照安装指导操作；
- ◆ 避免在雷电或大风的情况下安装；
- ◆ 避免在低于 0 ºC 的条件下安装；
- ◆ 遵守当地和政府的安全规定。

射频安全声明：

设备的安全符合 ANSI C95.1 规定，设备和人的最小距离如表 8-3 所示。

表 8-3

节点	最小安全距离	
	5.7G 的 BRM3 模块，配 23dBi 的天线	其他任何模块和天线
BA100	44 cm	25 cm
BA200	72 cm	33 cm
注：		

8.2.2 安装方式

1. 标准安装

标准安装适用设备安装在直径大于 10 厘米的抱杆上，抱杆材质不作要求。

标准安装适用设备可以安装在任何平面上。

当抱杆上没有孔时，使用抱箍安装方式。对于软的抱杆如树、装饰杆或其他易受磨损的杆，建议使用 7 毫米的胶皮带垫在抱箍下面。

2. 螺栓安装

螺栓安装通常用于平面、墙面的安装，也可以用于抱杆安装中来增加安全。

注意：通常选择电镀的金属紧固件以防止腐蚀。对于混凝土和石墙，使用紧固件如膨胀螺栓，确保拉伸载荷达到 550 kg。对于安装在木结构墙面的无线 AP，使用 M6 的螺钉，嵌入墙面最少 7.6 厘米。安装支架也可以被螺栓固定，长度取决于墙厚或抱杆的直径。

3. 平屋顶的安装

建议使用图 8-6 所示结构，将设备安装在竖直的管上。安装架体时，须保证坚固，不松动。

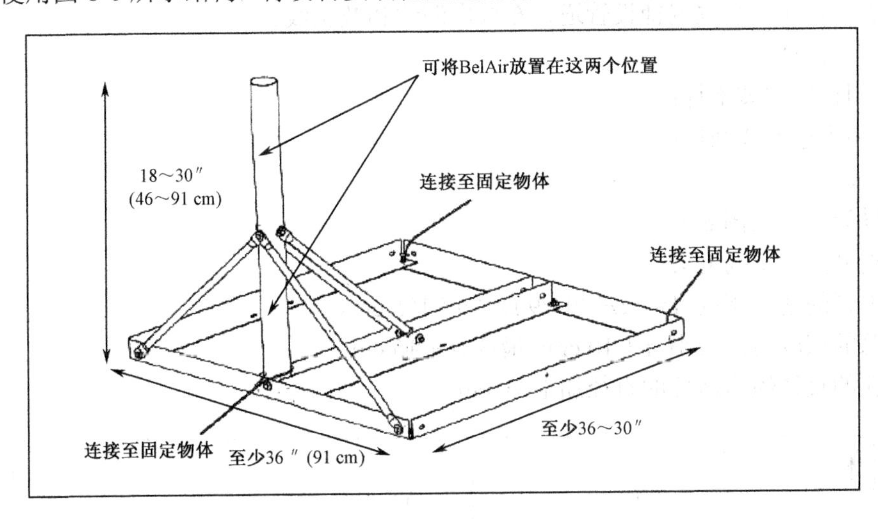

图 8-6　安装底座

支架要求：

- ◆ 底座须大于 91 cm × 91 cm；
- ◆ 杆的高度 46cm～76 cm；
- ◆ 杆的直径 6 cm；
- ◆ 根据当地风力情况，设计抗风强度。

4. 埋杆安装

对于直埋杆方式，建议使用最小直径 11.5 cm 的铝杆，处理过的木杆、钢管或混凝土杆。这种直埋方式可以使用设备标准的安装支架。

建议最低的安装高度须距离地面 3.7 米以上，对于直埋杆方式建议地面上的高度不得超过 6.1 米。

安装步骤：

（1）土地情况

好的土地：有很好的排水，没有膨胀的泥沙，粘土类型，挖掘后可以用原来的土壤回填。

一般的土地：没有很好的的排水，严重的淤泥，易于膨胀的土，当环境很潮湿时，会有积水，挖掘后不能用原来的土壤回填，选用干净的、筛选过的材料，并在底部垫上 19 mm。

不好的土地：有机物含量高，松软的土壤，沙砾层，易于积水，建议挖掘后用水泥、混凝土回填。

岩石：回填采用易于排水的干净的材料，并在底部垫上 19 mm。

（2）电缆沟

如果电源和数据线需要入地，则电缆沟应该低于地面 61 cm，具体事宜参照当地政府规定。

（3）挖孔

应注意环境对孔的深度、直径和底部的要求。

（4）铺设管道

如果需要，在安装位置铺设管道，布放电源线和数据线。

（5）安装抱杆

① 使用铅锤安装抱杆；

② 依照上述方式回填；

③ 走线。

孔的设计：参照图 8-7。

（1）抱杆的地上高度 H。

（2）抱杆的地下深度 $A=（H+20）/9$ 或固定 105 cm。

（3）总的深度为：最小 $A+10$ cm；最好 $A+15$ cm。

（4）孔的直径约为抱杆的直径加上 20 cm。

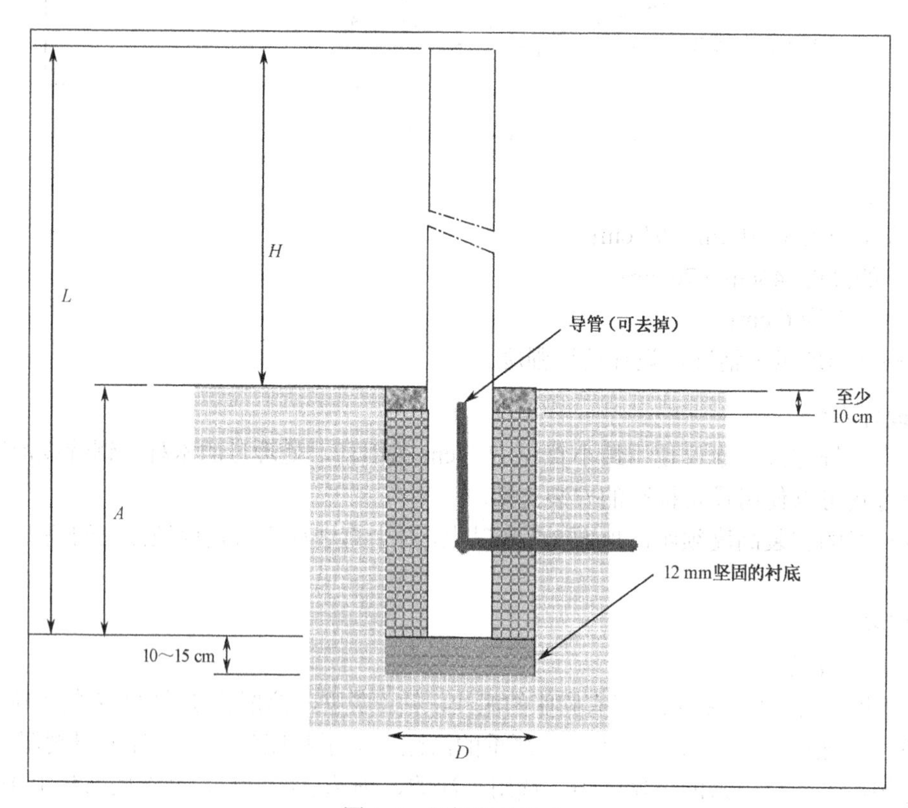

图 8-7　埋杆设计要求

8.2.3　安装前设备配置

设备安装前需要进行预先配置。包括：根据设计方案，配置节点。验证网络是否按照设计模式工作。

（1）选择一个区域和支撑设备

这个区域必须能够提供电源，如果区域比较小，则减小设备功率。

如果配置中需要路由设置，则需要路由器。

（2）工具准备

◆ 一个 2 号改锥；
◆ 一根交叉网线，用来连接设备；
◆ 一台配置 Wi-Fi 的计算机。

（3）配置设备

◆ 为了避免错误的关联，在同一时间只能配置一个设备；
◆ 连接到一个新的设备，然后上电，按照方案设计规定配置设备，如果使用无线连接，应减小功率；
◆ 检验每一个设置；
◆ 记住那些功率减小、敏感的设置或临时的 SSID 设置，这些改变在安装前需要更改过来。

安装设备前需要对设备进行最基本的配置，如表 8-4 所示。

表 8-4　基本配置

基本配置
1．节点设置 国家 新的密码 IP 地址和子网掩码
2．接入模块设置 信道 天线增益 天线方向（定向天线需要设置） SSID
3．回程模块设置 信道
天线增益 天线方向（定向天线需要设置） SSID，Mesh 或链路标识
4．回程拓扑设置 拓扑模式： 点到点 点到多点 多点到多点 Mesh 的设置： a 频率（2.4G 或者 5.8G） b 是否是 Mesh Portal （多点对多点的模式需要设置）
星型拓扑设置： Base station 或者 Subscriber station 点对点拓扑模式设置： 工作模式 AP 或 Client

8.2.4 安装前准备

安装前准备工作内容包括如下：

1．检查电源；

2．检查有线出口；

3．检查安装方式；

4．检查接地和防雷；

5．检查安装材料；

6．设备配置。

① 首先调整天线的方向，确定与设计方向一致。

② 连接电源。

③ 节点配置。（根据产品手册）

◆ 设置系统参数；

◆ 设置 Radio 参数；

◆ 设置回程 Radio 参数；

◆ 设置 VLAN 参数；

◆ 设置 SNMP 参数。

建议安装流程如表 8-5 所示。

表 8-5 安装流程

	工作描述
步骤 1	确定站点勘察已经完成，参考覆盖设计原则。
步骤 2	确定完成安装前节点的配置，见表 8-4。 同时需要记录安装位置、安装方式，这些信息便于以后的维护。
步骤 3	确定站点已经做好安装前的准备。
步骤 4	验货，确保货物正常。

8.2.5 安装举例（安装 BelAir100）

步骤 1：安装支架。

根据安装位置不同选择不同的安装支架。

步骤 2：准备设备。

（1）打开包装，小心取出设备和安装辅件。

（2）把设备面朝下放置，把泡沫塑料垫在设备下面，避免设备划伤，有 4 个孔的面朝上。

（3）用套筒扳手安装 4 个螺栓。

（4）然后把设备反过来，正面朝上放置。

（5）用一个 2 号改锥把设备盖打开，可以看到电源接口、以太网接口和电池接口。

（6）如图 8-8 所示，如果需要连接以太网，就要打开以太网接口的盖，以此确保盖的安全可靠。

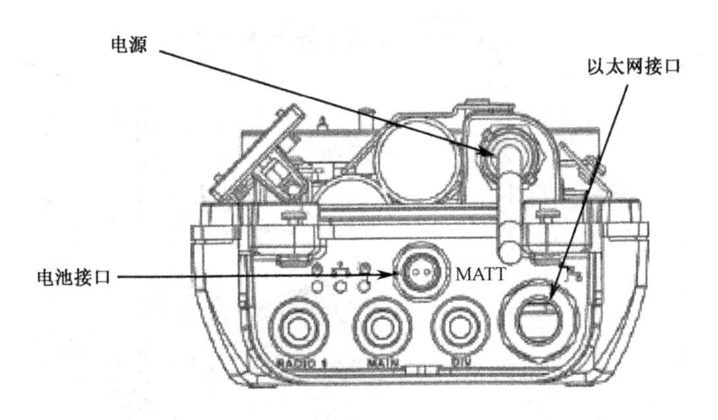

图 8-8　设备内部示意图

（7）如果需要，可以调整 Back Haul 天线的位置。相对中心垂直位置，天线的位置可以是+45°或-45°。

① 拧开固定天线的螺钉，取下天线，如图 8-9 所示。注意不能损伤天线的连接设备的电缆。

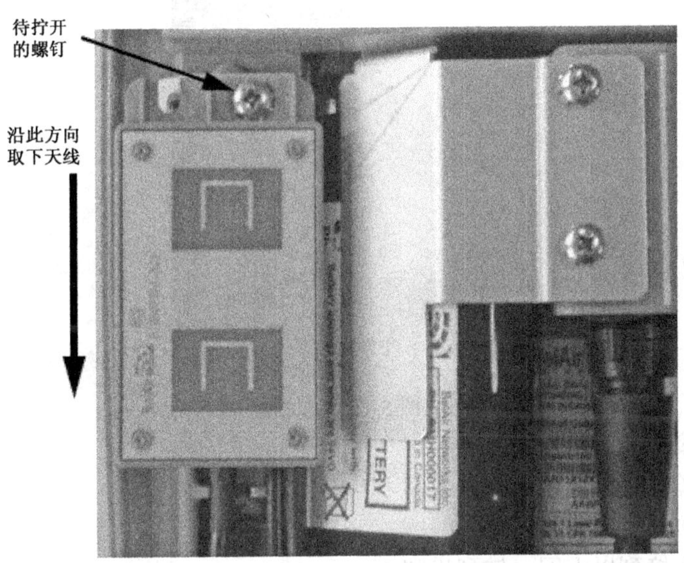

图 8-9　取下天线

② 把天线移到正确的位置，如图 8-10 所示。

③ 天线后面有 2 个定位槽，如图 8-11 所示，安装天线时需有一个定位槽卡到合适的位置。

④ 然后拧上螺钉，固定好天线。

步骤 3：固定设备。

（1）把设备举过安装支架。

（2）慢慢地放低设备，这样 4 个螺栓滑到支架螺栓孔下面的槽里。

（3）用一个螺钉穿过设备的底部拧到支架上，如图 8-12 所示。

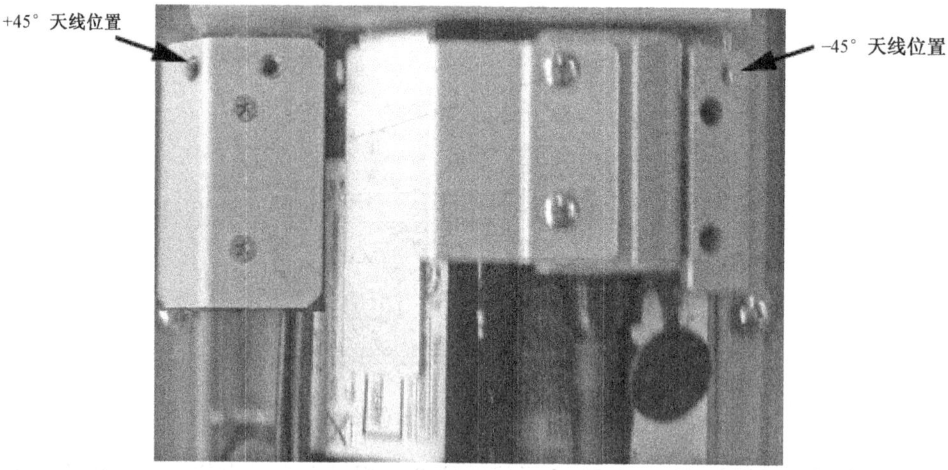

+45° 天线位置
-45° 天线位置

图 8-10　调整角度

角度定位

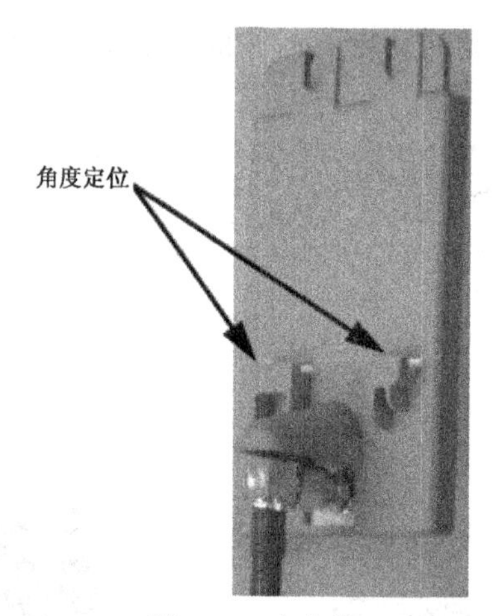

图 8-11　定位槽

步骤 4：连接电池。

把电池的电缆连接到电池连接器上。

步骤 5：连接以太网。

如果不需要连接到以太网，转到步骤 6。

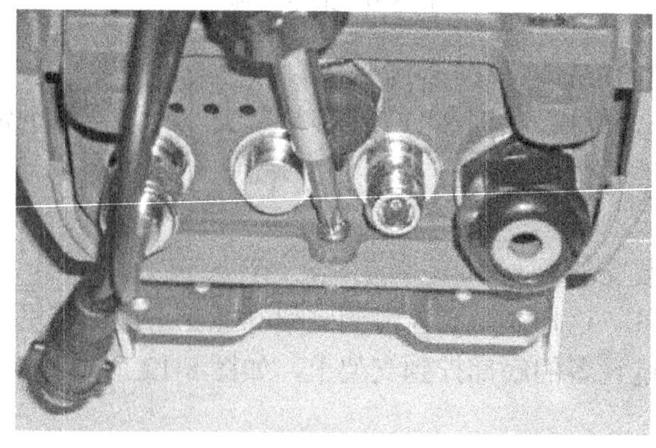

图 8-12　步骤 3

电接口连接：

（1）把密封管套在以太网线上，插入设备底部的以太网接口上。

（2）确保密封管防水性的可靠。

光接口连接：

（1）小心打开光纤连接器 LC 的封盖，使用专用工具清洁连接器。

（2）避免静电接触连接器的底部。

（3）小心把带有密封管的光纤连接器插入设备以太网端口。

（4）拧紧防水。

（5）使用绑线固定光缆到光缆辅件。

步骤 6：电源连接。

（1）安装电源线，拧紧，用绑线在 30 cm 的位置固定。

（2）通电后，设备底部的 LED 指示灯将会变亮，说明设备已经启动。

步骤 7：盖上设备盖。

将设备盖子盖上之前，需进行试运行测试。测试完成后，盖上盖子，则安装工作完成，如图 8-13 所示。

图 8-13　完成

安装完成后要试运行 BelAir100，步骤如下。

试运行操作

（1）启动两个设备，用下面的命令检测：

show bmr<n> associated brm details

结果会显示关联 Back Haul 的 MAC 地址和链路的 RSSI 值。

（2）如果需要，就调整设备，参照用户操作手册。

（3）启动下一个设备，检验设置，按需要调整设备。

（4）重复第 3 步，直到所有的设备开通连接。

（5）测试。可远程测试也可本地测试。

注：本地测试时，需要使用设备的以太网接口。

试运行工作完成后，安装好所有的盖子，安装工作结束。

思　考　题

1．如果学校的教学楼或是公司的办公楼将实现 Wi-Fi 无线接入，请按照 8.1 节所讲的内容，完成现场场勘工作并形成最终的设计文件。

2. 按照下图要求进行设备配置

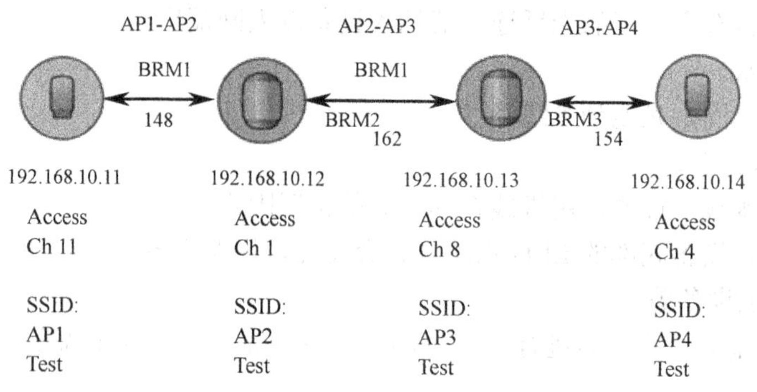

题图 8-1

第 9 章　无线 *Mesh* 网络管理与维护

无线 Mesh 网络建成投入使用后，会面临很多维护问题，通常无线 Mesh 网络设备的厂家会开发一套专用设备管理软件，以便日常维护管理和故障处理。

日常的网络维护管理是为了确保无线 Mesh 网络正常运行，即保证信息处理和传输系统的安全，保证避免因为无线节点的崩溃和损坏而对系统存储、处理和传输的信息造成破坏和损失，以及避免由于电磁泄漏产生信息泄露等情况的发生。

随着人们的工作越来越依赖网络，一旦网络出现问题，造成信息的丢失或不能及时流通，或者被篡改、增删、破坏或窃用，都将给工作带来难以弥补的巨大损失。因此加强无线 Mesh 网络安全维护与管理，是关系到单位整体形象和利益的重大问题。

9.1　无线 Mesh 网络管理

9.1.1　网络管理软件介绍

网络管理系统允许维护人员监测和管理一个或几个无线网络，并管理在网的所有设备。通常一个厂家的网管系统只能管理本厂家的所有设备，不能管理其他厂家的设备，因此组网的时候最好选择同一厂家的设备，便于以后的设备维护和管理。

多数厂家的网管系统采用 SNMP 协议。

SNMP 是简单的网络管理协议，它是标准的因特网协议，包括 SNMP 管理者、SNMP 代理、管理信息库（MIB）和管理协议四个部分。它以轮询和应答的方式进行工作，采用集中或者集中分布式的控制方法对整个网络进行控制和管理。SNMP 位于应用层，利用 UDP 的两个端口（161 和 162）实现管理员和代理之间的管理信息交换。UDP 端口 161 用于数据收发，UDP 端口 162 用于代理报警（即发送 Trap 报文）。SNMP 使网络管理员能够监测网络效能，发现并解决网络问题以及规划网络增长。通过 SNMP 接收随机消息（及事件报告），网络管理系统可获知网络出现的问题。

9.1.2　网络设备管理系统

本节以 Belair 的网管系统 BelView NMS 为例介绍网络设备管理系统的功能。

网络设备管理系统（BelView NMS）是一个综合性管理软件包，允许网络管理员方便地配置、监测和管理一个完整的网络中所有的 Belair 无线网状网设备。BelView NMS 网管系统确保这些网络设备易于安装和维护以及效用最大化，同时尽量减少用户和网络管理员的维护成本。该系统能与广域无线宽带产品如 WiMAX 和蜂窝产品组合，使得语音、视频和数据的应用更容易实现和得到维护。

BelView NMS 网络管理系统是基于 Client/Server 的，可运行在 Window XP 、Solaris 或 Linux 系统的 Intel Pentium 等平台上，BelView NMS 采用 SNMP 协议，进行与节点的信息交换，可以本地也可以远程管理节点，客户端可以远程与服务器协作。

BelView NMS 的管理功能包括故障管理、设备配置、网络性能、设备详细清单和安全管理，为安装、容量规划提供方便，并确保网络平滑运转。

BelView NMS 的主要功能包括：

- 实时监视网络设备的状态；
- 用图形界面展示出设备组网拓扑图；
- 输入用户需要的地图，并将设备放置在需要的位置上；
- 进行告警、客户数量、网络性能的统计分析；
- 自动搜索网络中的所有设备。实现网络设备的自发现、物理拓扑的发现（BRM Link）、Gateway 节点的发现、VLAN 的发现和 Spanning Tree 的发现；
- 允许网络管理员进行分级管理、密钥管理；
- 实现远程升级、远程设备配置和数据保存；
- 链路和节点的实时告警信息显示及统计。

BelView NMS 网管系统是一个基于可扩展客户端服务器的设计，每个服务器支持多达 10 名客户，具有多站点管理能力。该服务器采用了“永久”数据库来存储和输出网络管理信息。根据用户在网络运营中的角色，可以得到不同级别的访问控制。

1. 设备配置管理

BelView NMS 网管系统的设备配置管理模块是一个可扩展的多面平台，提供自发现、拓扑视图、VLAN 和 RSTP 配置功能，支持多达 500 个无线 Mesh 节点。利用图形用户界面，网络管理员可以启动自动发现功能，自动寻找网络中的无线节点。

一旦发现，节点将显示在一个拓扑视图中，同时显示回程连接和接入连接状态，链路状态和连接到节点的用户数量。拓扑视图可以根据用户要求定制，通过导入位图图像，如街道地图、航空照片或校园，对于节点的配置可以下载到一个单一的节点上，也可以下载到一组节点上，极大地简化了安装过程。BelView NMS 网管系统提供快速安装新升级软件到单个节点、组节点、或整个无线网状网络功能，可以本地升级也可以远程升级。对用户的分割可以通过 VLAN 配置和 SSID 到 VLAN 的映射来实现。可以实现基于每个用户的 QoS 和优先权的分配，这样便于实现不同用户的业务分类。可以实现网络中搜寻有设备的详细目录管理，包括单个节点配置信息和当前使用的软件版本。通过 CLI，GUI 或 BelView NMS 管理界面，可以实现节点灵活的配置，主要的数据配置在 BelView NMS 的实时窗口显示，任何的错误配置都能被迅速识别，支持一个或多个 AP 实时配置。

BelView NMS 提供一个完全的当前网络状态图，如图 9-1 所示。

注：告警统计在屏幕的左下边，左上边是导航树，主要窗口在右边 ，也可以输入地图，重新放置 AP 的位置，如图 9-2 所示。

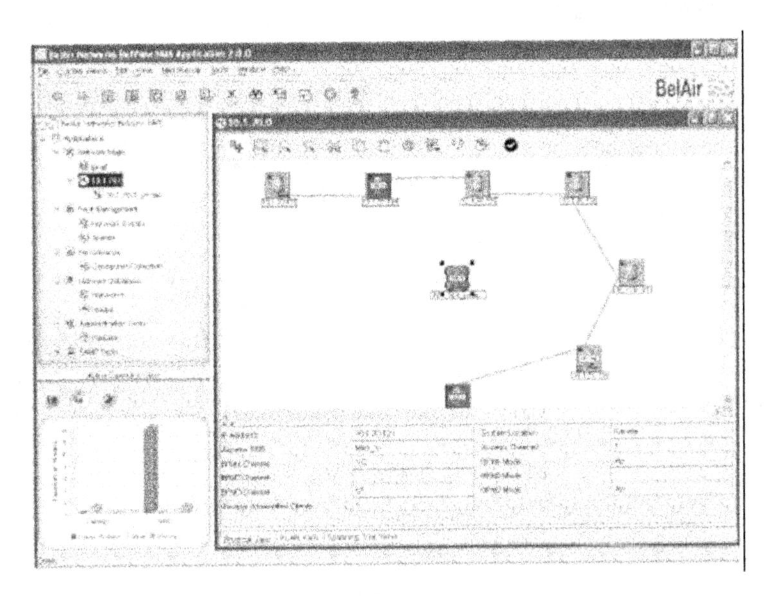

图 9-1　网络拓扑图

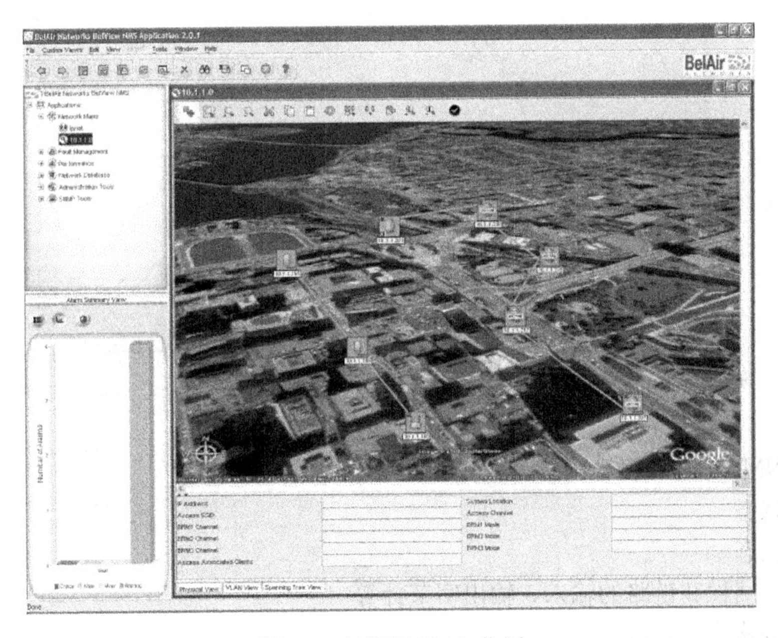

图 9-2　地图显示 AP 位置

BelView NMS 提供三个可选择的视图窗口，一个物理的视图窗口（用来显示物理拓扑图和当前的网络状态）；一个 VLAN 视图（显示网络 VLAN 配置的统计，允许快速和容易的错误配置识别）；一个 Spanning Tree 窗口（显示当前 RSTP 的配置）。

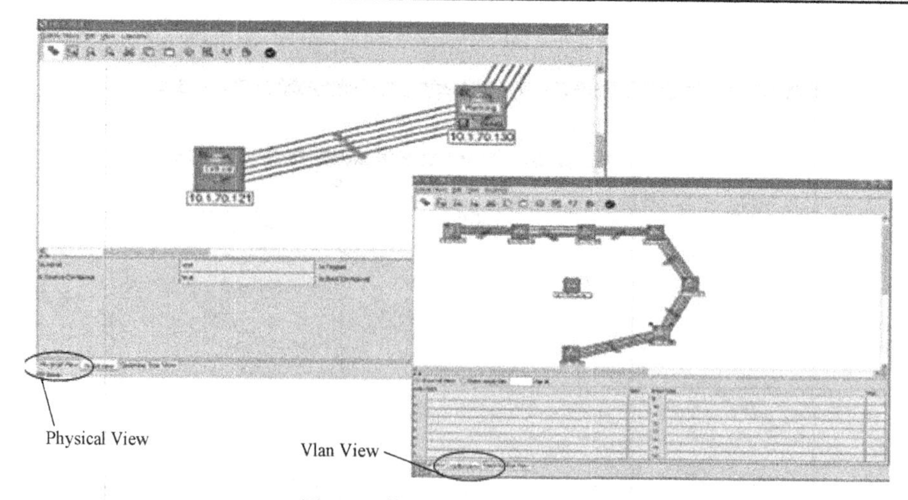

图 9-3　物理视图及 VLAN 视图

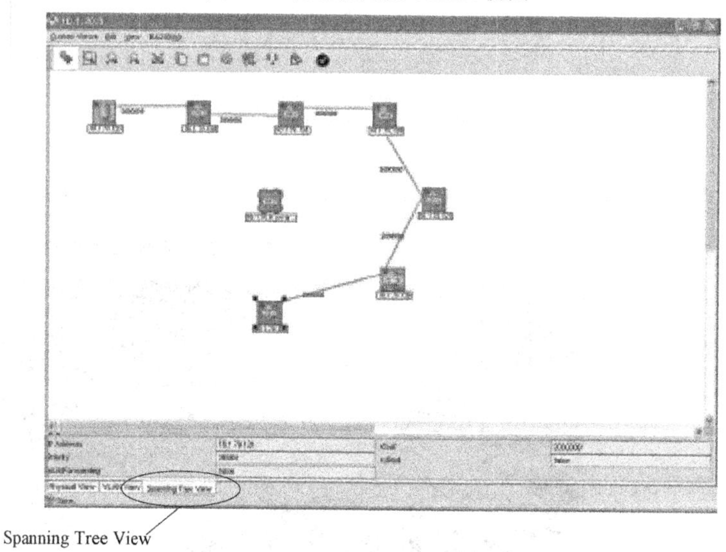

图 9-4　Spanning Tree 视图

BelView NMS 提供实时性能数据包括：

◆ 节点状态
◆ 链路状态
◆ 接入、回程和链路的输入、输出字节计算
◆ 回程链路信号强度
◆ 关联的用户数量

2. 故障管理

BelView NMS 网管系统提供强大的故障管理功能，提供实时的无线网络监控。

通过在每一个节点上设置网络 Trap，可将每个节点的告警信息都被传送到网管系统，并被记录在事件日志里。

可以将事件的严重性、节点的位置、告警时间、故障类型和告警状态进行分类（未处理的，处理过的或关闭），便于网络管理员进行管理。

可以将报警的严重程度通过颜色进行区分（重大，次要，轻的），使得管理员对于告警信息一目了然。

可以实现根据用户要求提供图形告警数据或文本形式。支持 E-mail 和寻呼机告警输出，可以立即设置输出告警时间。根据需要也可以提供告警数据或统计。告警的界限可以调整。支持定义新的告警界限（也可以删除）。

告警通知包括：

◆ 故障发生的时间和数据
◆ 告警标题
◆ 告警目录
◆ 故障 IP 地址和相关信息
◆ 故障描述

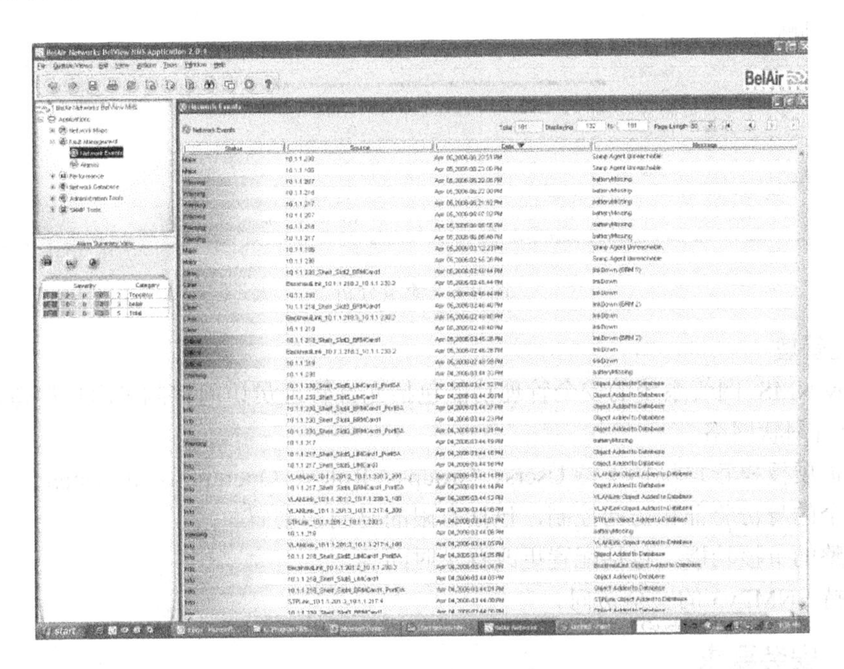

图 9-5　故障管理界面

事件日志列表中，管理员能够根据状态、故障节点、告警类型、告警日期等进行分类排序。

管理员还可以更改页的篇幅，以在同一页上显示更多的活动。可以选择 50、100、250、500 或 1000 个事件。管理员无法手动删除事件。旧的日志 7 天后可以删除。

BelView NMS 还可以创建自定义视图的事件。自定义视图可以保存，修改，重命名或删除。

3. 性能管理

BelView NMS 网管系统提供给网络管理员每一个网络和每一个节点的性能分析，筛选和综合网络性能数据。节点的统计数据通过轮询的方式获得，网络的统计数据来自 BelView NMS 网管系统内部。

性能管理功能包括：

◆ 定制策略，制定不同的管理权限等级，便于进行网络维护和管理。
◆ 多级阈值，可以根据用户的需求定制多级告警阈值。
◆ 形成直观的性能图形管理报告，便于用户分析。

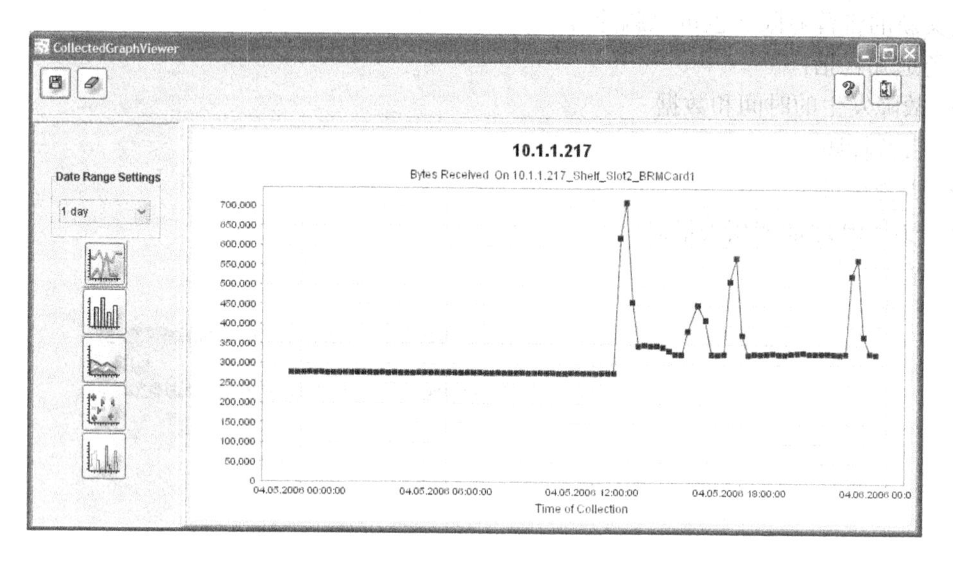

图 9-6 流量分析

4. 安全管理

BelView NMS 网管系统的安全管理功能包括允许管理员访问控制多用户群体，同时允许多个用户查看网状网络。

◆ 可扩展授权管理包括支持 Users、Groups、Roles、Operations 和 Object Views。
◆ 安全的身份验证和访问控制，包括有限的时间和密码。
◆ 完整的审核功能，包括配置更改登录时间等。
◆ 支持 SNMPv3 的安全访问。

9.1.3 安装要求

BelView NMS 网管系统的安装最小要求：

1. 基于 Windows XP 系统

（1）Pentium 4 1.4 GHz（Server and Client）；700MHz（Client only）

（2）512 MB（Server）；256 MB RAM（Client）；

（3）磁盘空间：200 MB（Server）；150 MB（Client）。

2. 基于 Sun Solaris 系统

（1）Solaris 10 and Mozilla Browser；

（2）Ultra -5 333MHz SPARC；

（3）256 MB RAM；

（4）磁盘空间：320 MB（Install）；200 MB（Runtime）。

提示：服务器和客户端可以运行在同一台机器上或在不同的机器上。服务器和客户端可以使用不同的操作系统。

9.2　无线 Mesh 网络故障排除

无线网是动态的，部署完成后，网络性能会随着环境的变化而发生改变，因此无线网络发生故障时，其原因是多方面的，涉及硬件、软件、网络配置、用户操作等多方面因素，准确地判断无线网络故障点是非常必要的。

通常首先进行设备好坏的判断，其次查看信号强度，Ping 包测试等，如果都没问题，则进行用户授权验证判断。

无线网络故障排察步骤：

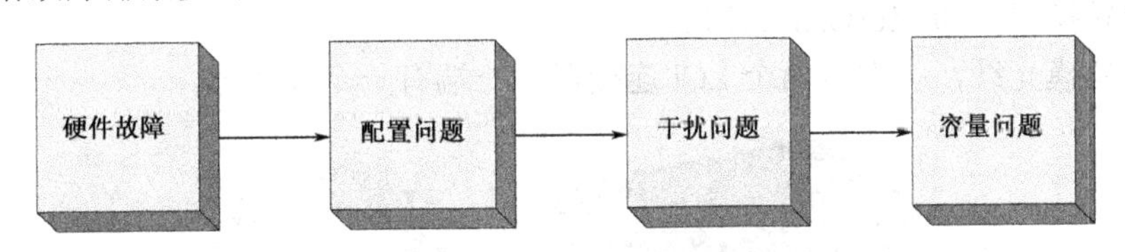

图 9-7　故障排查步骤

1. 无线设备硬件故障判断

在大型无线网络中，如果有些客户无法连接网络，而另一些客户却没有发生这个问题，那么极有可能是某个 AP 发生了故障。一般来说，通过观察和了解客户的位置，大致可以判断故障 AP 的位置。也可以采取另一种方式，通过设备网管软件，查找故障 AP。

找到具体的 AP 后，按照下面的方式进行判断（以 Belair 的设备为例）。

BA100 和 BA200 设备上有 3 个 LED 指示灯，描述见表 9-1。

表 9-1　BA100 指示灯说明

LED 指示灯	颜色	状态	说明
电源	关	没有电	交流电没接上
	橙色	初始化	设备初始化
	绿色	工作状态	自检通过，设备正常
	红色	不正常	自检失败
以太网	关	没有链路	
	闪烁的橙色	接收帧错误	只适用于 BA200，链路有错误，检查线路
	绿色	检测到数据	链路正常
无线	关	没有回程链路	
	橙色	无线链路初始化	扫描其他设备
	绿色	无线链路建立	和其他设备建立连接

当设备接上交流电后，电源指示 LED 变成橙色，如果灯不亮，检查电源线路。当设备完成初始化后，电源指示灯变成绿色，这个过程约几分钟。电源指示灯变绿后，以太网指示灯显示绿色，表示链路已经建立。如果以太网指示灯不显示绿色，检查网线，如果是闪烁的绿

色表示数据包的发送。如果以太网指示灯是绿色，表示回程模块在扫描其他设备。设备上的无线指示灯表示设备的 Back Haul 链路状态。当这个灯显示橙色，说明没有和其他设备建立连接。当这个灯变成绿色时，说明建立了无线链路。如果这个灯没有亮，说明没有 Back Haul 模块或者没有配置。

注：当一个设备和另一个设备建立连接时，约 1 分钟后，设备上的 LED 无线指示灯变成绿色。同样，当链路失败，约 1 分钟后 LED 灯变成橙色。

2. 无线 AP 的连接

如果笔记本不能与 AP 进行无线连接，那么要用一根网线将笔记本与无线 AP 进行连接，以太网的连接方式取决于设备的接口是光接口还是电接口。

如果是电接口，只需要一根交叉网线。

如果是光接口，则需要进行配置，需要的器材如下：

- 一个转换器，如 McBasic TX/FX。
- 一个单模光纤，一端有两个 LCl 连接器，一端有一个连接器。

图 9-8　光接口连接器材

计算机设置方式如下：

计算机 IP 的设置需与连接无线 AP 的设置在同一子网掩码下。

输入 AP 的 IP 地址，用 Ping 的方式与 AP 进行连接，如果能 Ping 通，则连接到设备上，察看设备的设置。如果配置都没有问题，则重新启动 AP，若重起后，仍无法通过无线的方式与 AP 进行通信，则判断 AP 的无线部分故障，进行设备更换。

3. 无线信号弱

一般室外无线 AP 的覆盖范围在 100～300 米，无线网络架设好后不久，有可能周围环境发生变化或出现阻挡，发现无线信号变弱，对于这种情况需要通过增加 AP 或增大天线增益的方式来改善。

4. 无线设备配置故障判断

无线网络设备本身的性能一般都比较良好，出现问题较多的是设备配置问题，而不是硬件本身。知道了这一点，我们下面就来看看几种常见的由于错误配置而导致的网络连接故障。

（1）检验 SSID

如果更换了计算机的使用环境，应重新进行网络搜索，按给定的 SSID 来搜索对应的接入点。

（2）检验密钥

检查加密设置。如果加密设置错误，那么也无法从无线终端 Ping 到无线接入点。不同厂商的无线网卡和接入点需要指定不同密钥。比如，有的无线网卡需要输入十六进制格式的密钥，而另一些则需要输入十进制的密钥。同样，有些厂商采用的是 40 位、64 位加密或者 128 位加密方式。

很多时候，虽然无线客户端看上去已经正确地配置了密钥，但是依然无法和无线接入点通信。在面对这种情况时，一般可将无线接入点恢复到出厂状态，然后重新输入密钥配置信息，并启动密钥功能。

（3）DHCP 配置问题

另一个无法成功访问无线网络的原因可能是由 DHCP 配置错误引起的。网络中的 DHCP 服务器可以说是能否正常使用无线网络的一个关键因素。

一般来说，这些 DHCP 服务器都会将 192.168.0.x 这个地址段分配给无线客户端。而且 DHCP 接入点也不会接受不是自己分配的 IP 地址的连接请求。这意味着具有静态 IP 地址的无线客户端或者从其他 DHCP 服务器获取 IP 地址的客户端有可能无法正常连接到这个接入点。

（4）注意客户列表

有些接入点带有客户列表，只有列表中的终端客户才可以访问接入点，因此这也有可能是网络问题的根源。这个列表记录了所有可以访问接入点的无线终端的 MAC 地址，从安全的角度来说，它可以防止那些未经认证的用户连接到网络。通常这个功能是不被激活的，但是，如果用户不小心激活了客户列表，这时由于列表中并没有保存任何 MAC 地址，因此不管如何设置，所有的无线客户端都无法连接到这个接入点。

5．干扰故障判断

如果工作在信道 5 的 AP 和信道 6 的设备同时传输，并且信号的强度足够强，就会彼此产生干扰，破坏正常的数据通信，造成数据包重传和其他问题，比如会降低网络运行的速度等。因此多数 802.11b/g 网络都配置使用不重叠的三个信道——信道 1，6，11，把同频干扰的可能性降到最低。

一些商业和工业设备会发射 802.11 频段的射频信号，但是它可能不是 802.11 设备，并且不遵循 802.11 物理或 MAC 层协议，如果使用这样的设备进行传输就可能会影响到你的网络，造成正常的数据通信中断。会产生射频干扰的设备有：2.4GHz 无绳电话，蓝牙设备，微波炉，无绳 PC 麦克风等。这些设备通常会间歇性工作，短暂影响用户无线网络的正常工作。

在处理干扰的问题时，可以用一些专用的仪表或测试软件进行测试。

（1）测试信号强度

用 Network Stumbler 检测一下接入点的信号强度，SNR 是否达到规定的要求。

（2）改变频道

如果经过测试，发现信号强度很强，但周围有很多其他无线设备在使用，那么可以试着改变无线接入点的频道方式。

（3）用 Ekahau、Fluke 等专用测试工具进行测试。

6．容量故障判断

没有足够的带宽、请求排队超时、冲突干扰等也可能是故障的根源。

（1）用 IxChariot 测试网络吞吐量，看是否达到用户要求。

（2）连接设备，查看关联到设备的用户数量。

（3）通过第三方流量限制软件，对用户流量进行限制。

7．无线网络的安全测试

不是所有的公司都部署了安全检测设备（比如 IDS）来查找恶意设备或 AP。多数情况下，寻找恶意 AP 的工作是通过移动测试设备来完成的。在手持测试仪中可以将部署好的 AP 设定为“已授权”，这样可以实际地快速确定哪些 AP 网络是授权的。

对无线网进行周期性的现场勘测是必要的，网管员可以使用专用工具分析 RF 信号质量，查看性能有无下降。既可以看到用户使用趋势，也可以看到在哪里用户比较集中，是否需要增加 AP 数量，提高网络的稳定性和可靠性。

思　考　题

1．设备硬件问题的排查。

打开 AP 设备，观察设备指示灯。按照题图 9-1 连接设备。

◆ 用交叉网线和直连网线连接设备，观察以太网接口的指示灯情况。

◆ 接入模块或回程模块 Enable 和 Disable，观察指示灯和用户连接情况。

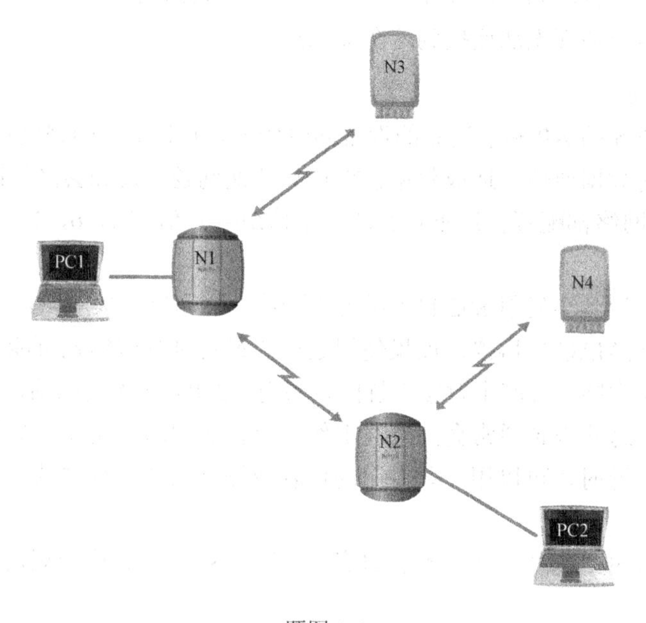

题图 9-1

Enable 无线模块 ARM、BRM 时，设备指示灯正常，Disable 无线模块后，指示灯不亮。正确网线连接后，以太网指示灯呈绿色，表示正常。

2．将信号强度降到–78～80dBm，连接网页测试、吞吐量测试。

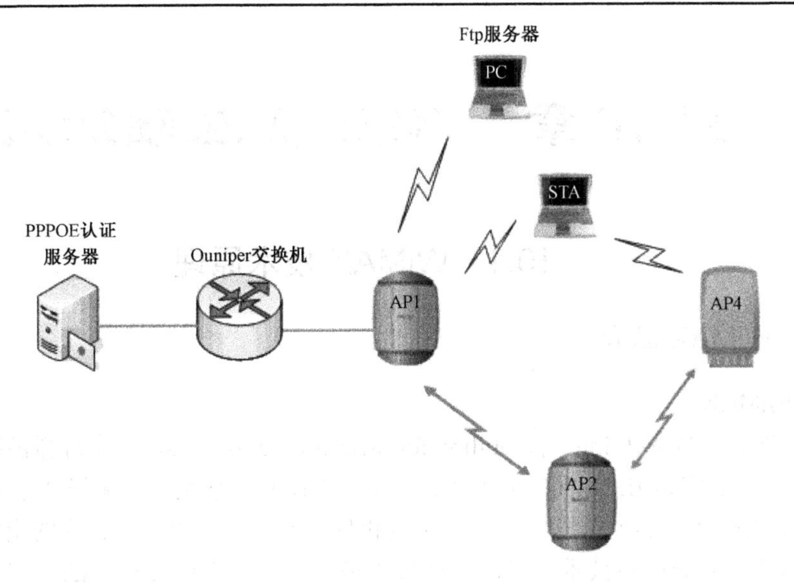

题图 9-2

第 10 章　WiMAX 基础知识

10.1　WiMAX 技术原理

10.1.1　WiMAX 简介

1. 何谓 WiMAX

WiMAX 全称为 World Interoperability for Microwave Access，即全球微波接入互操作。WiMAX 的另一个名字是 IEEE 802.16（以下简称 802.16），它是一项无线宽带接入（BWA，Broadband Wireless Access）技术，是针对微波和毫米波频段提出的一种新的空中接口标准，是当前无线通信领域的前沿技术，是高速连接“最后一公里”的廉价方法，它提供了用户与核心网络之间的连接方式。802 委员会于 1999 年成立了 802.16 工作组来专门开发宽带无线标准，并且于 2002 年 4 月公布了第一个 10～66GHz 的 802.16 标准。

WiMAX 技术涉及到两个国际组织：802 标准委员会 802.16 工作组和 WiMAX 论坛。802.16 工作组是标准的制定者，主要针对无线城域网的物理层和 MAC 层制定规范和标准。WiMAX 论坛是 802.16 技术的推广者，旨在对基于 802.16 标准和欧洲 ETSI 的 HiperMAN 标准的宽带无线接入产品进行一致性和互操作性认证，为不同厂商的产品互通、可运营网络的搭建提供必要的支撑技术。WiMAX 论坛成立于 2001 年 4 月 9 日，是一个非盈利组织，现已发展有 350 多个成员单位，其中包括众多业界领先的设备制造商、部件供应商（芯片、射频、天线、软件和测试服务等）、服务供应商和系统集成商。该论坛如同当年对提升 802.11 的使用有功的 Wi-Fi 联盟，提高了大众对宽频潜力的认识，促进了供应商设备兼容问题的解决，加速了 WiMAX 技术的发展。

2. 802.16 系列标准简介

在无线领域，802 目前主要有 4 个工作组在进行相关标准的研究工作，分别是无线个域网（WPAN）—802.15、无线局域网（WLAN）—802.11、无线城域网（WMAN）—802.16、无线广域网（WBAN）—802.20。

这 4 种技术覆盖的范围由小到大。其中的 802.16 工作组于 1999 年成立，目的在于建立一个全球统一的宽带无线接入标准，以便让宽带无线接入技术更快地发展。

802.16 标准的研发初衷是在城域网领域提供高性能的、工作于 10～66GHz 频段的最后一公里宽带无线接入技术，其正式名称是“固定宽带无线接入系统空中接口（Air Interface for Fixed Broadband Wireless Access Systems）”，是一点对多点技术，只能承载在视距范围内的传输。由于它不利于固定宽带接入技术的推广，于是 2003 年 4 月，IEEE 又发布了扩展协议 802.16a，使得固定宽带接入技术也能支持非视距传输， 工作频率范围为 2～11GHz，包括需要许可和免许可频段。之后，为了将信息传输速率从几兆比特每秒提高到几百兆比特每秒，加大多媒体业务传输的能力，成为解决接入网“最后一公里”瓶颈的有效手段，2004 年 7 月对 802.16a 协议进行了再次改进，提出了融合性 802.16 REVd 协议，也称为 802.16-2004 协议。目前各大厂商都基于该标准设计和推出各种固定无线接入产品，802.16-2004 协议俨然已经成为业界标准。

2005 年 11 月颁布的 802.16e 协议作为固定接入技术的扩展，在原有基础上增加了终端用户的移动性功能，从而使移动终端能够在不同基站间进行切换和漫游。802.16e 工作于 2～6GHz，覆盖范围为几公里，能在 5MHz 信道上提供 15Mbit/s 的速率。当前，802.16 提及的主要是 802.16-2004（即 802.16d）和 802.16e 两个标准。

802.16 由一系列的标准组成，主要包括空中接口标准：802.16-2001（即通常所说的 802.16 标准）、802.16a、802.16c（2002 年正式发布，是 802.16 系统使用 10～66GHz 频段的兼容性标准，是 802.16-2001 的增补）、802.16d 与 802.16e。详见表 10-1。

表 10-1　802.16 系列各标准相对应的技术领域

标准号	相对应的技术领域
802.16	10～66GGHz 固定宽带无线接入系统空中接口
802.16a	2～11GHz 固定宽带接入系统空中接口
802.16c	10～66GHz 固定宽带接入系统的兼容性
802.16d	2～66GHz 固定宽带接入系统空中接口
802.16e	2～6GHz 固定和移动宽带无线接入系统空中接口管理信息库
802.16f	固定宽带无线接入系统空中接口管理信息库（MIB）要求
802.16g	固定和移动宽带无线接入系统空中接口管理平面流程和服务要求

10.1.2　WiMAX 技术标准分析

1. 802.16 协议栈模型

802.16 系列标准目前只对固定用户终端（SS）和基站（BS）间的 U 接口进行了规范，而 BS 间的 IB 接口、BS 与 RNC（与 WCDMA 系统的无线网络控制器 RNC 功能类似）间的 A 接口不属于 802.16 标准组织工作范畴，如图 10-1 所示。802.16 系列标准描述了一点到多点的固定宽带无线接入系统的空中接口，由物理层和 MAC 层组成。不同的物理层技术适合不同的无线传播环境。MAC 层的结构设计可支持多种物理层规范，便于适应各种应用环境。MAC 层既支持点对多点结构，也适用于网格拓扑结构。

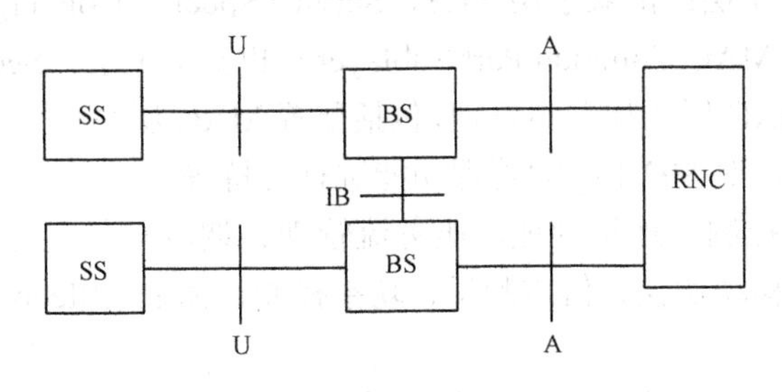

图 10-1　802.16 协议模型

802.16 接入网包括 4 个重要的网络实体，如图 10-2 所示。

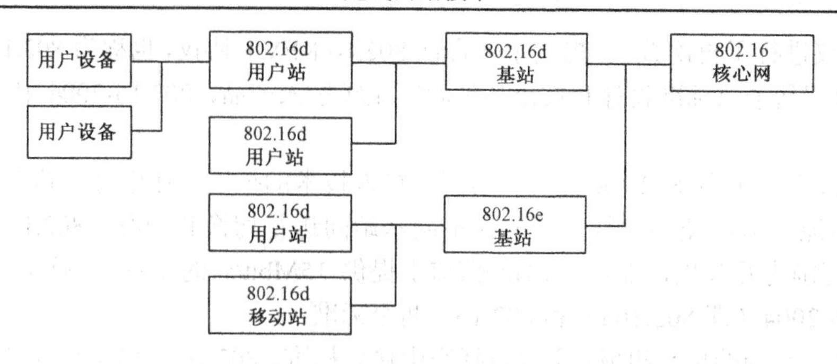

图 10-2　802.16 网络实体

（1）802.16d 基站

802.16d 基站（BS，Base Station）是遵循 802.16d 协议的接入控制设备，与 802.16 核心网（CN，Core Network）相连。802.16d 基站允许并控制多个 802.16d 用户站与自己进行无线连接。

（2）802.16d 用户站

802.16d 用户站（SS，Subscriber Station）是遵循 802.16d 协议的接入设备，在 802.16d/e 基站的控制下与基站进行无线连接。用户设备（UE，User Equipment）通过本地网络连接到 SS。每个 SS 允许多个 UE 同时接入。

（3）802.16e 基站

802.16e 基站是遵循 802.16e 协议的接入控制设备，与 802.16 核心网相连。802.16e 基站允许并控制多个 802.16d 用户站和 802.16e 移动台与自己进行无线连接。

（4）802.16e 移动台

802.16e 移动台（MS，Mobile Station）是遵循 802.16e 协议的终端设备，在 802.16e 基站的控制下与基站进行无线连接。下文将 802.16d SS 和 802.16e MS 统称为终端。

2．802.16 协议栈结构

802.16 的协议栈结构如图 10-3 所示。MAC 层处于物理层之上，通过物理层的服务接入点（SAP，Service Access Point）PHY_SAP 使用物理层所提供的服务。802.16 的管理功能终止于 MAC 层，对于物理层的管理通过 MAC 层进行。802.16MAC 向管理信息库（MIB）提供 MAC 层和物理层的相关信息。802.16MAC 通过 C_SAP 和 M_SAP 同网络控制与管理系统（NCMS，Network Control and Management System）交互，完成核心网对接入设备的控制与管理功能。802.16MAC 被分为三个子层：汇聚子层（CS，Service Specific Convergence Sublayer）、MAC 公共子层（MAC CPS，MAC Common Part Sublayer）和安全子层（Security Sublayer）。

管理平面完成对 MAC 层的配置与管理，包括配置 MAC 层系统参数，对 802.16f 和 802.16i 的管理信息库进行支持，对 802.16g 的管理功能进行支持等。

控制平面完成入网控制、连接管理、服务流管理、调度与带宽分配和移动性管理等控制功能。移动性管理包括移动切换、信道测量、功率控制、休眠（Sleep）管理和空闲（Idle）管理等。

数据平面完成业务数据汇聚和处理，包括数据包分类和连接映射、数据包发送与接收、数据包分片（Fragment）、打包（Packing）和填充（Padding）等。

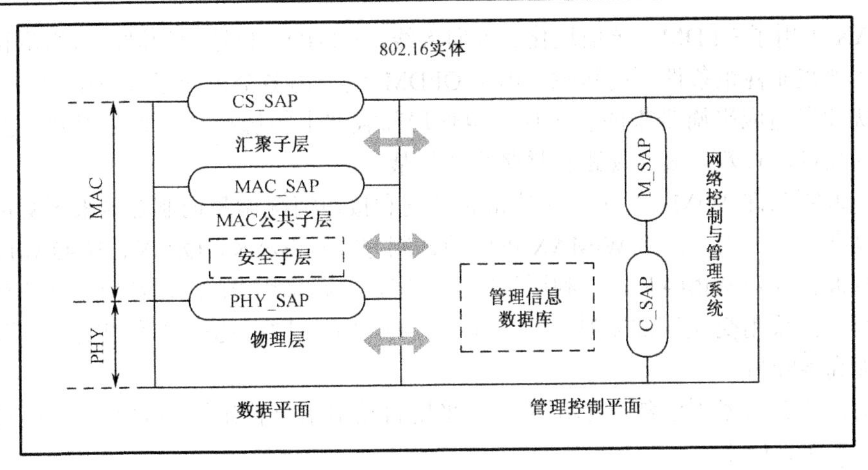

图 10-3　802.16 协议栈结构

（1）汇聚子层

汇聚子层主要负责完成外部网络数据与公共子层数据之间的映射。

（2）MAC 公共子层

MAC 公共子层负责提供 MAC 层核心功能，包括 MAC PDU（Protocol Data Unit，协议数据单元）的构造与传输、ARQ（Automatic Repeat Request，自动重传请求）机制、HARQ（Hybrid ARQ，混合自动重传请求）控制、数据调度、带宽分配与请求、竞争解决、系统接入、连接建立和维护、节电控制和移动性支持等。公共子层通过 MAC SAP 从不同的汇聚子层接收数据，形成 MAC SDU（Service Data Unit，服务数据单元）。CPS 子层和安全子层通过数据处理将 SDU 构造成 PDU，然后通过 PHY_SAP 传递给物理层进行发送。

（3）安全子层

安全子层负责提供认证、密钥交换和加解密功能。

（4）物理层

802.16 工作组的主要工作都围绕空中接口展开，空中接口主要由物理层和 MAC 层组成。物理层由传输汇聚（TC，Transmission Convergence）子层和物理媒介依赖（PMD，Physical Medium Dependence）子层组成，通常说的物理层主要是指 PMD。

3. 802.16 物理层规范

物理层定义了 TDD 和 FDD 两种双工方式。802.16 定义了不同的物理层规范：无线城域网单载波（WMAN-SC）、无线城域网增强单载波（WMAN-SCa）、无线城域网正交频分复用（WMAN-OFDM）、无线城域网正交频分（WMAN-OFDMA）等。这几种模式均支持时分双工（TDD）、频分双工（FDD）以及半频分复用（Half-FDD）三种模式。

其中半频分复用允许用户站工作在不同频率且不同时收发信息，因此减少了复杂性并降低了成本。

由于对多载波均衡处理的简明性，基于 OFDM 的后三种物理层规范更适合非视距传输，其中 256 载波的 WMAN-OFDM 相对 2048 载波的 WMAN-OFDMA 在峰值、快速傅里叶变换计算、频率同步等方面更具优势，因此也更获工业界的青睐。就应用重点而言，SC 物理层重点实现 TDM 业务，256 OFDM 物理层重点实现支持 NLOS 的固定 IP 业务，2048 OFDM 重点实现高速切换移动业务。

WiMAX 采用了 OFDM、子信道化、方向天线、MIMO、自适应调制、自纠错和功率控制等技术来实现在非视距条件下的传输。由于 OFDM 波形由多个正交子载波组成，能有效抵消信号间干扰和自适应平衡带来的复杂性，也使局部载波上的选择衰落容易得到平衡，从而获得更高的吞吐量，有效克服非视距传播带来的挑战。

自适应调制允许 WiMAX 根据无线链路信道和接口情况调整调制方式来平衡传输速率和鲁棒性，提高了信干比。目前 WiMAX 可用的调制方式有 BPSK、QPSK、16-QAM、64-QAM 纠错技术也被整合到 WiMAX 中，利用级联码方案，外码采用 RS 码循环码前向纠错、内码采用卷积编码，并采用交织算法来减小突发错误，有利于从频率选择衰落和突发错误中恢复出错帧，并提高吞吐量。

对于前向纠错技术无法纠正的出错帧，采用自动请求重传出错帧的方式，在同样的环境下，显著降低了误码率。

上行链路子信道化作为可选方式允许用户站将传输功率集中在整个 OFDM 子载波的一个子集上，这样可以平衡上行链路的预算、克服建筑物障碍带来的损失和减少用户站的功率损耗。在不同的子信道上多用户站可以并行传输。

智能天线作为可选方式，利用波束能使信号的发射和接收都限制在特定的方向上，可以有效抑制多径信号，减少基站和 SS 间的延迟和其他方向上的信道干扰，提高 WiMAX 系统的容量和频谱效率。

多输入多输出（MIMO，Multiple-Input Multiple-Output）作为可选方式利用非视距环境下产生的多径信号，采用时空编码使传送源独立，减少了边沿衰落和信道干扰。

此外 WiMAX 还利用功率控制来提高系统的整体性能。

为了更好地使用带宽，802.16 支持时分双工（TDD）和频分双工（FDD）模式。两种模式下都采用突发格式发送。在每一帧中，BS 和各个 SS 可以根据需要灵活地改变突发类型，从而选取适当的发射参数。在 FDD 模式下，系统支持全双工 SS，也支持半双工 SS。

802.16a、802.16d 和 802.16e 这 3 个标准的物理层（PHY）和媒体接入控制层（MAC）是相同的。当前，它们所选定的物理层规范是 256 点 FFTR OFDM PHY（与 ETSI NiperMAN 相同），其他物理层规范将在今后市场需要时再制定。

考虑到各个国家已有固定无线接入系统的载波带宽划分，802.16 规定了载波带宽可以是 1.25MHz 的倍数或 1.75MHz 的倍数。802.16 标准中主要规定了两种调制方式：单载波和正交频分复用（OFDM）。

依据系统工作的频段，采用了不同的调制方式，具体情况如下：

（1）10～66GHz

这个频段内的电磁波波长在毫米波段，工作波长较短，波能量易被地面和建筑物吸收，因此要求视距传输（LOS），在发射天线和接收天线之间不能有障碍物。802.16 规定在该频段采用单载波调制方式，具体可以采用正交移相键控（QPSK）、16 相正交幅度调制（16 QAM）和 64 相正交幅度调制（64QAM）方式。多径衰落可以忽略。由于传输信号易受外部环境等因素的影响，因此要有高标准的系统部署。

这种方式覆盖面积较小，但该频段频率资源丰富，分配的频段较宽，系统容量大。

（2）2～11GHz

这个频段包含需要许可证和免许可证两种频谱资源，主要是为支持非视距（NLOS）传输而提出。该频段内的电磁波较长，在发射天线和接收天线之间不必有视距传输的要求，但存在突出的多径干扰问题。多径衰落会引起信号间干扰。随着数字信号处理器（DSP）技术的飞速发展，OFDM 作为一种可以有效对抗信号间干扰的高速传输技术已引起了广泛关注，所以在 2～11GHz 频段上主要采用 OFDM 和 OFDMA 技术。

另外，鉴于还有许多其他无线设备也工作在此频段内（如蓝牙系统、无线局域网等），故特地通过该频段支持的以下 3 种物理层规范来解决与这些设备共存而不增加彼此干扰的问题。该频段内采用的物理层规范具体如下：

1）WMAN_SCa：采用单载波自适应调制策略。上行链路采用 TDMA 方式。下行链路使用点对多点的广播方式进行信号传输，基站通过给 BS 内所有的 SS 发射 TDM 信号。当目标 SS 检测到是分配给自己的时隙时，则启动信号的接收。

2）WMAN_OFDM：采用 256 点变换的正交频分复用（OFDM）调制技术。上行接入采用 TDMA+OFDMA 作为多址方式，而下行采用 TDM 方式。该空中接口对于免许可证的频段是必选的。

3）WMAN_OFDMA：采用 2048 点变换的 OFDM 调制技术。通过为每个接收机分配一组子载波来实现多址传输。该方式的上下行都采用 TDMA+OFDMA 作为多址方式。考虑到 NLOS 特性，采用了 ARQ、自适应天线系统以及动态频率选择等先进技术。

802.16e 与 802.16d 的物理层实现方式基本一致，主要差别是对 OFDMA 进行了扩展。在 802.16d 中仅规定了 2048 点 OFDMA。而 802.16e 可以支持 2048 点、1024 点、512 点和 128 点以适应不同的地理区域从 20MHz 到 1.25MHz 的信道带宽差异。频分双工（FDD）需要成对的频率。时分双工（TDD）则不需要，它可以灵活地实现上下行带宽动态调整。802.16 系统可以以频分双工或时分双工方式工作，而终端也可以采用半双工频分双工（H-FDD）方式，从而降低了对终端收发器的要求，缩减了终端成本。

4．802.16 MAC 层规范

802.16 MAC 层完成下述重要功能：

- 802.16d 基站允许多个 802.16d 用户站同时接入，802.16e 基站允许多个 802.16d 用户站和 802.16e 移动台同时接入；
- 支持 CDMA 初始测距、CDMA 周期性测距、CDMA 切换测距和 CDMA 带宽请求；
- 根据信道测量和信道质量反馈结果对信道进行管理；
- 跟踪信道变化，自适应调整调制编码方式；
- 对终端进行入网控制，包括测距控制、基本能力协商、密钥交换、认证授权控制和注册控制；
- 支持多条不同服务类型、不同服务质量的服务流和连接；
- 支持多种业务类型，包括 UGS（Unsolicited Grant Service，非请求的带宽分配业务）、RT-VR（Real-Time Variable Rate Service，实时变码率业务）、NRT-VR（Non-Real-Time Variable Rate Service，非实时变码率业务）、BE（Best Effort Service，尽力而为业务）和 ERT-VR（Extended Real-Time Variable Rate Service，扩展实时变码率业务）；
- 支持多种上行调度类型，包括 UGS、RTPS（Real-time Polling Service，实时轮询业务）、NRTPS（Non-real-time Polling Service，非实时轮询业务）、BE 和 ERTPS（Extended

RTPS，扩展实时轮询业务）；

- 支持基站和移动台主动发起的服务流建立/修改/删除操作；
- 支持异种业务的不同调度方法和带宽分配方法；
- 支持同种业务的不同服务质量需求；
- 支持多种服务质量参数，包括业务优先级、时延、最大持续速率和最小速率等；
- 同时支持 IPv4 业务和 IPv6 业务；
- 根据带宽分配情况，对服务数据单元 SDU 进行分片、打包和填充；
- 支持自动重传请求 ARQ 和混合自动重传请求 HARQ；
- 支持功率控制、休眠模式和空闲模式；
- 支持移动性管理、硬切换和多种切换策略；
- 支持 802.16f/802.16i 管理信息库和 802.16g 管理接口。

MAC 层又分为三个子层：特定服务汇聚子层、公共部分子层、安全子层。

（1）特定服务汇聚子层（CS）

CS 子层提供与更高层的接口，按照不同的汇聚方式来适配各种上层协议。主要功能是负责将其业务接入点（SAP）收到的外部网络数据转换和映射到 MAC 业务数据单元（SDU），并传递到 MAC 层业务接入点。具体包括对外部网络数据 SDU 执行分类，并映射到适当的 MAC 业务流和连接标识符（CID）上等功能，即将所有从汇聚子层服务接入（SAP，Service Access Point）接收到的外部网络数据与 MAC 业务流标识（SFID，Service Flow IDentifier）和连接标识（CID，Connection IDentifier）关联，并映射成 MAC SDU，然后通过 MAC 发送给 MAC CPS。协议提供多个汇聚子层规范作为与外部各种协议的接口。CS 又可以分为 ATM 汇聚子层和包汇聚子层两种，包汇聚子层支持所有的基于分组的协议。

（2）公共部分子层（CPS）

CPS 子层负责执行 MAC 的核心功能，包括系统接入、带宽分配、连接建立、连接维护等。该子层从 MAC SAP 接收来自 CS 子层的数据，然后根据 SFID 和 CID 分类到不同的 MAC 连接上。QoS 将被应用到传输中并由物理层来保证。通常说的 MAC 层主要指 MAC CPS。

（3）安全子层

MAC 层包含独立的安全子层，能够提供加密、鉴权、密钥交换等与安全有关的功能。加密协议子层 PS 的主要功能是提供认证、密钥交换和加解密处理。

5．802.16 信道定义

802.16 接入系统的逻辑信道由多个物理子信道（Subchannel）构成，一个子信道由多个子载波（Subcarrier）构成，如图 10-4 所示。

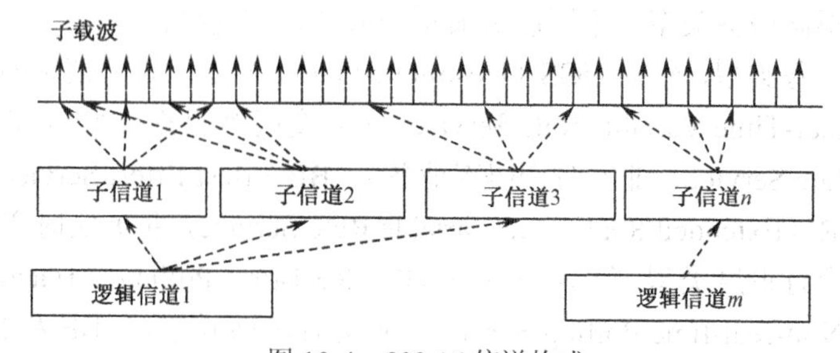

图 10-4　802.16 信道构成

802.16 逻辑信道被动态地映射到物理子信道上，这种映射关系是由 MAC 层动态控制的。

802.16 逻辑信道可以分为业务信道和控制信道两类。业务信道用于承载用户数据，控制信道用于承载系统信令。

（1）业务信道

1）广播业务信道

广播业务信道用于下行（DL，Down Link，从基站到终端方向）数据传输。在广播业务信道上发送的数据可以被所有终端或属于某一多播组的所有终端接收。

2）单播业务信道

单播业务信道用于下行或上行（UL，Up Link，从终端到基站方向）数据传输。在下行单播业务信道上发送的数据只能被特定的终端接收，在上行单播业务信道上发送的数据被终端所属的基站接收。

（2）控制信道

1）广播控制信道

广播控制信道用于传输下行控制信令，这些控制信令被所有终端或属于某一多播组的所有终端接收并作用于这些接收终端。

2）随机接入信道

随机接入信道用于传输上行控制信令，被所有终端或多个终端竞争使用。当终端没有任何专用信道时，可以使用该信道向基站发送信道申请信令。

3）专用控制信道

专用控制信道用于传输上行或下行控制信令，被特定的终端独占使用。

6. 802.16 帧结构

802.16 协议支持 1.25 毫秒至 20 毫秒之间的多种帧长。802.16MAC 帧由一个时频二维区域构成，在时域上由 n 个 OFDMA 符号构成，在频域上由 m 个物理子信道构成。

802.16 协议支持 TDD（Time Division Duplex，时分双工）和 FDD（Frequency Division Duplex，频分双工）两种双工方式。在 TDD 方式下，一个 MAC 帧在时域上被分为上行和下行帧。在 FDD 方式下，上行和下行使用不同的中心频率，一个 MAC 帧在时域上无需划分上行和下行帧。除了上下行帧划分外，TDD 和 FDD 方式下的帧结构基本相同。下面分析 TDD 方式下的帧结构。

如图 10-5 所示为 TDD 方式下的 802.16 帧结构。一个 TDD 的 802.16MAC 帧由下行帧（DL）、TTG（Transmit/receive Transition Gap，发送/接收转换间隔）、上行帧（UL）和 RTG（Receive/transmit Transition Gap，接收/发送转换间隔）构成。TTG 用于基站的收发器从发送模式转换到接收模式，RTG 用于收发器从接收模式转换到发送模式。

下行帧由前导头（Preamble）、帧控制头（FCH，Frame Control Header）、下行帧信道分配消息（DL-MAP）和多个下行突发（Burst）组成。Preamble 用于终端与基站进行同步。FCH 主要用于描述下行帧信道分配消息 DL-MAP 的编码方式（Encoding）和重复编码次数（Repetition）。DL-MAP 用于描述下行突发的构成情况。FCH 采用 QPSK（Quadrature Phase-Shift Keying，四相相移键控）调制方式和 CC1/2（编码效率为 1/2 的卷积编码，Convolutional Coding）编码方式。DL-MAP 采用 QPSK 调制方式和编码效率为 1/2 的编码方式，具体编码方式在 FCH 中指定。DL-MAP 由多个信息单元（Information Element，IE）构成，每个信息单元对应一个下行突发，用于描述该突发在当前帧中所处的位置和所用的调制编码方式索引 DIUC（Downlink Interval Usage Code）。第一个下行突发包含上行帧信道分配消息（UL-MAP），还可能包含下行信道描述消息（DCD，Downlink Channel Descriptor）和上行信道描述消息（UCD，Uplink Channel Descriptor），其余下行突发承载发给不同终端的数据。一般而言，在一帧里，一个终端使用一个下行突发。UL-MAP 由多个信息单元构成，用于描述上行帧的构成情况。每个上行信息单元对应了一个随机接入区域（Region）或上行突发，用于描述该区域或突发在下一帧中所处的位置和所用的调制编码方式索引 UIUC（Uplink Interval Usage Code）。随机接入区域（在图中为 Ranging Subchannel，测距子信道）中的物理子信道被映射为逻辑随机接入信道，用于传输竞争的上行控制信令。上行突发用于承载终端发送给基站的上行数据。下行信道描述消息 DCD 记录了下行突发调制编码方式与其 DIUC 之间的对应关系，UCD 记录了上行突发调制编码方式与其 UIUC 之间的对应关系。下行帧信道分配消息 DL-MAP、上行帧信道分配消息 UL-MAP、DCD 和 UCD 在广播控制信道上发送，每个终端都可以收到。

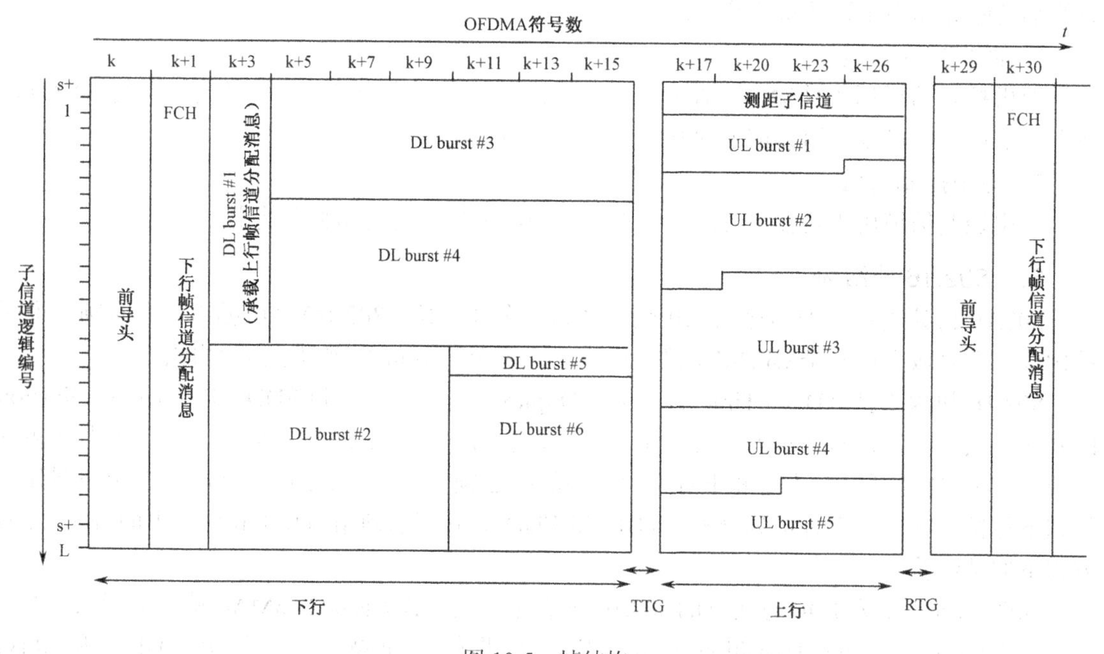

图 10-5　帧结构

当终端接收下行帧时，物理层首先探测前导头与基站取得帧同步。收到前导头后，使用 QPSK 和 CC1/2 对收到的帧控制头 FCH 进行解调和解码。对 FCH 进行解析获得 DL-MAP 的编码方式后，使用 QPSK 和该编码方式对接收到的 DL-MAP 进行解调和解码。对 DL-MAP 进行解析可以获得每个下行突发所采用的 DIUC。由于此时还未收到下行信道描述消息 DCD，DIUC 无法被映射到调制编码方式，所以使用各种调制方式和编码方式对 Burst1 尝试进行解调和解码。一旦 Burst1 被解调和解码出来，便可获得 UL-MAP、DCD 和 UCD。从 DCD 中解析出 DIUC 对应的调制编码方式后，便可将后续的突发解调和解码出来。

当终端发送上行帧时，MAC 层首先从 UL-MAP 中解析出属于自己的信息单元。分析该信息单元可以获知上行突发的起始位置、持续时间和 UIUC。然后解析 UCD，将 UIUC 映射到调制编码方式。MAC 层将上行突发的描述信息告知物理层，并指示其进行上行发送。

7. 802.16 控制平面

控制平面完成对 MAC 控制信令的生成与处理，包括竞争解决、入网控制、连接管理、服务流管理、数据包调度、上行调度与带宽分配、移动性管理、切换控制、功率控制、休眠（Sleep）管理和空闲（Idle）管理等。下面对竞争接入、入网控制、连接管理和带宽分配几个重要方面进行分析。

（1）竞争接入

当终端没有任何上行信道时（例如刚开机、从节电状态中醒来或基站没有分配任何专用信道给该终端），需要使用竞争接入方式与基站取得联系。

竞争接入使用随机接入信道。为了减少冲突、提高竞争接入成功率，随机接入信道被划分为多个竞争接入机会（测距时隙），如图 10-6 所示。一个测距时隙由 N1 个 OFDMA 符号和 N2 个子信道构成，用于传输一个 CDMA 码。CDMA 码可以表示测距（Ranging）请求和带宽请求。测距请求用于与基站取得上行同步，带宽请求用于请求基站为自己分配专用信道。

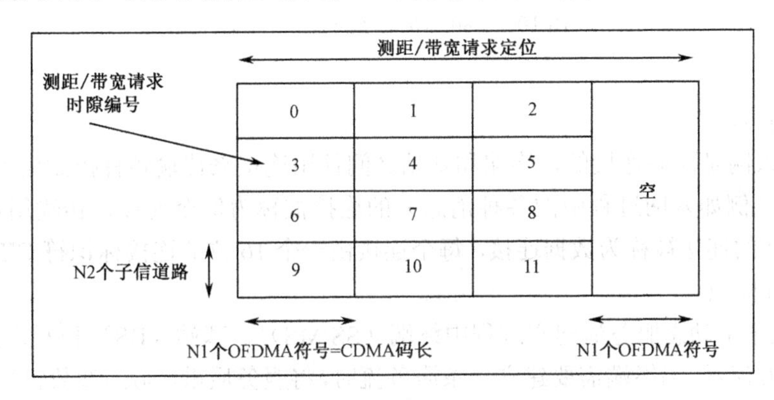

图 10-6　随机接入信道的划分

终端使用截断的二进制指数退避算法选择接入机会进行竞争接入。当终端收到 DL-MAP、UL-MAP、DCD 和 UCD，与基站取得下行同步后，从 UL-MAP 中解析出随机接入信道。从随机接入信道的前 W（W 为退避窗口大小，在 UCD 中定义）个测距时隙中随机选择一个时隙，然后随机选择一个 CDMA 码在该时隙上向基站发送。若终端在下行广播控制信道上收到基站对于该 CDMA 码的响应，说明此次竞争接入成功。若收不到响应说明此次竞争接入与其他终端的竞争接入发生冲突，需要重新随机选择一个 CDMA 码，在前 2W 个测距时隙中随机选择一个时隙重新发送。每次重传都将选择范围加倍，超过最大测距时隙个数时进行截断，直至收到基站对 CDMA 码的响应。收到响应表明终端已经与基站取得上行同步或基站已经为终端分配了上行专用信道。

（2）入网控制

终端竞争接入成功后，进入入网过程，注册到网络，使用网络服务。入网过程包括初始测距、基本能力协商、密钥交换和注册 4 个步骤，如图 10-7 所示。

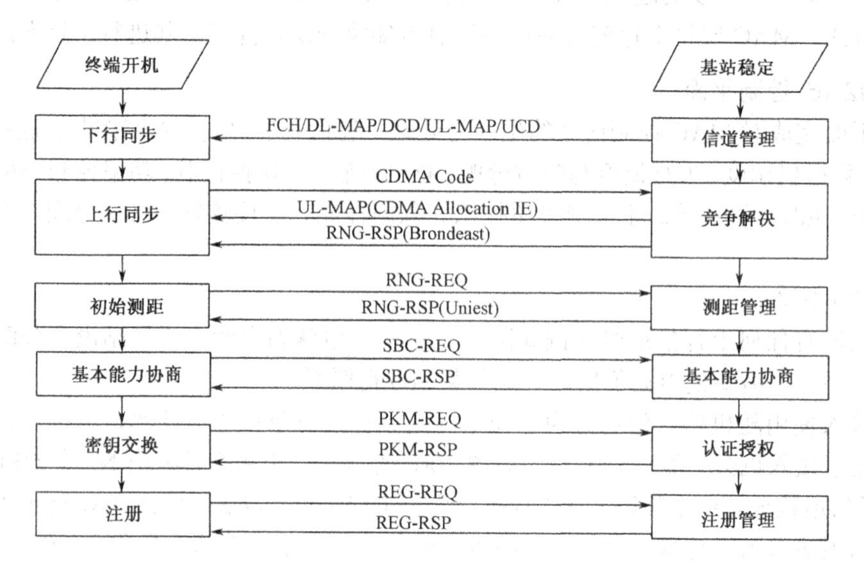

图 10-7　802.16 入网控制信令流程

（3）连接管理

802.16 接入网是面向连接的，终端和基站之间使用连接来传输各种控制信令和用户数据。传输控制信令（例如入网过程中的各种消息）的连接被称为信令连接，传输用户数据（例如用户电话数据）的连接被称为数据连接。每个连接由一个 16 位的连接标识符 CID（Connection Identifier）进行标识。

图 10-8 显示了动态服务流建立过程中终端（SS/MS）、基站（BS）和网络控制与管理系统间的信令交互流程。当终端需要建立一条服务流时，将服务质量（QoS）参数包含在 DSA-REQ 消息（Dynamic Service Addition Request，动态服务流添加请求）中发送给基站。基站收到 DSA-REQ 后通过 C-SFM-REQ（SFM，Service Flow Management，服务流管理）原语向网络控制与管理系统发送服务流建立请求，并向终端立即返回 DSA-RVD 消息（DSA Received），告知终端该服务流请求已收到，正在等待网络控制与管理系统处理。网络控制与管理系统中的接纳服务器收到服务流建立请求后，对其服务质量参数进行检查，并将检查结果发送给基站。基站通过 C-SFM-RSP 原语收到检查结果后，根据自己的当前资源判断是否可以满足终端的服务质量需求，并将结果包含在 DSA-RSP 消息（DSA Response）中发送给终端。终端根据 DSA-RSP 中的结果获知本次服务流建立是否得到基站和网络控制与管理系统许可，并向基站发送 DSA-ACK 消息（DSA Acknowledgement），表明自己已经知道本次服务流建立结果。若网络控制与管理系统和基站同意建立该服务流，基站将生成一个连接与该服务流映射，并将连接标识符包含在 DSA-RSP 中告知终端。

服务流建立后，终端可以在该服务流对应的连接上享受所请求质量的数据传输服务。

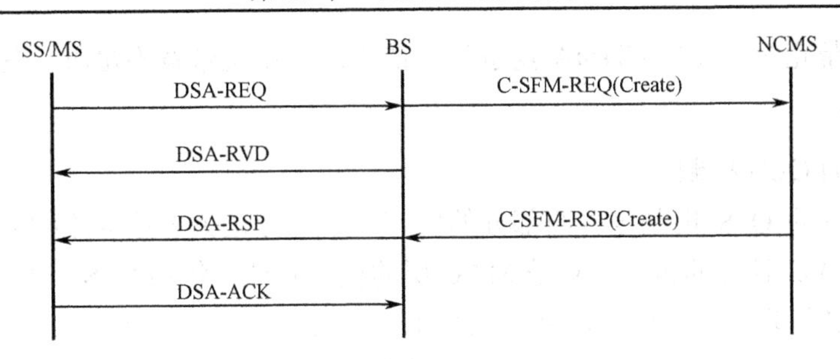

图 10-8　动态服务流建立过程

（4）带宽分配

连接与服务流提供了一种有服务质量保证的数据传输机制。要将用户数据按照所期望的服务质量进行传输，必须为连接分配相应的带宽。带宽分配在基站和终端上分别进行。基站带宽分配包括下行和上行带宽分配，下行带宽分配由下行调度过程完成，上行带宽分配由上行调度过程完成。终端带宽分配由终端调度过程完成，包括带宽请求和数据调度两个部分。图 10-9 显示了 802.16 系统中的带宽分配框架。

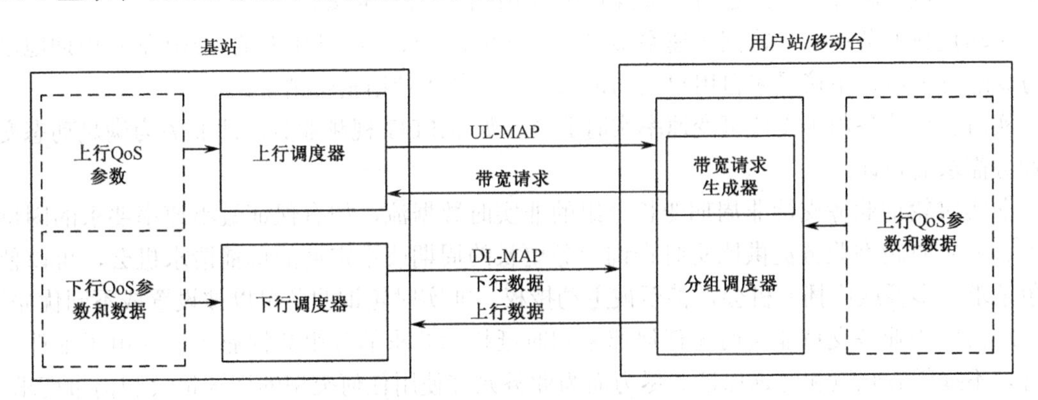

图 10-9　802.16 带宽分配框架

◆ 基站下行调度

下行调度器使用合适的调度算法将下行无线带宽合理地分配给各个下行连接，用以保证各连接的服务质量。下行调度器根据各个下行连接的数据和服务质量参数进行调度，并为各个连接分配传输带宽，根据带宽分配结果生成下行帧信道分配消息 DL-MAP。

◆ 基站上行调度

上行调度器使用合适的调度算法将上行无线带宽合理地分配给各个终端，用以保证终端上所有连接的服务质量。上行调度器根据各个终端的所有连接的服务质量参数和从终端处接收的带宽请求进行调度，并为各个终端分配传输带宽，根据带宽分配结果生成上行帧信道分配消息 UL-MAP。

◆ 终端调度与带宽请求

终端的分组调度器使用合适的调度算法将基站分配的上行带宽合理地分配给各个上行连接，用以保证各连接的服务质量。分组调度器根据各个上行连接的数据和服务质量参数进行调度，并为各个连接分配传输带宽。当带宽不够时，向基站请求带宽。对于请求带宽而言，当系统没有任何带宽时，使用 CDMA 竞争带宽请求；当系统带宽不足时，使用带宽请求消息或带宽请求字头。

8．802.16 的 QoS 机制

WiMAX 系统的 QoS 机制包含两部分的内容：一部分是关于业务流的管理，它提供了一种实现上、下行 QoS 管理的机制，它是 MAC 层的核心功能，包括 QoS 参数集、业务流定义、分类符和动态业务管理等，在协议标准中进行了详细规定；另一部分是相应的 QoS 保证机制，包括调度算法、缓冲池管理和流量控制等，在协议中对这些算法并没有进行定义和阐述。

（1）业务流管理

通过将 MAC 层传输过来的数据包与一个 CID 标识的业务流关联，在 CID 中包含数据包的业务类型和相应参数，使每个数据包在进行调度前具有相应的 QoS 要求。

WiMAX 根据业务的不同将上行业务分为四种：主动授权业务（UGS，Unsolicited Grant Service）、实时轮询业务（RTPS，Real-Time Polling Service）、非实时轮询业务（NRTPS，Non-real-time Polling Service）、尽力而为（BE，Best Effort）业务。对下行业务没有区分，为不同的业务进行区分服务。这对于多媒体和 VoIP 业务尤其重要。

主动授权业务用于传输固定速率实时数据业务，如没有静默压缩的 VoIP 基站周期地以强制方式进行调度，不接受来自用户站的请求，同时禁止使用捎带请求。

实时轮询业务用于支持可变速率实时业务，如 MPEG 视频业务，此业务为满足动态变化的业务需求而设计。

非实时轮询业务支持非周期变长分组的非实时数据流，如有保证最小速率要求的因特网接入。非实时轮询业务提供比实时查询业务更长的周期或不定期的单播请求机会，可以使用竞争请求（多播或广播）机会，甚至被主动授权。非实时轮询业务可以被设置成不同优先级。

尽力而为业务支持非实时无任何速率和时延抖动要求的分组数据业务，如电子邮件、短信等，不提供吞吐量和时延保证。尽力而为业务允许使用任何类型的请求机会和捎带请求。

（2）相应 QoS 保障机制

WiMAX 同时采用区分服务和集成服务，对不同的业务进行区分、通过设置优先级并采用不同的排队和调度机制，同时对业务进行接入控制和资源预留，从而可以很好地满足不同业务的 QoS 要求。

9．802.16 的安全机制

由于无线网络使用无线介质进行数据传输，任何具有接收能力的设备都可以随时进行网络窃听，采取有效的安全机制就显得更为重要，WiMAX 在 MAC 层的安全子层采用个人知识管理（PKM，Personal Knowledge Management）协议，包括保密密钥管理授权子协议和 PKM 子协议两部分，分别解决对网络的非法访问和窃听两大安全威胁。

WiMAX 安全机制采用 C/S 模式架构，完成基站对用户站的身份鉴别和实现基站和用户站之间的安全通信。

10.2　WiMAX 的技术特点

10.2.1　WiMAX 技术与其他技术的比较分析

1. 802.11 与 802.16 的比较

802.11 是用于构建宽带无线局域网（WLAN）的系列标准，而 802.16 系列标准则是用来构建宽带无线城域网（WMAN）的。就传输速率而言，802.11 连接速度最高为 54Mbit/s，而 802.16 为 70Mbit/s。就传输距离而言，802.11 适合于把互联网的连接信号从几十米传送至几公里远的地方，802.16 则能把信号传送至几十公里外。如果据此就绝对地认为基于 802.16 系列标准的无线城域网技术 WiMAX 的覆盖范围、传输速度将优于基于 802.11 系列标准的 WLAN 技术 Wi-Fi 还是太过武断了。其实，WiMAX 与 Wi-Fi 二者的覆盖范围不同且有着各自不同的应用前景。

在宽带无线接入市场上，WiMAX 定位于宽带无线城域网技术，而 Wi-Fi 定位的是一种宽带无线局域网技术，它们都具有容量大、频谱利用率高的优点，技术上也不存在严格的孰优孰劣，更不存在互相替代的问题。随着 802.11 无线热点数量的急剧增加，用户期望能够在离开无线热点的有效覆盖范围之后还能继续保持无线连接。对此，802.16e 就提供了一种可以很好满足用户这类需求的解决方案，这一标准提供漫游支持，能够使用户离开家中或办公场所的无线热点覆盖范围后同样可保持与无线 ISP 网络连接，甚至可以方便地接入另一城市的另一家无线 ISP 网络。因此，802.11 与 802.16 系列标准之间更多的应该是一种互相补充的关系，二者之间的合作大于竞争。表 10-2 列出了二者最主要的技术参数。

表 10-2　802.11 与 802.16 主要技术特征一览表

	802.11	802.16	说明
覆盖范围	在半径为 100m 的范围内性能最佳；增加接入点或高增益天线可有效扩大范围	7～10km 的典型蜂窝覆盖范围内性能最佳；最大可达 50km；无隐蔽节点问题	802.16 物理层可承受 10 倍于 802.11 的多径时延扩展
传输速率	2.7bit/s/Hz 的峰值速率，在 20MHz 信道上最高达 54Mbit/s	3.8bit/s/Hz 的峰值速率，在 20MHz 信道上最高达 75Mbit/s；5bit/s/Hz 的峰值速率，在 20MHz 信道上最高达 100Mbit/s	802.11：64OFDM； 802.16：256OFDM
可扩展性	固定的 20MHz 信道带宽	在须授权和无须授权的频带可提供 1.5～20MHz 的信道带宽；支持频率复用；支持小区规划	802.11b 拥有 3 个非重叠信道；802.11a 拥有 5 个非重叠信道；802.16 拥有的非重叠信道仅受限于可用频谱
服务质量	依靠 802.11e 标准	设计时考虑了语音/ 视频 QoS，可提供区分服务	802.11：基于连接的 MAC（CSMA）； 802.16：授予请求的 MAC
安全性	现采用的安全标准是 WEP，制订中的 802.11i 标准有望提高安全性	3DES（128bit）；RSA（1024bit）	802.16 的安全性大为改善
应用环境	室内环境最佳	室外环境最佳（树林，建筑物，用户间隔较分散时皆可用）；对智能天线与 Mesh 网技术提供标准支持	802.11：64OFDM； 802.16：256OFDM； 802.16 可采用自适应调制

2. 几种无线宽带接入技术与 WiMAX 比较

WiMAX 技术与其他主流无线宽带接入技术各具特点，表 10-3 对 WiMAX、3G 和 Wi-Fi 技术从协议标准、工作频段、多址方式、信道带宽、覆盖范围、移动性以及 QoS 等几个方面进行了综合比较。

表 10-3　几种无线宽带接入技术与 WiMAX 比较

技术规范 比较项目	Wi-Fi	3G（IMT-2000）	WiMAX
标准	802.11 系列	3GPP、3GPP2、ITU	802.16 系列
工作频段	无牌照的 2.4GHz 和 5GHz 频段	2GHz	2GHz～66GHz
多址方式	BPSK/CCK （补码键控）＋QPSK	CDMA/FDD、TDD	OFDM（次级信号） QPSK、16 - QAM、64 - QAM
信道带宽	固定 20 M/22 MHz	5/10/20 M 1.25/5/10/15/20 M 1.2 M（三种制式）	带宽动态分配
最高速率	54Mbps	2Mbps	75Mbps
覆盖	微蜂窝（10～300m）	宏蜂窝（< 7km）	宏蜂窝（<50km）
业务	话音与数据	话音与数据	话音、数据、视频图像
移动性	静止、步行	静止、步行、车载	静止、步行
QoS	不支持	4 类	固定带宽、承诺带宽、尽力带宽
频谱利用率	2.7bps/Hz	1.6 bps/Hz	3.75 bps/Hz
成熟度	很好	较好	较差
终端	PC 卡	手机、PDA、PC 卡	智能信息终端、PC 卡等
商用性	大量，全世界范围	超过 9000 万用户	2005 年开始上市
安全性	一般	较高	很高

10.2.2　WiMAX 技术特点

WiMAX 是采用无线方式代替有线实现“最后一公里”接入的宽带接入技术。WiMAX 的优势主要体现在这一技术集成了 Wi-Fi 无线接入技术的移动性、灵活性以及 xDSL 等基于线缆的传统宽带接入技术的高带宽特性，其技术特点可以概括如下。

1. 传输距离远、接入速度高

WiMAX 采用了 OFDM、收/发分集、自适应调制等多种先进技术，实现非视距和阻挡视距传输，能有效对抗多径干扰，提高城市内无线传输的效能。WiMAX 技术极强的传输能力可使信号传输距离最远达 50km；在通常情况下，单一基站的有效覆盖半径也可达 6～10km，在此范围内，这一技术的非视距传输特性与穿透性都极为理想，可以提供高达 75Mbit/s 的带宽。此外，利用自适应功率控制，根据信道状况动态调整发射功率，从而使 WiMAX 具有更大的覆盖范围和更高的接入速率。

2. 无“最后一公里”瓶颈限制，系统容量大

作为一种宽带无线接入技术，WiMAX 接入灵活、系统容量大。其工作频段可在 2～66GHz，信道带宽可在 1.5～20MHz 范围内灵活调整，有利于在所分配的信道带宽内充分利用频谱资源。WiMAX 采用宏小区方式，最大覆盖半径达 50km，当在 20MHz 信道带宽时，支持高达 70Mbit/s 的共享数据传输速率。可采用多扇区技术来提高系统容量，一个扇区可同时支持 60 多个采用 El/T1 的企业用户或数百个家庭用户。

服务提供商无需考虑布线和传输等问题，只需要在相应的场所架设 WiMAX 基站。WiMAX 不仅支持固定无线终端也支持便携式和移动终端，能适应城区、郊区和农村等各种地形、环境。一个 WiMAX 基站可以同时为众多客户提供服务，为每个客户提供独立带宽请求支持。

3. 提供广泛的多媒体通信服务

WiMAX 可以提供面向连接的、具有完善 QoS 保障的电信级服务，满足用户的各种应用需要。按照优先级由高到低依次提供：

（1）主动授予服务（UGS）：提供固定带宽的实时服务，例如 E1、T1 以及 VoIP 等；

（2）实时轮询服务（RTPS）：RTPS 为可变带宽的实时服务，例如 MPEG 视频流；

（3）非实时轮询服务（NRTPS）：速率可变的非实时服务，例如大的文件传输；

（4）尽力投递服务（BE）：根据网络状况提供最大可能的服务，例如 E-mail。

4. 提供安全保证

WiMAX 系统安全性较好。WiMAX 空中接口专门在 MAC 层上增加了加密子层，不仅可以避免非法用户接入，保证合法用户顺利接入，而且提供加密功能，充分保护用户隐私。例如提供 EAP-SIM 认证。

5. 互操作性好

运营商在网络建设时能够从多个设备制造商处购买 WiMAX 认证设备，而不必担心兼容性的问题。

6. 应用范围广

WiMAX 可以应用于广域接入、企业宽带接入、家庭“最后一公里”接入、热点覆盖、移动宽带接入和数据回传等所有宽带接入市场。值得一提的是，在有线基础设施薄弱的地区，尤其是广大农村和山区，WiMAX 更加灵活、成本更低，是首选的宽带接入技术。

思　考　题

1. 简述 WiMAX 中主要的协议标准及其特点？
2. 画出 802.16 协议模型和网络实体模型。
3. 画图说明 802.16 协议栈结构。
4. 举例说明 802.16 有哪些信道类型？
5. 列表说明 802.16 协议与 802.11 协议的区别。

第 11 章　WiMAX 组网应用

11.1　WiMAX 组网特点

1. WiMAX 网络架构

WiMAX 的网络架构如图 11-1 所示。WiMAX 系统包括 WiMAX 基站、用户终端、Internet 网络和 PSTN 网络等。WiMAX 接入是通过在城市中建立 WiMAX 基站，将所有在基站覆盖范围内 WiMAX 的用户终端无线接入 Internet。其中室内固定终端主要是针对家庭用户；室外固定终端主要是针对企业用户、商业用户和集中个人用户；而便携型和移动型终端主要是针对使用笔记本、PDA 和手机等移动型设备的用户。

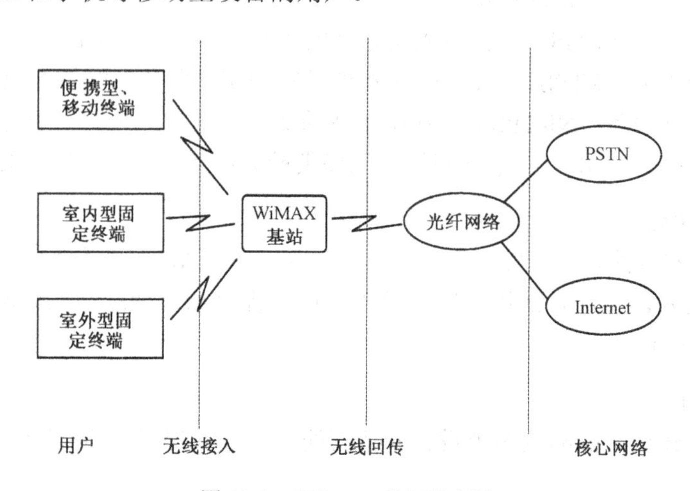

图 11-1　WiMAX 的网络架构

2. WiMAX 网络拓扑

802.16 的 MAC 层支持点对多点（PMP，Point to Multi-Point）和多点对多点（Mesh）两种拓扑结构，其中多点对多点模式最初由诺基亚提出，通过时分复用支持 OFDM 模式物理层，但要使用全向天线。依靠配置 PMP 模式定向多点对多点模式，也可以被用来提供点对点连接。

（1）点对多点模式。

在一个频点及扇区内，下行方向只有基站发送，因此没有必要与其他基站同步，除了 TDD 系统。终端必须在下行链路上监听，并检查接收到 PDU 的连接标识符（CID，Connection IDentifier），直接收发给本终端的 PDU。

在上行方向，所有的 SS 在请求带宽的基础上共享与基站之间的链路。根据其服务类型，SS 可能被 BS 授权持续进行发送，或者在 BS 收到其带宽请求并允许后才能发送。消息发送的机制可以是单播、组播或广播。

（2）多点对多点模式。

802.16 在帧长度固定的情况下，提供了一个灵活的字段类型帧结构，每发送一个下行链路子帧，都要首先广播一个同步前导码和一个包含控制信息的帧控制头部（FCH，Frame Control Header），在上行链路情况下，在每个上行子帧前，都提供了一个用于发起加入和带宽请求的争用时隙，这就为新用户加入网络和 SS 发起带宽请求提供了一个快速响应机制。

802.16 标准定义了一个 MAC 管理消息集，并根据在帧中的传输位置对帧定义了子划分，在 FCH 后传输 DL-MAP、UL-MAP、下行编码标识符、上行编码标识符等消息。

3. WiMAX 技术应用场景

WiMAX 论坛给出 WiMAX 技术的 5 种应用场景定义，即固定、漫游、便携、简单移动和全移动。

（1）固定应用场景

固定接入业务是 802.16 运营网络中最基本的业务模型，包括用户网络接入、传输承载业务及 Wi-Fi 热点回程等。

（2）漫游应用场景

漫游式业务是固定接入方式发展的下一个阶段。终端可以从不同的接入点接入到一个运营商的网络中；在每次会话连接中，用户终端只能进行站点式的接入；在两次不同网络的接入中，传输的数据将不被保留。

（3）便携应用场景

在这一场景下，用户可以在步行时连接到网络，除了进行小区切换外，连接不会发生中断。便携式业务在漫游式业务的基础上进行了发展，从这个阶段开始，终端可以在不同的基站之间进行切换。当终端静止不动时，便携式业务的应用模型与固定式业务和漫游式业务相同。当终端进行切换时，用户将经历短时间（最长为 2s）的业务中断或者感到一些延迟。切换过程结束后，TCP/IP 应用对当前 IP 地址进行刷新，或者重建 IP 地址。

（4）低速移动应用场景

在这一场景下，用户在使用宽带无线接入业务中能够步行、驾驶或者乘坐公共汽车等，但当终端移动速度达到 60～120km/h 时，数据传输速度将有所下降。这是能够在相邻基站之间切换的第一个场景，在切换过程中，数据包的丢失将控制在一定范围内，最差的情况下，TCP/IP 会话不中断，但应用层业务可能有一定的中断。切换完成后，QoS 将重建到初始级别。低速移动和全移动网络需要支持休眠模式、空闲模式和寻呼模式。移动数据业务是移动场景（包括简单低速和高速）的主要应用，包括目前被业界广泛看好的移动 E-mail、流媒体、可视电话、移动游戏、移动 VoIP（MVoIP）等业务，同时它们也是占用无线资源较多的业务。

（5）高速移动应用场景

在这一场景下，用户可以在移动速度为 120km/h 甚至在更高的情况下无中断地使用宽带无线接入业务，当没有网络连接时，用户终端模块将处于低功耗模式。

11.2　WiMAX 组网技术分析

WiMAX 是一项广域宽带无线接入（BWA）技术，基于 802.16 系列标准，WiMAX 的特点在于能够提供大范围及高速率的无线接入（50km 范围的覆盖和 75Mb/s 的数据速率），同时支持非视距传输。802.16e 则把 WiMAX 带入移动宽带无线接入（MBWA）领域，提供包括交通/地理辅助信息、媒体信息、娱乐内容、远程企业/家庭在线等个性化服务。定位于 BWA 的

WiMAX 系统将首先应用于广大的没有数字用户线（DSL）及缺乏有线数据网络的地区，面向宽带接入、远程教学及医疗、企业/社区互联等应用。

与 Wi-Fi 应用相结合，WiMAX 可以作为 Wi-Fi 接入点之间的骨干连接，采用 Mesh 组网技术编织起一个无线宽带接入网络。

考虑到 WiMAX 网络的投资和建设需要足够的资源，目前仍然需要电信运营商或政府部门作为首要的网络建设和运营者。因此，用于大范围城域覆盖的 WiMAX 系统将需要运营支撑系统与之配合使用。

根据国际电信联盟（ITU）及中国的无线电频率划分状况，今后可以用于 802.16 使用的频段将分布在 3.3～3.7GHz、5.1～5.3GHz、5.7～5.8 GHz 等频段。

在 WiMAX 组网时应合理分析考虑以下几方面的因素：

1．多技术整合

WiMAX 系统开发中涉及标准强制实施的技术、非强制实施的技术，以及标准未规定使用的技术。系统开发在保持对强制实施技术支持的基础上，需要考虑对非强制实施技术以及未规定使用技术的合理选择和使用。

（1）通过使用扇区、波束成型智能天线阵列，或是采用多输入多输出（MIMO）及简单时空编码，来综合解决覆盖范围以及容量等问题。

（2）在覆盖技术已提供高信噪比（SNR）的情况下，提供更高阶调制方式（例如 256QAM 等），或者采用 MIMO 并行传输，或者信道分配采用有信道质量加权的算法，提高频谱效率。

（3）在信道分配算法、MAC 层/协议层队列调度机制，以及网络接入控制与负载平衡上采用部分或联合控制策略，综合保证具有用户及业务针对性的 QoS 机制的实施。

（4）考虑支持 Mesh 组网能力，并且使系统设备与网络管理实体具有自动发现、自动配置等功能，大大增加了网络布设和覆盖的灵活性，同时降低了网络管理的复杂性。

2．基站设备

一体化小容量基站一般指用于提供单小区/扇区覆盖的系统设备，不具有容量扩展能力，但方便设备的布设和使用（与其他 BWA 系统设备的使用非常相似）。大容量基站通过使各个覆盖子系统高效共用网络处理、支持系统资源而降低单位信道的成本，由于具有易于扩展和伸缩的特性，非常方便容量升级、硬件升级等后续工作的展开。

一体化基站一般由射频收发模块、物理层基带处理、MAC 层协议处理、网络处理器以及其他接口、存储及支持系统组成。大容量基站一般采用模块化设计，射频模块、基带及 MAC 层处理、网络及其他任务处理可以以板卡的形式作为系统组件，各系统组件通过 PCI 总线通信。MAC 层处理采用基带及 MAC 层处理卡上独立的处理器或嵌入式处理器来完成。

3．WiMAX 的用户终端

WiMAX 终端主要包括 CPE 及用户站（STA）类型，CPE 类型主要用于提供 IP 网络接口的点对点、点对多点应用；STA 类型则主要面向单用户接入，可以用于 BWA 及 MBWA WiMAX 系统的普通终端用户接入，提供的接口包括 IP 网络接口、PCMCIA 等不同的选择，面向不同的终端产品。

4．MIMO 及智能天线的运用

MIMO 技术非常适合城市范围内多径环境下的无线信号处理，包括提供空间分集以及多路信道并行传输，是提高 WiMAX 系统覆盖范围及吞吐量的合适技术。智能天线则有利于提高基站与运动物体的方向性空间增益以及对干扰信号的方向性抑制。基于此 802.11n 的系统将在接入设备及用户站上采用多天线 MIMO 技术。

5. Wi-Fi 与 WiMAX 的混合组网

Wi-Fi 是目前发展很快的基于 IP 的无线网络技术，它的特点是带宽较高而通信范围小，因此主要用于小范围的无线通信，被定义为无线局域网，能在一定程度和范围内满足移动通信的要求。但 Wi-Fi 技术也存在着以下不足之处：

（1）Wi-Fi 的特点决定了一个区域只能有一套系统，否则会产生干扰。而多个运营商之间的计费、漫游也成为了发展的制约因素；

（2）受传输距离小的限制，每个 Wi-Fi 接入点成为网络孤岛，很难覆盖整个城市范围；

（3）无法在高速移动下使用，使城铁和公共汽车等公交系统成为了网络盲区，无法真正实现移动城市。

WiMAX 与 Wi-Fi 联合组网，可以解决上述 Wi-Fi 存在的问题。WiMAX 与 Wi-Fi 在很长的时间内是共存且相互配合的，并和 3G 协调发展。

WiMAX 和 Wi-Fi 联合组网的切实可行的方式是利用 WiMAX 把 Wi-Fi 热点连接起来，为 WLAN AP 提供 E1/T1 和 IP 双通道无线传输，实现更广范围的高速无线接入，使 Wi-Fi 摆脱地域空间的限制，更好地给用户提供数据服务。国内领先的通信技术论坛 WiMAX，Wi-Fi 和 3G 联合组网，利用统一的管理平台实现用户信息的共享，大大提高了现有网络的性能。模型如图 11-2 所示。

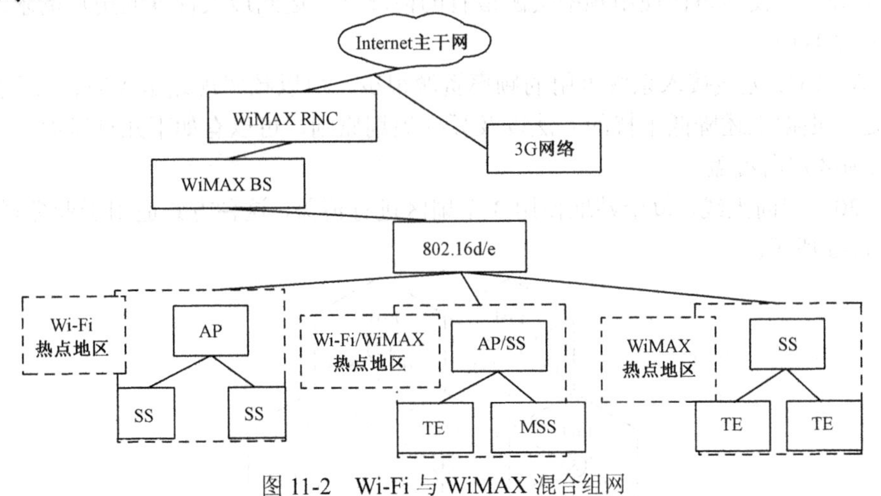

图 11-2 Wi-Fi 与 WiMAX 混合组网

6. WiMAX+ Wi-Fi +WPAN 的结合

WiMAX 作为 Wi-Fi 网络的主干，可充分利用其支持网格组网的特点，这样同时也解决了 Wi-Fi 发展的“瓶颈”——组网问题。另外，从网络覆盖互补的角度来看，在广域覆盖环境中，WiMAX 可以作为首选；在局域覆盖中，Wi-Fi（如 802.11n）可以作为首选；配合蓝牙等无线个人网（WPAN）技术成本低廉的优势，有望形成 WiMAX+ Wi-Fi +WPAN 结合的局面。

在产品形式上，双模的 Wi-Fi 接入点（DMAP）设备是一个候选。DMAP 包括 Wi-Fi -AP 及 WiMAX-SS 模块，Wi-Fi 用于用户接入，WiMAX 用于与主干网互联。进一步，WiMAX 模块也可以是基站（BS）模块，利用网状网（Mesh）技术实现与主干网互联，并支持 WiMAX 用户的接入。另一种候选的产品是多模终端，可以工作在 WiMAX 及 Wi-Fi 模式下，动态选择接入 WiMAX 或 Wi-Fi 网络。

11.3 WiMAX 系统规划简介

1. WiMAX 无线接入系统的频率规划策略

（1）频率规划原则

- 设计初期，确定合理的扇区极化方向，当网络升级扩容时，扇区天线极化方向不变，以前的客户端也不需要变化；
- 相邻扇区最好使用不同频率，当无法避免使用相同频率时，可以考虑采用极化隔离加方向隔离的方式来达到隔离度的要求；
- 载波带宽和调制方式对系统性能有着很大的影响，因此，选择适当的载波带宽及调制技术十分关键；
- 根据干扰源的距离、方位以及天线的方向图等计算信噪比，从而配置合适的频点、极化方式和复用次数；
- 随着用户接入带宽需求的增加，可通过采用中心站扇区分裂方式，提高单中心站的容量，提高投资效益。

综合各种有利因素，如合理的频率复用方案、相邻扇区间用户的合理划分、单载频内业务合理复用等，以使网络在使用频率资源最省的情况下，达到最大程度的用户需求。

（2）频率复用方案

由于 WiMAX 无线接入系统可用的频率资源很少，所以频率规划是 WiMAX 网络设计中重要的问题。根据上述降低干扰的方法以及频率规划原则，可以有如下几种频率复用方式：

1）三扇区定向覆盖

采用 120° 定向天线，每个站址使用 3 个扇区进行覆盖，这种方式适用于业务量较小的郊区，如图 11-3 所示。

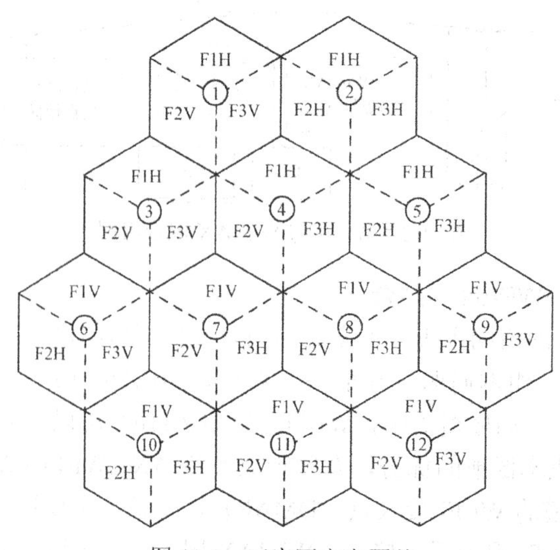

图 11-3　三扇区定向覆盖

2）四扇区定向覆盖

采用 90° 定向天线，每个站址使用 4 个扇区进行覆盖，这种方式适用于业务量较大的一般城区，如图 11-4 所示。

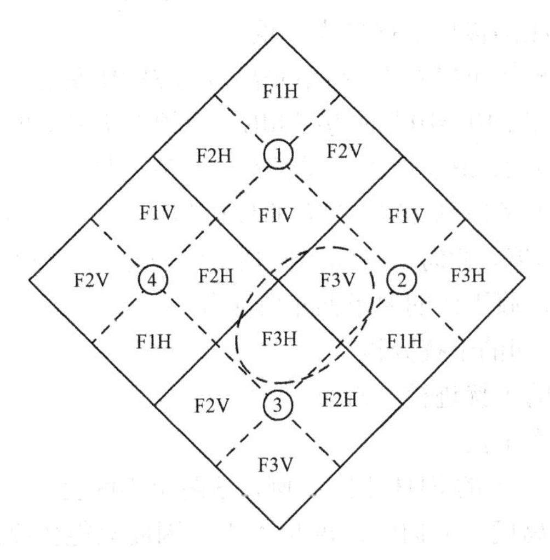

图 11-4　四扇区定向覆盖

3）六扇区定向覆盖

采用 60° 定向天线，每个站址使用 6 个扇区进行覆盖，这种方式适用于业务量大的密集市区，如图 11-5 所示。

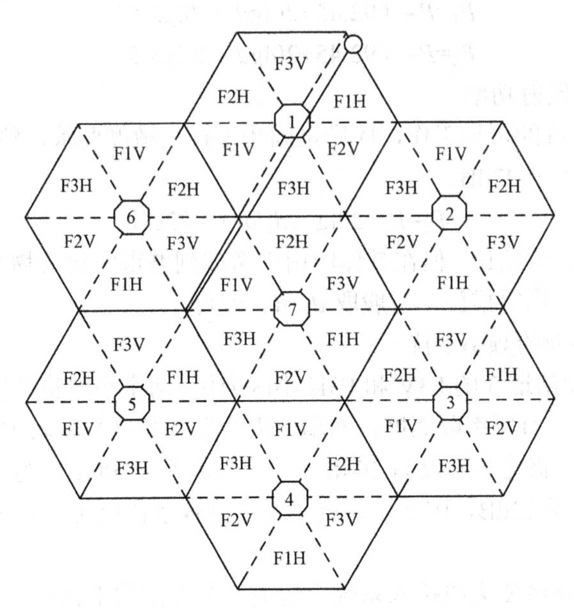

图 11-5　六扇区定向覆盖

（3）干扰分析

考虑到客户端位置的不确定性，在这里，我们只考虑中心站对客户端的干扰。下面利用 MCL 分析方法对不同情况的干扰进行分析：

1）单站不同扇区间的干扰分析

同一站址多扇区间的干扰包括相邻扇区间的邻频不同极化干扰、邻频同极化干扰、相隔扇区间的邻频同极化干扰和背向扇区间的同频不同极化干扰四种。

上述四种干扰，以邻频同极化干扰最为严重。

从中心站发射机频谱模板可以看出，频率隔离度为38dB左右。当调制方式为64QAM时，系统设备抗邻频干扰能力在BER=10^{-6}时为–34dB，同频干扰灵敏度为22dB，因此，只要两个中心站的发射功率差不大于16dB，系统之间就不会产生干扰。

邻频不同极化干扰还要考虑到20dB左右的极化隔离度，隔扇区间的邻频同极化干扰还要考虑10dB左右的方向隔离度，背向扇区间的同频不同极化干扰还有20dB左右前后比，因此，设备指标完全可以满足通信载干比的要求而正常工作。

2）多中心站不同扇区间的干扰分析

下面对两种较为严重的干扰进行分析：

同频同极化同向的频率干扰

以图11-5站址1和站址5的F1H小区为例，这两个小区会产生同频同极化同向的频率干扰。两个信号没有频率隔离度，方向隔离度也不大，因此只能依靠距离来提供隔离度。根据由空间频率衰耗公式：

$$L=92.45+20\lg d+20\lg f$$

其中：系统传输距离d，分别取d_1 km和d_2 km，f为工作频率，取3.5GHz，可以计算出远端站接收中心站5和中心站1的信号电平分别为L_1和L_2。

$$P_1=P-(92.45+20\lg d_1+20\lg 3.5)$$

$$P_2=P-(92.45+20\lg d_2+20\lg 3.5)$$

其中：P为中心站发射功率。

为了满足客户端系统的可靠工作，应满足同频干扰灵敏度要求，整个系统才可正常工作，即L_2与L_1电平之差应大于22dB：

$$P_2-P_1=20\lg(d_1/d_2)=22\text{dB}$$

由此可得出$d_1=10d_2$的结论。但在具体应用中考虑到城市中建筑物及树木阻挡的情况以及ATPC控制扇区的覆盖范围等措施，一般取$d_1=4d_2$即可。

同频不同极化不同向的频率干扰

以图11-4站址2和站址3的F3V和F3H小区为例，两个小区将产生同频不同极化不同向的频率干扰。两个信号没有频率隔离度，两扇区天线覆盖角度相差较大，一般在90°左右，方向隔离度为15dB左右，极化隔离度为20dB，总的隔离度为35dB，为了满足客户端系统的可靠工作，同频干扰应小于22dB，因此，系统不需要其他手段就可以正常工作。

（4）干扰抑制方法

根据国标规定，WiMAX无线接入系统需避免三个方面的干扰：

① 系统内部干扰：由于发射机的非线性会产生带外干扰、互调干扰和阻塞干扰；相邻的扇区使用相邻的频率，会出现邻频干扰。对带外干扰，通过设备自身滤波器就可抑制；对互调干扰，WiMAX系统本身频点较少不会产生；对阻塞干扰，通过设备的自动功率控制功能及设备自身滤波器可抑制；对邻频干扰，可以通过频率隔离和极化隔离手段进行抑制，目前系统发射机的频谱模板和接收机的相邻信道选择性均可做到30dB左右，频率隔离是最好的抗干

扰手段之一；

② 相邻系统间的干扰：由于中心站的频率复用，会造成同频干扰。同频干扰主要取决于系统的载干比（C/I）指标，对使用相同频率的中心站可以使用距离隔离和方向隔离等手段，通过调整扇区天线的方向、俯仰角以及利用 ATPC 控制扇区的覆盖范围等措施，对同频干扰进行抑制；

③ 系统外部的干扰：主要来自于不同运营商所获得的各段频谱的相邻频点的干扰。这类干扰需要运营商之间进行有效的协调，尽量在重叠的区域，采用相隔较远的频段，优先使用与其他运营商非相邻的频点，相邻载频采用不同极化方式，中心站和客户端严格控制其发射功率。

2. WiMAX 无线接入系统的覆盖半径计算

（1）传播模型取定

WiMAX 系统工作在 3.5G 频段，COST231 和 HATA 等传播模型在这个频段并不适用，因此，WiMAX 论坛推荐使用 SUI 传播模型。SUI 传播模型如下所示：

$$P_{\mathrm{L}} = A + \gamma \log_{10}\left(\frac{d}{d_0}\right) + X_{\mathrm{f}} + X_{\mathrm{h}} + s$$

其中：

$d > d_0$

$$X_{\mathrm{h}} \begin{cases} = -10.8\log_{10}\left(\dfrac{h_{\mathrm{r}}}{2}\right) & \text{对于 A、B 类地形} \\ = -20.0\log_{10}\left(\dfrac{h_{\mathrm{r}}}{2}\right) & \text{对于 C 类地形} \end{cases}$$

$X_{\mathrm{f}} = 6.0\log_{10}\left(\dfrac{f}{2000}\right)$，$A = 20\log_{10}\left(\dfrac{4\pi d_0}{\lambda}\right)$，

$\gamma = a - bh_{\mathrm{b}} + c / h_{\mathrm{b}}$，

s 为阴影衰落余量，d_{o}=100 米。

SUI 模型适用于以下三种地形，不同地形 a，b，c 的值如表 11-1 所示。

表 11-1　SUI 传播模型取值

	a	b	c
A：山区/中高密度森林覆盖	4.6	0.0075	12.6
B：山区/低密度森林覆盖	4	0.0065	17.1
C：平原/低密度森林覆盖	3.6	0.005	20

密集城区选择 A；普通城区选择 B；郊区选择 C。

（2）链路预算参数取定

WiMAX 无线接入系统为上行受限系统，因此，计算小区半径时，只需计算上行链路的覆盖距离。根据 WiAMX 无线接入系统设备的射频参数，得到链路预算参数如表 11-2 所示。

表 11-2　BPSK1/2 链路预算表

项目	单位	密集城区		普通城区		郊区	
终端类型		室内型	室外型	室内型	室外型	室内型	室外型
保证业务		BPSK1/2	BPSK1/2	BPSK1/2	BPSK1/2	BPSK1/2	BPSK1/2
客户端最大发射功率	dBm	20	20	20	20	20	20
馈线损耗	dB	0	0	0	0	0	0
天线增益	dB	7	15	7	15	7	15
上行子信道化	dB	6.00	0.00	6.00	0.00	6.00	0.00
客户端高度	米	10.00	20.00	10.00	15.00	10.00	10.00
EIRP	dBm	33.00	35.00	33.00	35.00	33.00	35.00
中心站高度	米	40	40	35	35	30	30
天线增益	dBi	17	17	17	17	17	17
馈线长度	米	30.00	30.00	30.00	30.00	30.00	30.00
馈线损耗	dB	1.80	1.80	1.80	1.80	1.80	1.80
跳线及接头损耗	dB	1.00	1.00	1.00	1.00	1.00	1.00
KT	dB/Hz	−174.30	−174.30	−174.30	−174.30	−174.30	−174.30
占用带宽	MHz	3.50	3.50	3.50	3.50	3.50	3.50
N		1 1/7	1 1/7	1 1/7	1 1/7	1 1/7	1 1/7
子载波数目		256.00	256.00	256.00	256.00	256.00	256.00
实际使用载波数		200.00	200.00	200.00	200.00	200.00	200.00
噪声功率	dB/Hz	64.95	64.95	64.95	64.95	64.95	64.95
噪声系数 NF		4.00	4.00	4.00	4.00	4.00	4.00
接收机底噪	dB	−105.35	−105.35	−105.35	−105.35	−105.35	−105.35
C/N	dB	7.00	7.00	7.00	7.00	7.00	7.00
中心站接收灵敏度	dB	−98.35	−98.35	−98.35	−98.35	−98.35	−98.35
干扰余量	dB	0	0	0	0	0	0
覆盖区边缘通信概率		75.00%	75.00%	75.00%	75.00%	75.00%	75.00%
慢衰落方差	dB	13.30	12.00	12.30	4.10	11.50	3.20
穿透损耗	dB	13.30	0.00	13.00	0.00	12.00	0.11
总余量	dB	22.27	8.09	21.30	2.77	19.76	2.16
总路径损耗	dB	123.28	139.46	124.26	144.79	125.79	145.39
覆盖半径	m	1223	3223	1587	5332	2730	8171

各种调制编码情况下的小区半径及吞吐量如表 11-3 所示。

表 11-3　各种调制编码情况下小区半径（单位：米）

调制编码方式	密集城区		普通城区		郊区	
	室内型	室外型	室内型	室外型	室内型	室外型
64QAM3/4	533	1404	645	2168	1076	3219
64QAM2/3	589	1552	718	2416	1203	3600
16QAM3/4	722	1904	897	3015	1513	4528
16QAM1/2	851	2245	1072	3604	1820	5446
QPSK3/4	989	2607	1261	4238	2152	6441
QPSK1/2	1109	2924	1428	4799	2448	7326
QPSK1/2	1223	3223	1587	5332	2730	8171

3．WiMAX 无线接入系统容量分析

WiMAX 无线接入系统单小区吞吐量与客户端分布有关，当小区内的客户端无线链路条件较好时，即可使用更高的调制方式，从而达到更高的吞吐量。假定客户端分布比例如图 11-6 所示，计算出单小区提供的吞吐量参见表 11-4。

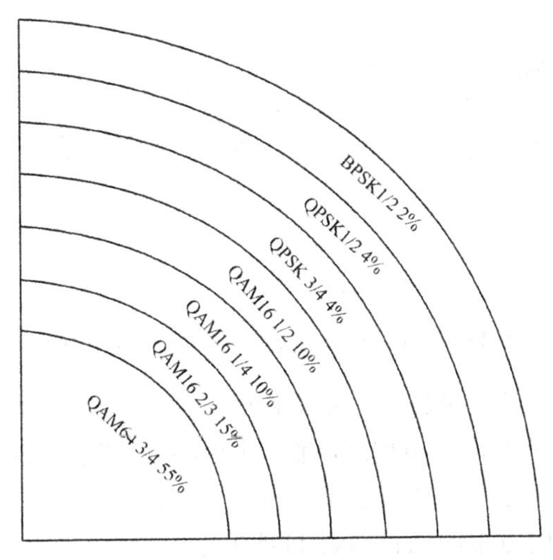

图 11-6　假定客户端分布比例

表 11-4　各种调制编码情况下小区吞吐量（单位：Mbit/s）

序号	调制方式	IP 层 最大吞吐量	用户比例	吞吐量
1	64QAM3/4	11.32	55%	6.23
2	64QAM2/3	9.99	15%	1.50
3	16QAM3/4	7.43	10%	0.74
4	16QAM1/2	4.44	10%	0.44
5	QPSK3/4	3.33	4%	0.13
6	QPSK1/2	2.46	4%	0.10
7	BPSK1/2	1.26	2%	0.03
吞吐量合计				9.17

11.4　固定 WiMAX 网络的部署分析

1．固定 WiMAX 容量覆盖分析

同其他固定无线网络一样，固定 WiMAX 网络要基于一定的网络质量，平衡网络容量和覆盖之间的关系，使得网络性能和建设成本达到最佳。需要分析的核心问题主要是：频率资源和覆盖质量，以及在特定信噪比条件下网络能提供的容量和达到的覆盖水平。

（1）频率资源和覆盖质量分析

无线通信标准的频率复用方式，是将一定数目的基站（例如 4 个基站或 7 个基站）组成

一簇，基站天线采用定向天线，在满足同频干扰保护比的情况下，一个簇一个簇地配置频率，从而实现频率的多次复用。然后，随着设备的功能和天线的性能地不断改善，基站又可进一步分裂为1～3个小区，进一步提高频率的复用次数，提高系统的容量。

目前无线网络覆盖常用的频率复用方案如图11-7所示：

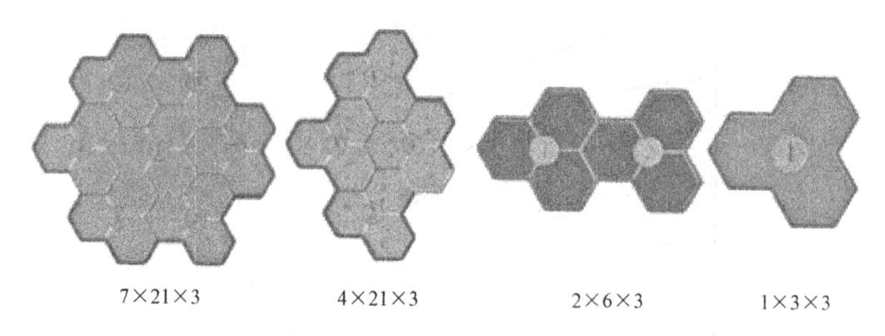

图11-7 无线网络覆盖常用的频率复用方案

频率复用程度越高，系统容量越大，复用程度越低，系统容量越小；频率复用程度越高，同频干扰和通信链路质量越差，复用程度越低，同频干扰和通信链路质量越好；当频谱复用程度过大时，因为质量的恶化，会使得系统容量反而降低。

对于以上四种频率复用方案的比较如表11-5所示。

表11-5 四种频率复用方案的比较

复用方式	所需频点/信道	覆盖质量
7×21×3	21	连续覆盖，64QAM 5/6 覆盖面积超过 90%
4×12×3	12	连续覆盖，64QAM 5/6 覆盖面积超过 70%
2×6×3	6	出现覆盖间隙，64QAM 调节方式覆盖区域不到 30%
1×3×3	3	覆盖间隙在于 10%，64QAM 调节方式覆盖区域仅为 20%

由以上分析可知，要实现连续覆盖，至少需要的频点数为12个，对基于802.16-2004固定接入标准的WiMAX网络，FDD双工方式下，3.5MHz的信道带宽，需要频率资源为42MHz×2；TDD双工方式下，信道带宽考虑为5MHz，需要频率资源至少为60MHz。

目前国内各运营商主要部署的是支持802.16-2004固定接入标准的WiMAX网络。工作频段是3.5GHz的FDD固定无线接入频段（3400MHz～3430MHz/3500MHz～3530MHz），信道带宽为3.5MHz，运营商可用的频点为3个。如果采用1×3×3复用方式进行连续覆盖，会有大于10%的区域因为同频干扰过大，而无法提供服务。因此，现有国内的WiMAX固定网络只适合做非连续的热点覆盖。

（2）覆盖和容量分析

运行于3.5GHz频段的WiMAX固定无线接入系统是一个上行功率受限系统，采用SUI模型进行上行链路预算，可知对于鲁棒性最强的QPSK1/2调制方式，可允许的路径损耗如表11-6所示。

表 11-6　链路预算表（QPSK1/2）

项目		单位	密集城区	一般城区	郊区
系统参数	终端类型	dBm	室外型 CPE	室外型 CPE	室外型 CPE
CPE 发射	最大发射功率	dBi	20	20	20
	天线增益	dBm	18	18	18
	EIRP	dBi	38	38	38
中心站接收	接收天线增益	dB	14	14	14
	馈线及跳线接头损耗	dB	1.00	100	100
	基站接收灵敏度	dB	-98	-98	-98
	最大路径损耗	dB	149.00	149.00	149.00
覆盖区边缘通信概率			75.00%	75.00%	75.00%
慢衰落方差		dB	11.70	9.40	6.20
慢衰落余量		dB	7.84	6.29	4.13
可允许路径损耗		dB	141.16	142.71	144.87

根据 SUI 模型计算所得的 NLOS 条件下不同区域的覆盖半径如表 11-7 所示：

表 11-7　不同区域的覆盖半径表

	密集城区	一般城区	郊区
调制方式	小区半径（km）		
BPSK 1/2	3.46	3.74	4.16
BPSK 3/4	3.14	3.39	3.77
QPSK 1/2	2.99	2.23	3.59
QPSK3/4	2.58	2.79	3.10
QAM16 1/2	2.23	2.40	2.67
QAM16 3/4	1.92	1.08	2.31
QAM64 2/3	1.51	1.62	1.81
QAM64 3/4	1.43	1.55	1.72

Intel 发布的 2GHz～11GHz 频段，WiMAX 频宽、调制方式和带宽的对比如表 11-8 所示：

表 11-8　2MHz～11GHz 频段调制方式和带宽对比表

调制方式	信道间隔 8.5MHz		信道间隔 1.75MHz	
	比特率	敏感度(dBm)	比特率	敏感度(dBm)
BFSK 1/2	1.4 Mb/s	−100.0	0.71 Mb/s	−103.0
BFS 3/4	2.12 Mb/s	−98.0	1.06 Mb/s	−101.0
QPSK 1/2	2.82 Mb/s	−97.0	1.41 Mb/s	−100.0
QPSK 3/4	4.23 Mb/s	−94.0	2.12 Mb/s	−97.0
QAM16 1/2	5.64 Mb/s	−91.0	2.82 Mb/s	−94.0

续表

调制方式	信道间隔 8.5MHz		信道间隔 1.75MHz	
	比特率	敏感度(dBm)	比特率	敏感度(dBm)
QAM16 3/4	8.47 Mb/s	−88.0	4.24 Mb/s	−91.0
QAM64 2/3	11.29 Mb/s	−88.0	5.65 Mb/s	−86.0
QAM64 3/4	12.71 Mb/s	−82.0	6.35 Mb/s	−850

根据以上表格，可对特定区域的固定 WiMAX 接入带宽进行计算，因为固定 WiMAX 采用自适应编码调制，需根据不同的编码调制方式覆盖面积占整个覆盖区域面积的比值，分别计算不同编码调制方式下的容量，再将其相加，如图 11-8 所示。

固定 WiMAX 接入方式下单载波平均容量=（Data Ratel×Area of Data Rate l+Data Rate 2×Area of Data Rate+…+Data Rate n×Area of Data Rate n）/All Coverage Area。

由以上分析计算结果可知，如果不考虑同频干扰，在密集市区环境下，半径 1.4km 之内，在 3.5GHz 频段上工作的 WiMAX 固定无线接入系统，在信道带宽为 3.5MHz 时，单频点平均容量可达到 12.7Mb/s，随着覆盖范围的逐步扩大，平均容量和边缘传输速率逐渐减少，当覆盖半径达到 3.46km 时，平均容量只有 6.3Mb/s，且在其覆盖范围的边缘，只能提供 1.4Mb/s 的传输速率。

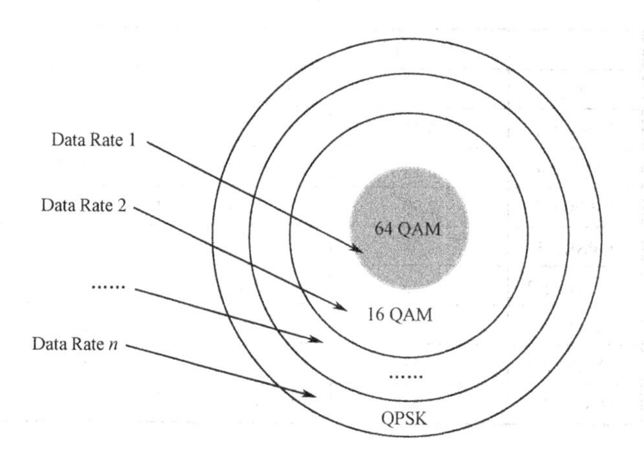

图 11-8　计算不同编码调制方式下的容量相加所得

假设市区内某园区半径小于 1.4 公里，园区内客户所需业务特征如下：

◆IP 语音带宽需求=32Kb/s

业务特征：MOS=3.9，G.729 编码，语音包长 20Byte，20ms 单位打包，编解码速率为 8Kb/s，编解码间隔 10ms，帧长度为 20Byte。

◆实时媒体流带宽需求=600Kb/s

业务特征：H.263 编码，编码支持图像格式：CIF，帧速率：30 帧/秒。

假设该园区内每用户需要 32 路 VoIP 语音业务（不考虑静音压缩）和总共 1Mb/s 的宽带互联网上网业务，则所需带宽为 2Mb/s，一个频点可接入 6 个用户，3 个频点总共可接入 18 个用户。如再考虑 1 路视频业务，则需要 2.6Mb/s 带宽，一个频点最多只可接入 5 个用户，3

个频点只能接入 15 个用户。

综上所述，固定 WiMAX 技术可提供最高 3.43bps/Hz 的频率利用率，视通条件下可提供几公里半径范围的优质信号覆盖，是一种非常理想的宽带接入手段。但目前在国内可用的频段太少，不但使其无法提供连续覆盖，连热点覆盖的网络容量也受到影响。

2. 国内固定 WiMAX 应用范围和业务模式分析

（1）优劣势总结

1）劣势

◆只能对分散的热点区域进行覆盖。

◆单基站可提供的总带宽为 30Mb/s，与其覆盖范围相比，难以满足热点区域内的大量宽带应用的接入需求。

◆设备和终端成本仍偏高。

2）优势

第一，具有部署灵活、便利和快速的优势，可提前在热点地区部署好基站，针对该区域内的客户进行市场公关活动，一旦客户有意向，可马上接入。

第二，国内部署的大量基站实际上由多个独立的微站（Cell）组合而成，不同的微站采用不同的物理设备，对于没有覆盖需求的区域的微站，可随时拆卸重用到其他需要的地方，对其他微站不会造成影响，节约了网络部署成本。

（2）应用的主要范围和业务模式建议

国内近期固定 WiMAX 应用的主要范围和业务模式建议如下：

1）中小企业专线移动通信

企业客户是战略客户，而且行业信息化是一个必然的趋势。WiMAX 应以中小企业信息化为突破点，针对中小企业提供互联网专线和（或）IP 语音专线业务，在专线之上可以附加很多信息化产品，如各种固网增值业务或客服呼叫等，还可以通过开通 VPN/VPDN 业务为中小企业提供专网承载服务。

2）IP 超市

针对普通个人客户，可以充分利用 WiMAX 灵活性、便利性和机动性的特点。现在在很多地方，IP 超市客户主要定位是建筑工人，随着楼宇建筑工程完毕之后，这些人群往往会发生流动，如果 IP 超市以有线方式做，用户走了以后，线路使用率会非常低，WiMAX 无线方式就非常方便，我们可以随着用户群的搬移，Cell 也进行迁移。

3）高档住宅家庭固定宽带业务

要注意发展新建居民小区、高档别墅、富裕村镇的用户。现在各地新建楼非常多，有地方电信、网通有线资源没有到，还有些地方电信、网通有线资源虽然到了，但是高端用户更喜欢用无线方式接入。

4）年度大型展会所在的体验场馆、展览馆、会议中心的专线接入，主要提供互联网专线、语音专线接入服务。

11.5 WiMAX组网应用实例

1. 利用WiMAX建立石油行业无线管理网

（1）组网应用场景分析

油田/天然气田大多位于沼泽、沙漠和盆地、浅海等区域，因远离城市地广人稀，交通通信等设施较为落后。建立基于 WiMAX 技术的宽带无线网络，实现无线数据通信，具有安装建设快捷、维护迁移方便、性价比高等优点。石油行业的综合应用基本包括：无线视频监控系统 、数据采集与控制 、数据接入和语音通信。

如图 11-9 所示，对于无线视频监控系统，在方圆几十平方公里的油田开采区域内，运用 ExcelMAX、AB-MAX 等电信级 WiMAX 产品，采用点对多点的宽带无线接入方式，建立油田总控室与各监控点间的无线传输主链路，实现对生产现场图像信息、无人职守的油田生产区域、原油及其生产现场的远程视频监控。

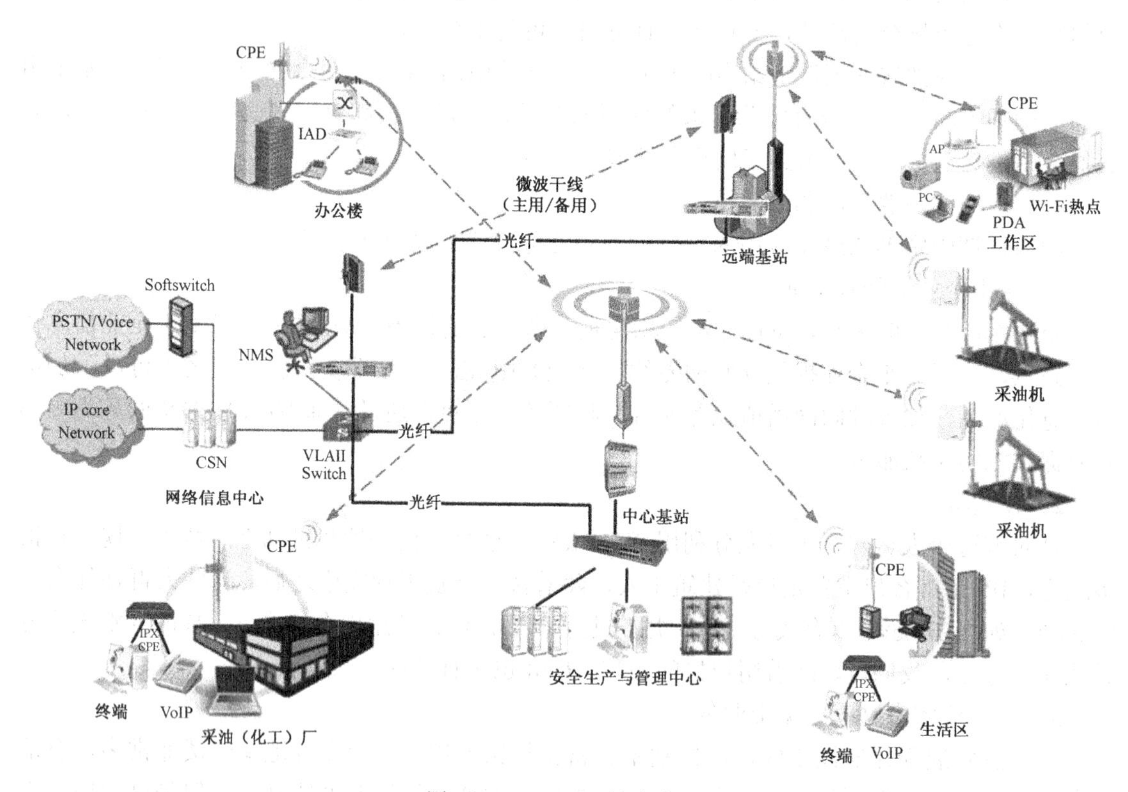

图 11-9 WiMAX 综合应用

对于数据采集控制系统，主要是为了提高勘探开发基础数据采集水平，监测抽油机载荷、电潜泵井及螺杆泵井电机电流、功率因数等设备运转数据，实时采集与传输井口压力、井口温度、井底流压、井底温度等多项勘探基础数据，通过具有 QoS 质量保证的 WiMAX 宽带无线系统，运用 VLAN 技术和 WiMAX 无线设备出众的覆盖特性和数据接收灵敏性，与无线视频监控系统、语音通信系统在同一网络中可靠传输。

对于数据和语音接入系统，采用 ExcelMAX、AB-MAX 及 AB-Full AccessⅡ系统，可为油田单位用户提供多业务的数据无线接入；也可为油田职工提供互联网接入业务；还可以结合 IAD 设备，向用户提供质量较高的 VoIP 语音业务。应用 AB-Full AccessⅡ系统，提供大容量电信级通信业务。

（2）应用案例：某油田无线生产管理信息网

1）现场环境

油田/天然气田，长 90km、宽 50km 的山区，各种生产现场 482 个。基本属于平原地形，有些地方是浅丘陵地形。

2）应用需求

在长 90km、宽 50km 的采油区域，共 482 个生产现场，建立无线视频监控、电话通信系统。每个生产现场设置 1 路视频监控、1 路电话，总控中心能够实时对在油田开采区域内各单井、计转站和联合站等生产现场，进行视频查看，同时查看的视频最多 28 路；各视频监控点能够进行视频录像，能够通过电话系统进行内部电话通信。

3）带宽需要分析

用于语音、数据和图像传输，数据流量相对不大，每个监控点视频带宽需求基本上不超过 512Kbps，语音业务为标准 64Kbps；一个扇区的接入能力为上行、下行各 10Mbps，概略接入 CPE 的数量为 20～30 个；482 个接入点所需求的扇区数量为 16～24 个。

每个生产现场：1 路 512Kbps 视频监控、1 路 64Kbps 语音电话、512Kbps 数据控制流；

监控中心 28 路视频查看带宽最大需求：14.5Mbps。

4）解决方案

根据用户需求，结合视频、语音多业务要求，采用 Axxcelera WiMAX 系统先进的 WiMAX 技术，构建具有超强 QoS 的油田无线综合数据专网，将分散的各生产现场，通过无线宽带接入方式，构成一个高速无线生产管理数据网，实现生产控制数据、语音通信与现场视频监控综合应用，以此来满足用户需求。

根据用户实际现场环境，按照 10～15km 的覆盖半径，采用点对多点方式，设置 WiMAX 基站，每个基站典型配置 4 个扇区（可根据需要，设置 2 个、3 个、6 个扇区）；每个生产现场设置无线接入点，安装视频服务器和 VoIP 电话网关或终端；根据需要按范围或单位建立监控分中心，进行视频录像和管理控制。方案如下：

在油田总控室，建立系统中心基站，基站设备采用室外集成式 AP，每个 AP 接 90 度扇区天线构成一个无线覆盖扇区，4 个 AP 组成一个典型基站，AP 间通过交换机连接并接入油田中心的核心网。中心基站由视频监控中心服务器、软交换服务器组成。

根据需要，建立各分部门或地域的分中心基站，也采用由 4 个 AP 组成一个典型分基站的点对多点方式接入无线接入点的终端；分中心与系统中心基站，可以通过接入系统中心基站的 CPE 做中继接入，CPE 采用 FDD 全双工 CPE 终端，或通过点对点无线微波设备连接。分中心基站由视频监控服务器、视频监控终端及网络交换机组成。

用于生产现场的无线接入点采用 HDD 室外型频分半双工 CPE，每个生产现场无线接入点配置一个 HDD CPE；每个无线终端接入一个语音网关或 VoIP 电话机（需加交换机）、一个视频服务器，构成语音通信点和视频监控点。

各语音通信点由语音网关或 VoIP 电话组成，与中心基站的软交换服务器构成内部通信网。

视频监控点由视频采集系统和信号处理系统两大部分组成，其中视频采集系统包括了摄像机、云台及其控制器；信号处理系统由网络视频服务器组成。

2．应用 WiMAX 建立森林防火与旅游景区无线综合信息网

（1）组网应用场景分析

森林火灾是世界性的林业重要灾害之一，森林防火与灾害控制已成为林业部门的首要任务。森林防火具有监控点分布广、地理位置偏远、地形条件复杂、气候变化多样、基础设施简陋、施工环境艰难的特点。基于无线宽带网络技术的远程无线监控，已经成为森林防火监控的首选方案。

对于大部分林区来说，风光秀丽迷人，是人们旅游度假的好地方。景区先进的管理，全方位的信息服务，已成为旅游开发、利用的重要内容。

森林防火与旅游景区无线综合信息网包括：防火无线监控网，景区无线信息网。

防火无线监控网由监控中心、无线宽带传输、前端监控、移动监控、语音通信组成。

景区无线信息网由管理中心、景区无线视频监控、无线景区覆盖、旅游票务管理、语音通信系统、信息广播系统及景区移动管理车组成。

应用 Axxcelera WiMAX 点对多点无线宽带传输系统，将分散的前端监控信息经过无线终端集中传回中心无线基站，接入监控中心；监控中心通过无线网络，不仅可以获得全面的、清晰的、可录制并回放的多画面林区现场实时图像，而且还可以对前端摄像机焦距和云台运动进行操作和控制，满足对监控画面的各种要求。

应用 Axxcelera WiMAX 系统扇区覆盖、特有的 QoS 性能，可以将无线终端安装在移动指挥和移动管理车上，或单人携带，实现移动监控与景区管理。

应用 Axxcelera WiMAX 系统多业务接入能力，在景区管理中心，通过软交换平台，实现前端监控点、移动监控点、景区服务点等与林区现有电话网对接，提供监控管理电话、业务电话、景区无线公话、移动公话、语音广播等综合语音业务。

应用 Axxcelera WiMAX 系统先进的业务调度能力，实现景区旅游票务管理、灯光管理、车辆管理；并通过多媒体广播系统，实现景区多媒体广播与导游。

应用 Axxcelera WiMAX 系统纯 IP 结构，通过在景区 WiMAX 终端上加入 Wi-Fi 接入点，实现景区无线网络覆盖，方便游客上网，建设无线森林。

（2）应用案例：某林区森林防火与旅游景区无线综合信息网

1）现场环境

现场环境如图 11-9 所示，防火区比较集中，距离较远，共有 9 个望火楼；有一条从外面通往林区的旅游公路，共有 5 个主要风景区。林区属于丘陵地带，地形起伏比较大，部分望火楼和林场总部并不可视，需要通过望火楼 9 中继，每个望火楼监控点位置很好，均处于相对较高位置，视野开阔，监控距离和范围比较大；每个风景区的位置也较好，有可以安装无线终端的位置。望火楼及景点提供 220 伏市电，有 UPS 稳压电源，但避雷环境不好，而且冬季温度非常低，经常受雨雪的影响，天线和设备均需耐零下 45 度的低温。

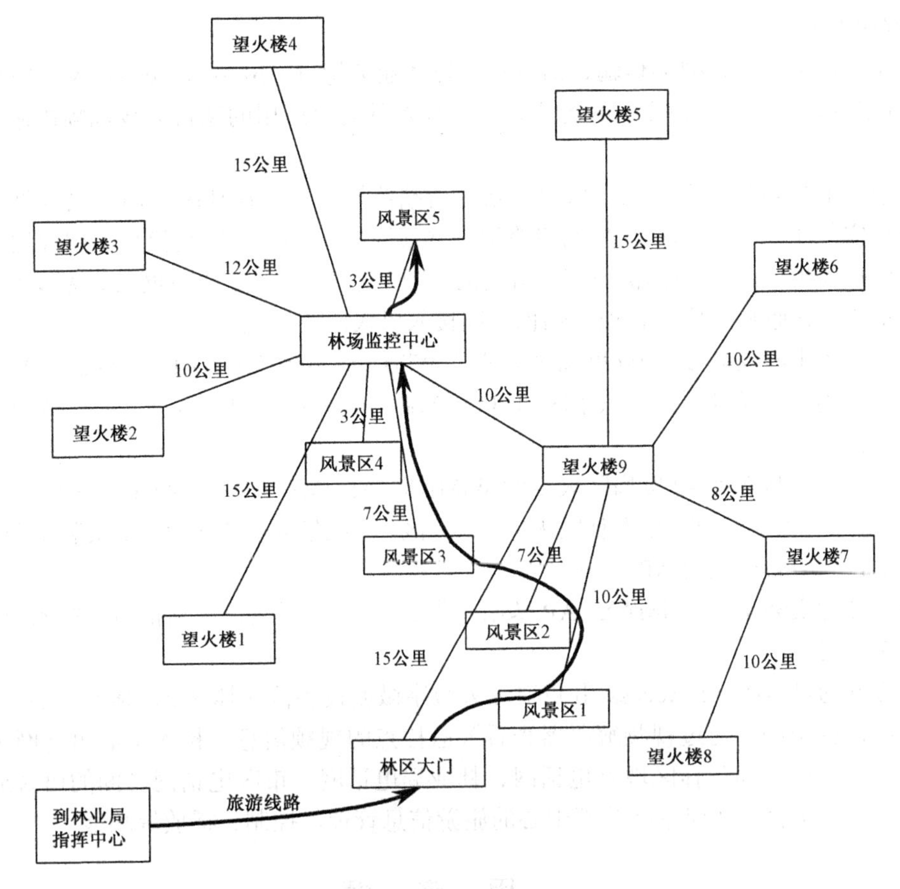

图 11-9　林场监控应用

2）应用需求

每个望火楼要将 2 路实时的监控图像传送到林区的监控中心，提供电话 2 部。

在整个林场有一辆现场移动指挥车、一辆景区移动管理车，随时将林区范围内某地的 1 路实时图像传输到林区的监控中心；提供移动电话 1 部。

林区大门及每个景区要将 2 路实时的监控图像传送到林区的监控中心；提供 2 部管理电话、2 部公用电话、1 路语音广播、2 路多媒体视频广播及导游信息、2 部旅游票务管理终端、1 部车辆管理终端、1 个 Wi-Fi 无线网络接入点。

林业局在需要时可对林区的每个望火楼、景区景点、林区大门实现实时的视频图像和语音通信，林业局到林区监控中心有光纤网络。

3）业务流量需求

每个望火楼：2 路 1.5Mbps 视频图像，1 路 2Mbps 移动指挥车高清晰视频图像，2 路 64Kbps VoIP 电话。

林区大门及每个景区：2 路 1.5Mbps 视频图像， 1 路 2Mbps 移动指挥车高清晰视频图像，4 路 64Kbps VoIP 电话，1 路 64Kbps 语音广播、2 路 2Mbps 多媒体视频广播及导游信息、3 部 500Kbps 数据终端，1 个 2Mbps 带宽 Wi-Fi 无线网络接入。

现场移动指挥车、景区移动管理车：1 路 2Mbps 高清晰视频图像，1 路 64Kbps VoIP 电话。

4）解决方案

根据用户需求，结合视频传输、语音与多媒体业务特点，应用Axxcelera WiMAX系统先进的WiMAX技术特点和超强QoS能力，来构建森林防火应用的宽带无线视频传输与语音通信网。

林区前端监控点设置在各瞭望塔上，景区前端监控点设置在林区大门、景区重点部位；每个监控点安装1个无线WiMAX网络终端，终端连接1部以太网交换机；图像通过红外低照度全天候摄像机、云台控制器、视频编码器接入以太网交换机；语音网关、无线Wi-Fi接入网关、移动图像接收机、旅游管理终端也一同接入以太网交换机。

在林区监控中心安装2个90度扇区天线的WiMAX AP基站（AP1、AP2），AP1接入望火楼一、望火楼二、风景区三、风景区四4个终端；AP2接入望火楼三、望火楼四、风景区五3个终端。

在望火楼九安装2个90度扇区天线的WiMAX AP基站（AP3、AP4），AP3接入望火楼五、望火楼六2个终端；AP4接入林区大门、风景区一、风景区二3个终端；安装1个WiMAX终端，用于接入望火楼七的AP基站。

在望火楼七安装1个 WiMAX AP基站，带2副60度天线，分别指向并接入望火楼八、望火楼九2个终端。

望火楼九通过AB-Full Access II点对点大数字微波设备接入林区2、林区中心。

在林区监控中心，通过视频解码器查看各监控点的视频信息；接入中心语音网关，实现各望火楼、风景区之间与林区现有电话网、林业局电话网、市区电话网之间的语音通信；通过旅游管理信息平台，实现景区管理中心的旅游信息管理、控制、播放等功能。

思考题

1．搭建校园WiMAX网络

采用Axxcelera WiMAX系统，仿照书中某油田无线生产管理信息网方案在您校园的教学楼和实验室搭建WiMAX网络。

要求：

1．写出网络组建方案；

2．画出网络结构图；

3．实际联网并实验；

4．写出总结或实验报告。

参 考 文 献

[1] 《无线网络通信原理与应用》刘剑 安晓波 李春声等译 清华大学出版社
[2] 《无线局域网（WLAN）设计与实现》 段水福 历小华 段炼编著 浙江大学出版社
[3] 《无线局域网组建实践》 杨军李瑛 杨章玉编著 电子工业出版社
[4] 《宽带无线接入技术及应用》唐雄燕主编 电子工业出版社

读者意见反馈表

书名：无线网络技术　　　　主编：刘　威　　　　责任编辑：郭乃明

谢谢您关注本书！烦请填写该表。您的意见对我们出版优秀教材、服务教学，十分重要。如果您认为本书有助于您的教学工作，请您认真地填写表格并寄回。**我们将定期给您发送我社相关教材的出版资讯或目录，或者寄送相关样书。**

个人资料

姓名________ 年龄____ 联系电话__________（办）__________（宅）__________（手机）

学校____________________ 专业__________ 职称/职务____________

通信地址____________________ 邮编__________ E-mail____________

您校开设课程的情况为：

本校是否开设相关专业的课程　□是，课程名称为____________________ □否

您所讲授的课程是____________________ 课时__________

所用教材____________________ 出版单位____________ 印刷册数______

本书可否作为您校的教材？

□是，会用于____________________ 课程教学　□否

影响您选定教材的因素（可复选）：

□内容　□作者　□封面设计　□教材页码　□价格　□出版社

□是否获奖　□上级要求　□广告　□其他____________________

您对本书质量满意的方面有（可复选）：

□内容　□封面设计　□价格　□版式设计　□其他____________

您希望本书在哪些方面加以改进？

□内容　□篇幅结构　□封面设计　□增加配套教材　□价格

可详细填写：____

____

您还希望得到哪些专业方向教材的出版信息？

____

感谢您的配合，可将本表按以下地址反馈给我们。

邮局邮寄：北京市万寿路 173 信箱华信大厦 1104 室　职业教育分社　邮编：100036

如果您需要了解更详细的信息或有著作计划，请与我们联系。

电话：010-88254561　电子邮件：guonm@phei.com.cn